可灵AI+ComfyUI+Deforum

人工智能AI视频制作技巧大全

雷波◎著

化学工业出版社

·北京·

内 容 简 介

本书是一本全面解析人工智能在视频制作领域应用的实战指南。本书通过详细介绍可灵AI、即梦AI、ComfyUI、Deforum等主流AI视频平台的使用方法和技巧，能够帮助读者快速掌握利用AI技术生成高质量视频的技能。内容涵盖AI对视觉艺术领域，特别是对视频行业（影视制作、广告创意、媒体宣传等方面）的深远影响，以及国内外多个AI视频平台的特色与功能。书中不仅深入解析了AI生成视频的技术原理、视频生成的随机性与效果对比，还通过实例演示了如何通过文生视频、图生视频等多种方式生成视频。

此外，本书还讲解了AI生成视频在其他领域的应用，如商品展示、老照片复活、绘本故事制作等，为视频创作者提供了广阔的创意空间。无论您是视频制作新手还是希望提升技能的专业人士，本书都将是您不可或缺的实战宝典。

图书在版编目(CIP)数据

可灵AI+ComfyUI+Deforum人工智能AI视频制作技巧大全 / 雷波著. -- 北京 : 化学工业出版社, 2025. 1.

ISBN 978-7-122-46655-6

Ⅰ. TP317.53

中国国家版本馆CIP数据核字第20240J9Y78号

责任编辑：李　辰　吴思璇　孙　炜　　封面设计：王晓宇
责任校对：李露洁　　装帧设计：盟诺文化

出版发行：化学工业出版社（北京市东城区青年湖南街 13 号　邮政编码 100011）
印　　装：北京宝隆世纪印刷有限公司
710mm × 1000mm　1/16　印张$16^1/_4$　字数334千字　2025年1月北京第1版第1次印刷

购书咨询：010-64518888　　售后服务：010-64518899
网　　址：http://www.cip.com.cn
凡购买本书，如有缺损质量问题，本社销售中心负责调换。

定　　价：98.00 元

前言

在数字化时代，人工智能（AI）正以前所未有的速度和规模渗透到我们的生活和工作中。特别是在视频制作领域，AI 技术的介入彻底改变了传统的创作流程，为创意产业带来了革命性的变化。正是在这样的背景下，本书应运而生，旨在为那些渴望在 AI 视频制作领域探索和实践的创作者们提供一份详尽的指南。

通过阅读本书，将能够理解人工智能视频生成技术的基本原理；掌握可灵 AI、即梦 AI、ComfyUI、Deforum 等平台的使用方法；学会如何利用 AI 工具进行视频创作，包括生成不同风格的视频、控制视频效果等；应用 AI 技术解决实际问题，提高视频制作效率和质量。

本书首先从宏观的角度分析了 AI 对视频行业的深远影响，不仅涵盖了影视制作和广告创意，还扩展到了媒体宣传、商品展示、有声读物、MV 制作等多个层面。通过对国内外 AI 视频平台的深入盘点，我们可以看到，无论是国内的可灵 AI、即梦 AI、星火绘镜、白日梦 AI 等视频生成平台，还是国外的 Runway Gen-3、Sora 世界模型，这些平台都在以不同的方式推动着视频制作技术的创新和发展。

在掌握了不同 AI 视频平台的概况之后，本书将带领读者深入了解国内可灵 AI 和即梦 AI 视频平台的核心技术和使用策略，一起探索其技术原理，理解视频效果的随机性，并通过实际案例学习如何通过创意描述和负面提示词来提升视频的质量和表现力。此外，书中还详细介绍了运镜方式，以及如何利用首尾帧精准控制视频生成效果，这些都是提升视频制作水平的关键技巧。

为了帮助读者更好地理解和应用这些技术，本书还提供了结合其他 AI 工具创作的丰富的实战案例，包括如何使用 Deforum、ComfyUI 和 Topaz Video AI 等工具来生成视频。从简单的文本、图片生成视频，到复杂的视频和关键帧视频的制作，每一个案例都是对 AI 视频制作技术的深入探索和实践。

在 AI 视频制作的探索之路上，我们不仅要关注技术的发展，更要关注创意的发挥。本书通过大量的测试和实践，总结了可灵 AI、即梦 AI 等平台在生成视频时的优势，同时也指出了在生成某些特定类型视频时可能会遇到的挑战。这些宝贵的经验，将会帮助读者在创作过程中避开陷阱，从而更好地发挥 AI 视频制作工具的潜力。

最后，本书还讲解了 AI 生成视频在相关视觉创意领域的应用，如商品展示、老照片活化、绘本故事视频制作等，展现了 AI 视频技术在多个领域的广阔前景。我们相信，随着技术的不断进步和创新，AI 视频制作将为创意产业带来更多的可能性和机遇。

在阅读本书的过程中，我们鼓励读者积极参与实践，将书中的理论知识与自己的创意相结合，创造出独一无二的作品。购买本书后，关注公众号 FUNPHOTO，并在公众号界面回复本书第 113 页最后一个字，即可获得与本书配套的原创模型库，600 分钟 AI 制作视频课，AI 知识学习文库以及 PPT 教学课件。同时，我们也欢迎读者与我们进行交流，分享自己的学习心得和创作经验。通过添加本书交流微信 SYAHZLM88，读者可以与笔者团队在线沟通交流，从而获取更多关于 AI 技术的最新信息和灵感。

特别提示：本书在编写过程中，参考并使用了当时最新的 AI 视频生成工具界面截图及功能作为实例进行编写。然而，由于从书籍的编撰、审阅到最终出版存在一定的周期，AI 工具可能会进行版本更新或功能迭代，因此，实际用户界面及部分功能可能会与书中所示有所不同。提醒各位读者在阅读和学习过程中，要根据书中的基本思路和原理，结合当前所使用的 AI 视频生成工具的实际界面和功能进行灵活变通和应用。

编著者

目　录

CONTENTS

第 1 章　人工智能生成视频的影响

第 2 章　常见 AI 视频平台盘点

第3章 掌握可灵AI视频平台基本使用方法

第4章 掌握可灵AI视频平台使用技巧

第 5 章 掌握即梦 AI 平台基本使用方法

第 6 章 使用 Deforum 生成穿越视频

第 7 章 使用 ComfyUI 生成视频

第 8 章 Topaz Video AI 使用讲解

第 9 章 AI 生成视频实战案例

第 1 章
人工智能生成视频的影响

AI 对于视频行业的影响

AI 的发展已经对视频生成行业产生了深远的影响，尤其在视频制作、影视制作、广告创意及媒体制作等领域，相较于传统的视频制作方式，其带来了前所未有的便捷性、高效性和创新性。接下来将详细介绍 AI 对于视频生成行业的影响。

AI 电影对从业人员的启示

2024 年 3 月 6 日，由 AI 制作的长篇电影《Our T2 Remake》在洛杉矶举行了首映式。这个新闻一经发布，立即震惊了整个影视制作行业，要知道，《Our T2 Remake》可不是短短的几分钟，全片长达 90 分钟，由 50 位 AIGC 创作者历时数月分段合作完成。在网上搜索《Our T2 Remake》可观看完整电影。官方宣传片视频画面如下组图所示。

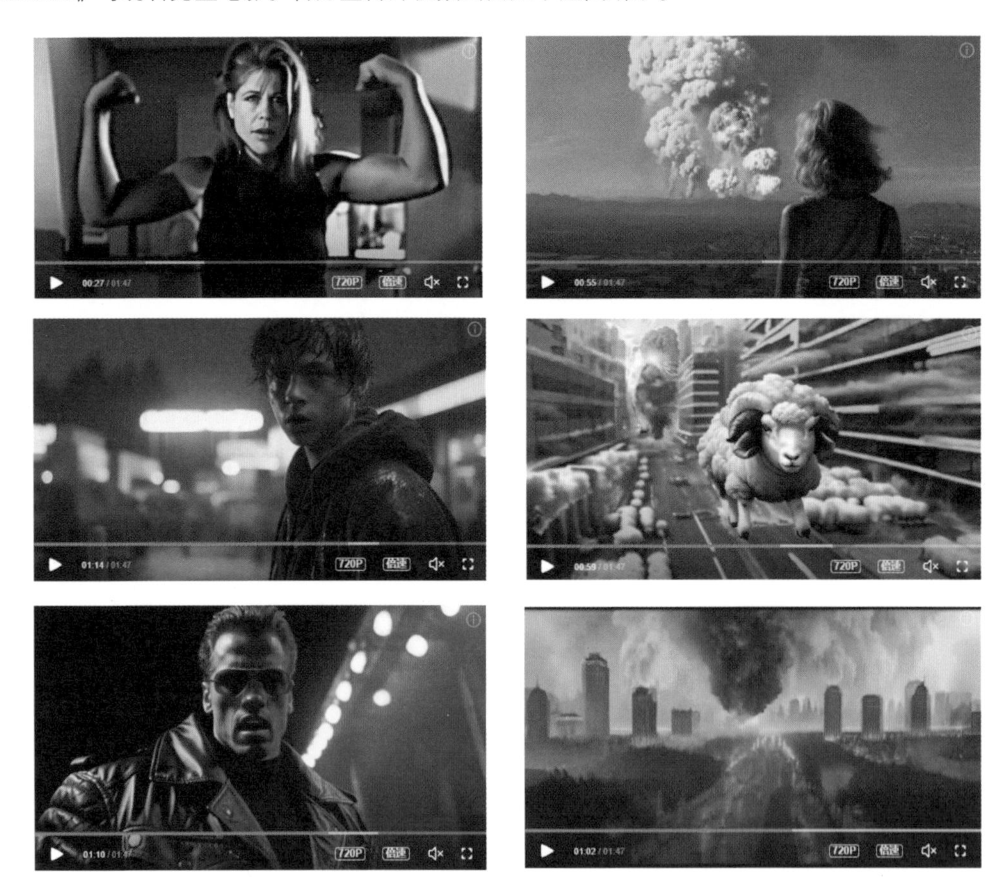

这个新闻与彼时被热烈讨论的 Sora，成为众多影视从业工作者焦虑的源头之一，许多人担心，有一天自己会被 AI 替代。

不得不承认，AI 发展的速度之快超出了人们的想象，即便是被称为技术壁垒相对较高的影视制作行业，也受到了明显的影响与冲击。

AI 改变视频制作的方式

传统制作视频的方式主要依赖于人工操作和专业技术，包括视频拍摄、剪辑、配音、特效添加等多个环节。特别是在拍摄时，需要专业的设备，如摄像机、三脚架、稳定器、麦克风等，以及专业的软件，如 Adobe Premiere、Final Cut Pro 等。视频制作的周期往往会特别长，从前期策划、拍摄到后期制作，每个步骤都需要耗费时间准备和执行。

目前，可以通过综合运用多个 AI 软件，并辅以专业的后期处理软件，视频制作者能够以前所未有的效率和创意水平，制作出高质量、富有创新性的视频作品。具体而言，AI 在视频制作的各个环节中都发挥着重要作用。

在前期筹备阶段，AI 可以通过分析大量数据，帮助创作者预测观众喜好、趋势走向，从而精准定位视频内容和风格。同时，AI 还能辅助进行脚本创作，利用自然语言处理技术生成富有逻辑和情感的对话，为视频增添深度。同时，AI 也可以进行 AI 配音、AI 克隆，根据自己的需求定制背景音乐等。

进入拍摄阶段，AI 驱动的相机和稳定器能够根据环境自动调整参数，确保画面清晰、稳定。此外，AI 还能通过人脸识别、追踪技术，实现对特定对象的自动跟焦和构图优化，这就极大地提升了拍摄效率和质量。

在后期制作环节，AI 更是大放异彩。它可以实现一键成片的功能，还能通过深度学习算法智能识别场景、音乐节奏与情绪变化，自动匹配转场特效和背景音乐，甚至可以根据视频的整体氛围进行创意编辑，创造出令人印象深刻的视觉效果。

AI 在影视制作的应用

对 AI 在影视制作方面的影响，最敏感的并不是小的民间工作室，反而是拥有巨无霸般体量的央视。无论是从内部发文提醒相关人员密切关注 AI 技术，还是高调举办了 AI 视频征集、短剧启播启动仪式等活动，都显示了央视对 AI 技术的关注度，如下组图所示。而这无疑也是给了围绕着央视影视产业链，上上下下所有相关公司及从业人员一个明确的信号。从信号到产品，央视并没有让大众等待太长时间，在 2024 年 3 月 22 日，央视频 AI 微短剧启播暨 AI 频道正式上线，我国首部 AI 全流程微短剧《中国神话》与受众见面。

《中国神话》共六集，分别为《补天》《逐日》《奔月》《填海》《治水》《尝百草》，如下图所示。该剧由央视频、总台人工智能工作室联合清华大学新闻与传播学院元宇宙文化实验室合作推出，其美术、分镜、视频、配音、配乐全部由 AI 完成。这一项目的成功实施不仅展示了 AI 技术在影视制作领域的巨大潜力，也为未来影视产业的发展提供了有益的借鉴和启示。

在这次短剧项目中，AI 技术被用于美术设计、分镜构图、配乐等多个环节，通过分析传统神话故事与现代观众的喜好，生成了既有文化底蕴又符合现代审美的作品。这种创新性的尝试不仅为传统神话故事注入了新的活力，也为观众带来了全新的视觉体验。

此外，AI 技术的应用使得制作团队能够更快速地完成复杂的场景渲染和特效制作，同时保持高质量的制作水准。不仅用于传统的二维和三维动画制作，还尝试将虚拟现实技术融入其中，为观众提供了更加沉浸式的观影体验。这种跨领域的融合不仅丰富了影视作品的表现形式，也为影视产业的发展开辟了新的方向。

《中国神话》的推出正是央视在探索 AI 技术应用于影视制作领域的一次重要实践，为整个行业树立了标杆。

除了央视，抖音也推出了 AI 短剧集《三星堆·未来启示录》，这是一部采用 AI 技术制作的科幻短剧，该剧的全部内容几乎全是由 AI 直接生成，如下图所示。博纳影业成立了 AIGMS 制作中心，专门负责 AI 内容生成，采用人机共创协作模式，打造了智能化影剧制作流程。这种流程不仅包括大数据模型的搭建，还涉及电影工业流程中的分镜、剪辑等领域。具体应用如下。

» 剧本创作：在《三星堆·未来启示录》剧本创作阶段，AI 不仅提供了灵感，还结合了真实的考古资料和研究解读。在 AI 的灵感基础上，制作团队融入了关于三星堆的大量解读以及《山海经》中与三星堆古蜀国相关的神话，确保了故事既富有前瞻性而又不失温度。这种人机共创的模式，使得剧本在保持科幻感的同时，也具备了深厚的历史和文化底蕴。

» 数字化角色和场景：AI 技术实现了画面与场景的智能化生成。剧集利用 AIGC 技术，将青铜立人像、商青铜神树、商铜纵目面具等三星堆遗址的标志性文物渐次复原，并通过科技感的闪回将三段时空串联在一起，实现了古今交错的视觉体验。

» 技术研发与创新：在制作过程中，博纳 AIGMS 制作中心不仅进行了剧集文本和分镜等影视领域的创作，还研发了行业垂类的多模态大模型，实现了具有图像文字理解能力的智能化辅助创作功能，并建立了专业级的影视知识库。这些技术的研发和创新，为未来更多类似项目的开展奠定了坚实的基础。

» 工业化制作流程：《三星堆·未来启示录》的制作过程采用了工业化电影制作的流程，这在 AIGC 领域尚属首次。

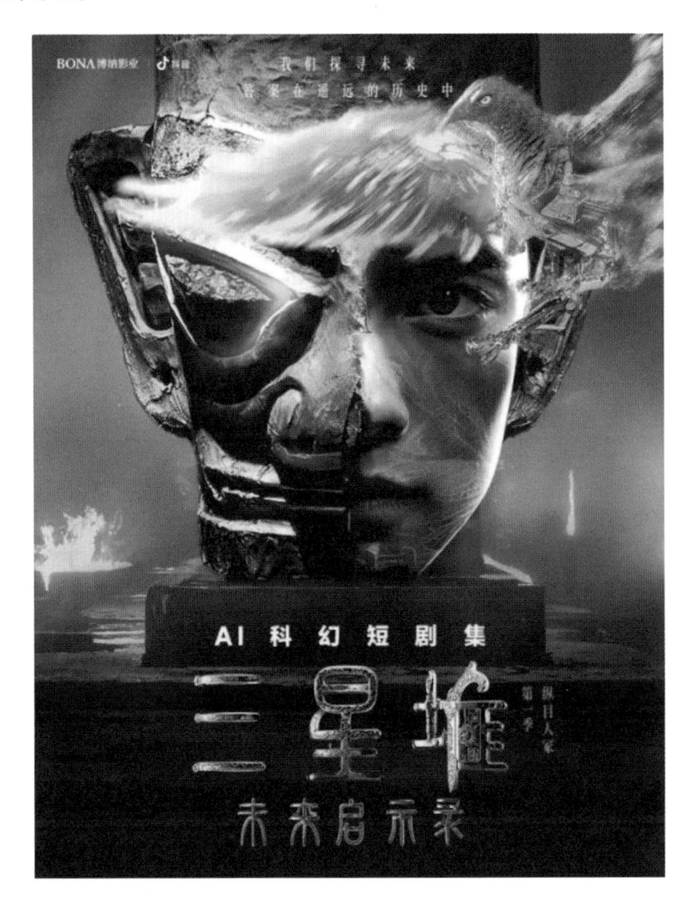

AI 在视频广告创意的应用

传统的广告创意流程往往始于一个创意概念，需要精心撰写脚本，脚本完成后，是视觉化呈现的阶段，这通常包括与设计师紧密合作，进行概念草图的设计、色彩搭配的选择以及最终视觉效果的建模。之后，进入后期制作阶段，这里会使用到各种后期软件，如 Adobe Premiere 等视频编辑软件。

然而，随着 AI 技术的飞速进步，这一传统流程正在经历深刻的变革，现在可以综合使用若干个 AI 软件，随后再利用后期软件，就能较快地获得一个不错的广告创意作品。

如果广告是为了抓热点、快闪式投放，这样的方式明显是优于传统广告制作流程的。当然，如果需要的是非常优质的精品广告，这种方式则略显粗糙，但这样用视频完全是可以当成概念小样提交给客户观看审核的。因此在制作广告时，可以借助 AI 获得时效性，提高创作效率。这使得广告行业不仅提升了创意内容的质量，还大幅提高了广告投放的效率和效果。

AI 技术不仅在互动营销中表现出色，在广告创意表现方面同样有着突出表现。以下案例展示了 AI 在广告创意中的卓越应用。

案例分析：可口可乐《Masterpiece》广告片，利用 Stable Diffusion AI 和 3D 技术结合实拍创作。如下图所示。

» 创意理念：可口可乐通过 AI 技术生成了一支充满创意和情感的广告片《Masterpiece》，展示了 AI 在视频制作方面的潜力。

» 剧本生成：利用 AI 技术分析大量的广告剧本，生成具有吸引力的剧本。

» 视觉效果：通过 AI 图像识别和生成技术，创造出独特的视觉效果，使广告片更具吸引力。

» 情感分析：利用 AI 情感分析算法，使广告片在情感上能够与观众产生共鸣。

AI 在媒体宣传的应用

传统的媒体宣传视频以精彩为主要突破点，以自上而下的方式进行传播，即由品牌方或宣传方制作出一个精彩的视频，将其投放至各媒体平台，从而获得一定的宣传效果。但当 AI 视频制作技术成熟的情况下，新的宣传途径变为由品牌方提供基本物料，由兴趣用户自发地制作有趣的视频，这样的效果比自上而下式宣传效果更好。

它打破了传统的宣传模式，让宣传更加生动有趣、贴近人心，同时也为品牌方提供了更多与用户互动、了解市场的机会。更重要的是，AI 技术的发展，激发了公众参与的热情。公众不再仅仅是信息的被动接受者，而成为内容创造的积极参与者。他们可以根据自己的兴趣、创意以及对品牌的理解，利用 AI 工具轻松制作出富有创意和个性的视频作品，并通过社交媒体等渠道自发传播。这种自下而上的传播方式，不仅增强了品牌与用户之间的情感连接，还形成了强大的口碑效应，让品牌故事以更加生动、真实的方式在人群中流传开来。

在当前的媒体平台中，许多网友借助 AI 技术，对广受欢迎的经典影视剧进行别出心裁的二次创作。这些作品以其独特的幽默感和无限创意，成功吸引了观众的眼球，不仅在网络上掀起了一波又一波的观看热潮，还巧妙地实现了对原剧集的二次传播与宣传。这种宣传模式，源自民间，自下而上，更加贴近大众生活，让经典剧集以更加鲜活、接地气的姿态重新进入公众视野。

AI 在电商产品展示领域的应用

利用 AI 技术，可以将静态的商品图像转变为栩栩如生的半环绕乃至全环绕式展示视频，这样一来，就减少了电商产品展示的制作成本，极大地提高了工作效率。如下左图所示是戒指的静态图片，下右图为利用 AI 将静态的戒指图片变为动态环绕的视频展示画面，可以清楚地看到，视频中的戒指正在环绕展现，且戒指的光泽感和质感相较于之前效果更加好一些。

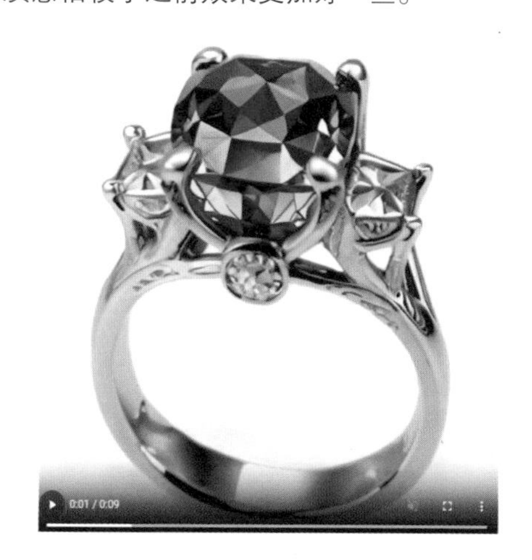

AI 在有声读物的应用

AI 不仅能深度理解小说文本的细腻情感与复杂情节，还能根据这些元素自动生成与之高度匹配的视频内容，从而将传统的文字读物转化为鲜活、生动的视听盛宴。这一过程极大地丰富了有声读物的表现形式。如下图所示为媒体平台中利用 AI 生成的有声儿童绘画读物视频，获得了较高的点赞量。

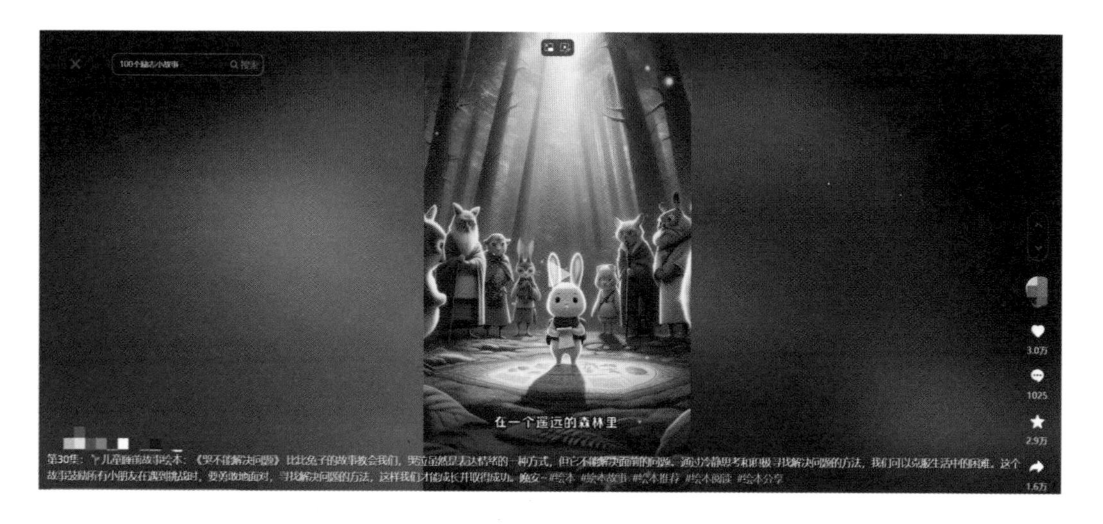

AI 在建筑室内外表现的应用

借助 AI 技术可以将静态的室内外场景图片转化为动态的可视化视频，可以更好地进行场景展现，从而提供更为丰富和沉浸式的视觉体验。例如，利用 AI 生成的视频可以模拟出人们在空间中的移动视角，或是展示随着时间变化而变化的光线与环境因素，使得观众仿佛置身于真实场景之中。这种技术广泛应用于房地产展示、旅游推广、建筑设计等多个领域，有效增强了信息传达的效果和吸引力。如下左图为笔者上传的静态室内场景图，下右图为生成的动态视频画面。这种技术对于从事建筑室内外表现的人员而言，已经逐渐成为跟建模一样，必须掌握的技术标配。

AI 在 MV 制作方面的应用

利用 AI 技术可以快速且高效地制作一个完整的 MV。首先选择一张能够很好地代表 MV 主题或情感的图像素材。然后利用特定 AI 工具生成动态视频。接下来，利用 AI 音乐生成工具创作一段原创音乐。最后，将动态图像与背景音乐结合在一起，并使用视频编辑软件进行剪辑，使得音乐和画面同步。

例如，日本映像创作者 Arata_Fukoe 利用 AI 技术打造的 MV，画质逼真，镜头与特效创意无限，为观众呈现了一场前所未有的视觉盛宴。在音乐方面，由 ChatGPT 与 Sunoai 制作，旋律与歌词完美融合，为 MV 奠定了动人的情感基调。而视频的制作则汇集了 DreamMachine、Gen-3 以及可灵 AI 等先进 AI 工具的力量，它们共同编织出一幕幕既真实又梦幻的画面。在图片素材的选取与处理上，借助了 MJ 与 SD 等 AI 模型，这些模型以其强大的生成能力，为 MV 贡献了丰富多样的视觉元素。后期制作运用了 Photoshop（Ps）与 After Effects（Ae）等专业软件，使得每一帧画面都得到了完美呈现。MV 具体画面如下图所示。在网上搜索“日本映像创作者 Arata_Fukoe 使用 AI 创作的 MV”即可检索到 MV 的相关信息。

AI 生成视频存在的问题

AI 技术发展还不够成熟，生成视频过程中还存在一些问题，具体问题如下。

随机性和不可控性

AI 生成的内容往往基于算法模型的预测，这便可能导致输出结果的不可预测性。
创作者难以精确控制视频中的每一个细节，尤其是在情节复杂的情况下。

质量不高

视频的质量可能受到多种因素的影响，包括分辨率、帧率、色彩准确性等。
目前的技术可能无法生成与专业制作的视频相同级别的画质和流畅度。

时间长度有限

由于计算资源和模型能力的限制，AI 生成的视频通常较短。
长时间连续叙事或复杂情节的视频生成仍然是一个挑战。

某些内容难以生成

对于一些需要高度创意、情感表达或者特定文化背景的内容，AI 可能难以准确捕捉和再现。
特别是在处理精细动作、面部表情等方面，AI 生成的内容可能会显得生硬或不够自然。

技术成熟度

当前的 AI 模型可能需要大量的训练数据和计算资源来达到较好的效果。
在模型训练过程中，可能会遇到过拟合或欠拟合的问题。

尽管存在这些挑战，但随着技术的进步，AI 生成视频领域正在快速发展。未来的 AI 系统有望通过以下方式得到改善。

» 更先进的算法：新的机器学习算法可以提高生成内容的质量和可控性。

» 更大的数据集：更大、更多样化的训练数据集可以帮助 AI 更好地理解并生成复杂的场景。

» 更高的计算能力：随着硬件性能的提升，AI 能够处理更复杂的数据，并生成更高质量的视频。

» 更好的用户界面：直观易用的工具可以让非专业人士也能够轻松地控制和定制生成的视频内容。

总之，虽然 AI 生成视频还处在发展阶段，但它有着巨大的潜力，未来有望在娱乐、教育等多个领域发挥重要的作用。

第 2 章
常见 AI 视频平台盘点

国内平台

即梦 AI

即梦 AI 是剪映旗下产品，它利用先进的自然语言处理技术与图像生成能力，允许使用者通过简单的语言描述或上传图片作为输入，快速创作出高质量的图像作品及视频内容。

每日登录即梦 AI 平台会获得 80 积分，积分可以用来生成图片和视频。积分使用完后，需开通会员才能继续使用生成图片和视频的功能，每月支付 79 元获得 505 积分。

网址：https://jimeng.jianying.com/。

即梦 AI 界面如下图所示。

即梦 AI 的主要功能

图片生成：即梦 AI 支持将文字描述转化为图片。使用者只需输入描述性的文本，即梦 AI 便能生成相应的图片。

智能画布：即梦 AI 的智能画布功能采用交互式设计，使用者可以轻松抠图、重组图像，并根据提示词重新绘制新的图像。这一功能使得使用者能够更加灵活地进行图片编辑和创作。

视频生成：即梦 AI 能够将文字描述转换成视频。使用者可以输入描述性文本，即梦 AI 会自动生成相应的视频内容。此外，即梦 AI 还支持利用图片作为基础，通过 AI 智能生成视频内容。

故事创作功能：通过图片生成各段视频分镜头，将分镜头组合起来生成一个完整故事。帮助使用者通过 AI 技术讲述和创作更加生动、个性化的故事。

即梦 AI 的使用场景

即梦 AI 适用于多种使用场景，包括但不限于以下几点。

中视频故事创作：即梦 AI 的故事模式专为中视频故事创作者量身定做。创作者可以在该模式下设计人物角色、生成场景图，并将静态的图片转换成动态的视频。这一模式使得创作者能够更加便捷地创作出有趣的故事视频。

短视频创作：即梦 AI 可以快速生成短视频内容，满足社交媒体平台上对短视频内容的需求。

广告和宣传视频制作：企业可以利用即梦 AI 生成高质量的广告和宣传视频，提升品牌形象和市场影响力。

白日梦 AI

白日梦 AI 是一款集成了多项先进技术的智能视频制作工具，它能够将输入的文案转化为生动有趣的视频内容。使用者只需提供不超过 2000 字的文案，白日梦 AI 便能自动生成包含角色、场景、分镜和配音在内的完整视频。

每日登录白日梦会获得 1000 积分，积分用来生成图片和视频。此外还可以通过做任务获得积分。目前，白日梦平台没有收取任何费用。

网址：https://aibrm.com/。

白日梦 AI 界面如下图所示。

主要功能

文生视频：白日梦 AI 支持将文案转化为视频内容，只需输入故事标题、故事正文等内容，白日梦 AI 就能自动生成包含角色、场景、分镜和配音在内的完整视频。

动态画面：白日梦 AI 能够将静态图片转化为动态，使用者在左上角选择旁白配音及背景音乐，点击生成视频后，进入预览视频页面，可以选择视频封面、调节语速等。

AI 角色生成：白日梦 AI 可以根据文案自动判断出所有角色，还可以为每个角色设置性别、声音和形象，如下图所示。

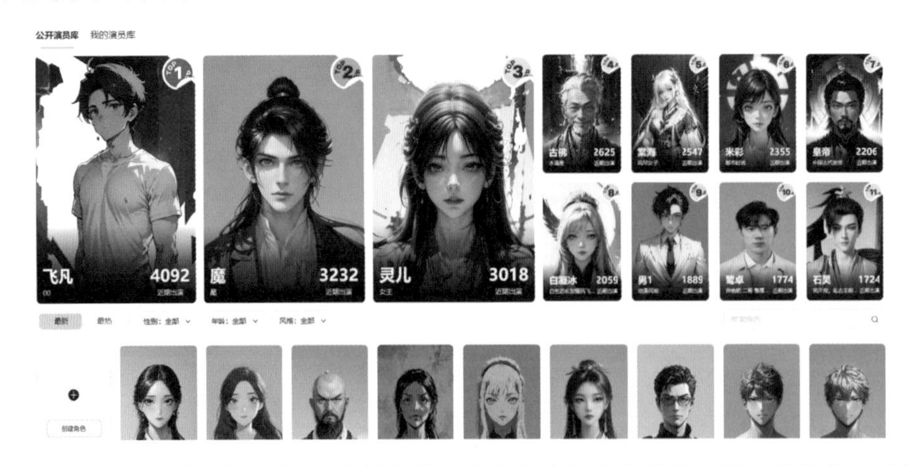

人物 / 场景一致性：白日梦 AI 能够保持视频中各个角色的形象一致，增强代入感和观看体验。此外，白日梦 AI 提供了多种视频风格供使用者选择，以适应不同的故事主题和观众群体。

清影

智谱 AI 推出的清影（Ying）是一款具有创新性的 AI 视频生成平台。它能够在短时间内将用户输入的文字或图片转化为高质量的视频，为使用者带来全新的创作体验。目前，清影还处于内测阶段，各项功能的使用均为免费。

网址：https://chatglm.cn/video。

清影的界面如下图所示。

主要功能

文字生成视频：创作者只需输入一段文字，在 30 秒内就能获得一段 1440×960 清晰度的高精度视频。还可以选择多种风格，如卡通 3D、黑白、油画、电影感等，并配上音乐。

图片生成视频：为创作者提供了更多的新玩法，包括表情包梗图、广告制作、剧情创作、短视频创作等。

老照片动起来：基于清影“老照片动起来”小程序同步上线，使用者上传老照片，AI 就能让旧时光中的照片灵动起来。

技术优势

新型 DiT 模型架构：使得清影在复杂指令遵从能力、内容连贯性和画面调度上具有独特优势。

快速生成：仅需 30 秒的时间，就可快速生成 6 秒 1440×960 清晰度的高精度视频，大大节省了视频生产的时间和成本。

不断迭代：智谱 AI 表示将继续努力迭代，在未来版本中推出更高分辨率和更长时长的生成视频功能，以满足更广泛的应用需求。

星火绘镜

星火绘镜是科大讯飞推出的一款 AI 短视频创作平台，它利用先进的人工智能技术，帮助创作者在短时间内制作出专业水准的短视频。

网址：https://typemovie.art/。

星火绘镜的界面如下图所示。

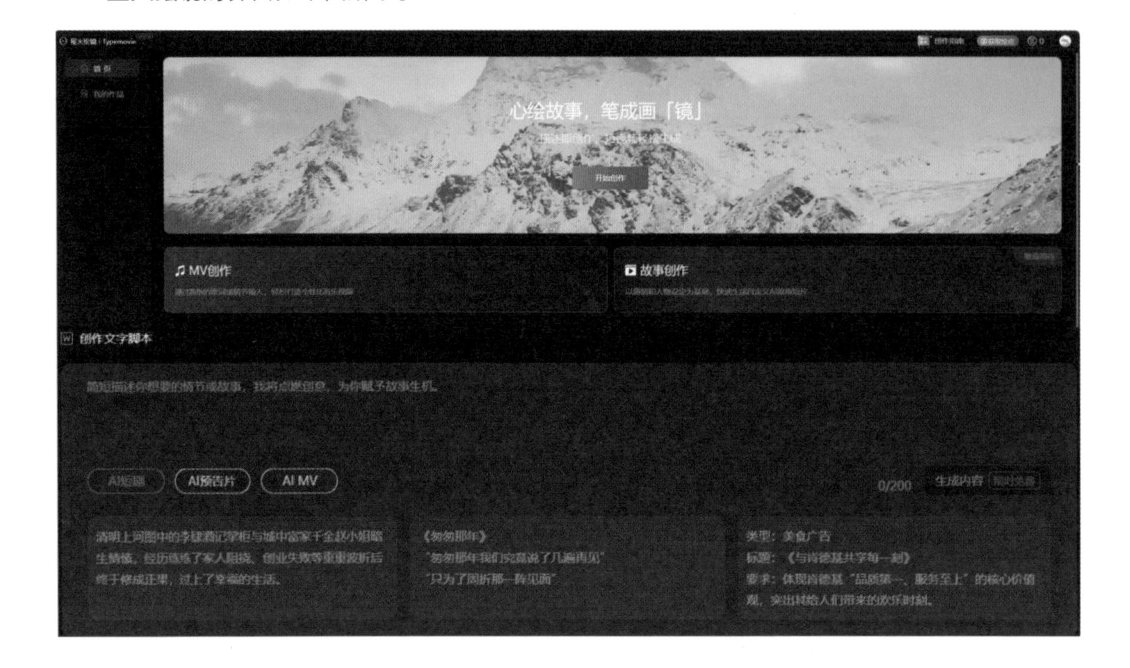

主要功能

智能剪辑：星火绘镜的智能剪辑功能非常强大，创作者不再需要花费大量时间进行手动剪辑。这个功能能够自动识别视频中的关键帧，并进行合理的剪辑，使视频更加流畅和专业。

丰富的模板和特效：平台内置了大量的精美模板和特效，创作者可以根据自己的需要选择不同的模板，一键应用到视频中。无论是卡通风格、复古风格，还是现代简约风格，星火绘镜都能满足创作者的需求。

文字识别和字幕生成：科大讯飞在语音识别方面一直有着领先的技术，星火绘镜自然也不例外。平台可以自动识别视频中的语音内容，并生成字幕。这样不仅提高了视频的可读性，也方便观众准确地理解视频内容。

配乐和音效：一个好的视频离不开恰到好处的配乐和音效。星火绘镜提供了丰富的音乐库和音效库，创作者可以根据视频的情感和节奏选择合适的背景音乐，使视频更加生动。

使用体验

星火绘镜的操作非常简单和快捷，即使是没有任何专业技能的人也能制作出专业水准的短视频。创作者只需简单几步就能完成一个高质量的视频。这大大降低了视频制作的门槛，使得每个人都能成为视频达人。

创意表达：星火绘镜不仅是一款工具，更是一个让创作者表达创意的平台。创作者可以利用平台提供的各种功能和资源，将自己的创意生成精彩的视频。

Vidu AI

Vidu 是一款集视频生成、多镜头处理、个性化创作等功能于一体的 AI 视频工具，Vidu AI 大模型是一款由北京生数科技有限公司研发的 AI 视频生成模型，核心团队成员来自清华大学人工智能研究院。Vidu 采用了团队原创的 U-ViT 架构，该架构融合了 Diffusion 和 Transformer 技术。这一创新的视频大模型能够快速生成长达 16 秒、1080P 高清视频，同时在模拟真实物理世界的基础上，展现出较高的想象力和创造力。

每月登录 Vidu 平台可获得 80 积分，积分可用来视频。积分消耗完后需要购买套餐，每月支付（7）99 美元，可获得 240 积分。

网址：https://www.vidu.studio/。

Vidu AI 界面如下图所示。

主要功能

视频生成：Vidu 能够根据文本或图片生成视频，支持生成长达 16 秒、分辨率高达 1080P 的高清视频内容。在模拟真实世界物理特征方面表现出色，例如，在水中游泳的小狗或含有球形玻璃容器的画面，能够表现出真实的物理效果。

多镜头生成能力：Vidu 具有生成多镜头的能力，能够完成复杂的镜头切换和拍摄手法，这是许多 AI 视频工具无法做到的。

时空一致性：Vidu 在视频生成过程中保持了良好的运动幅度及一致性、稳定性，对提示词的理解效果也非常接近 Sora。

个性化创作：Vidu 提供多种视频风格和模板，满足不同使用者的需求。使用者可以像导演一样精确控制视频的每个细节，包括画面、音乐和文字等，创造出独特的视频内容。

PixVerse V2

PixVerse V2是爱诗科技最新发布的视频生成产品，该产品采用了Diffusion+Transformer(DiT)基础架构，具备多项技术创新。PixVerse V2在时空建模方面引入了自研的时空注意力机制，这不仅超越了传统的时空分离和fullseq架构，而且显著提升了对空间和时间的感知能力，使其在处理复杂场景时表现更为出色。

每日登录PixVerse平台可获得50积分用来生成视频，积分消耗完后，需要开通会员才能使用，每月支付4美元，获得1000积分。

网址：https://app.pixverse.ai/。

Pixverse V2界面如下图所示。

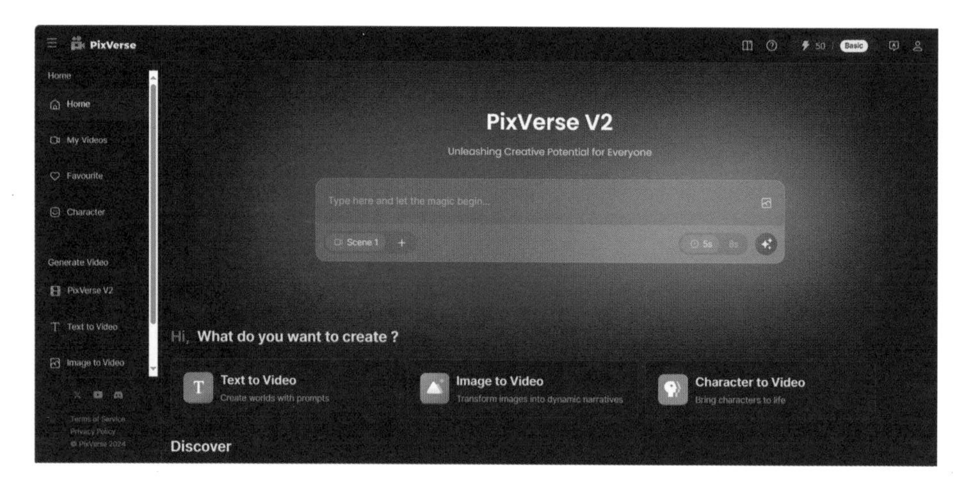

功能特点

多片段视频生成：PixVerse V2允许使用者在保证一致性的前提下，一次生成多个视频片段。这一功能支持使用者实现单片段8秒和多片段40秒的视频生成。

一键生成连续视频内容：PixVerse V2支持一键生成1～5段连续的视频内容，且片段之间会保持主体形象、画面风格和场景元素的一致。这一创新功能让使用者能够围绕特定主题进行高效而便捷的视频创作。

二次编辑功能：PixVerse V2还支持对生成结果进行二次编辑。通过智能识别内容和自动联想功能，使用者可以灵活替换调整视频主体、动作、风格和运镜，从而进一步丰富创作的可能性。

技术创新：PixVerse V2在传统flow模型的基础上进行了优化，通过加权损失，促进了模型更快更优地收敛，从而提升整体训练效率。此外，它在理解和文本生成方面也利用了有更强大理解能力的多模态模型来提取prompt的表征，有效实现了文本信息与视频信息的精准对齐，进一步增强了模型的理解和表达能力。

应用场景

PixVerse V2的应用场景广泛，无论是记录日常生活中的灵感瞬间，还是制作引人入胜的视频故事，都能变得触手可及。它的创新功能和强大的生成能力为使用者提供了更多的创作可能性。

国外平台

Pika

Pika 是一款视频生成应用，它利用人工智能技术帮助使用者生成和编辑视频。Pika 的特点是能够生成多种风格的视频，包括动漫、Moody、3D、水彩、自然、黏土动画、黑白等。使用者可以通过输入简单的文本描述或上传图像配合文字来创建高质量的视频。此外，Pika AI 还提供了视频风格转换和视频内容编辑的功能，使用者可以更改或增加视频中的元素，以及调整视频的宽高比尺寸等。

首次登录Pika平台会有250积分，积分用来生成视频，积分消耗完后，需要开通会员才能使用。基础会员每月需支付 8 美元，可获得 700 积分。

网址：https://pika.art/。

Pika 界面如下图所示。

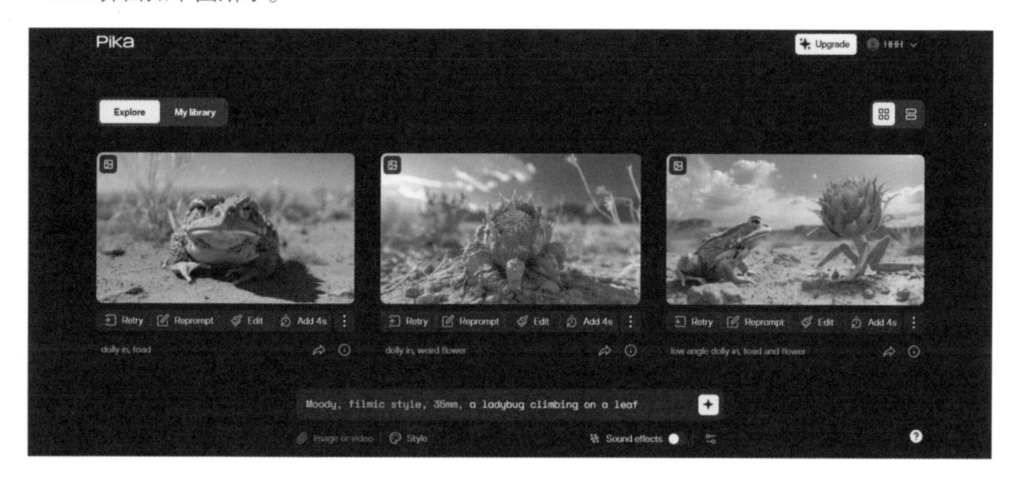

主要功能

视频生成：文本生成视频：使用者可以用文字描述想要的场景，Pika AI 会根据这些信息自动生成相应的视频。图像生成视频：使用者也可以上传图片，Pika AI 会根据图片内容生成视频。

风格生成：Pika AI 还提供了多种视频风格生成功能，如动漫、Moody、3D、水彩、自然、黏土动画、黑白等，使用者可以在不改变画面的情况下随意切换视频风格。

剪辑工具：PIKA AI 内置了裁剪、拼接、变速、滤镜、贴纸等多种剪辑工具，使用者可以根据自己的创意进行创作。

智能功能：包括智能识别音乐、智能抠图、智能配音等，这些功能可以帮助使用者快速完成视频剪辑。

高质量输出：通过先进的 AI 模型和技术，PIKA AI 可以生成高质量的视频内容，色彩鲜艳、细节丰富。

多样化风格：PIKA AI 支持生成多种风格的视频，满足使用者不同的创作需求。

Stable Diffusion

Stable Diffusion 是一款基于深度学习的文本到图像生成模型，自发布以来，其功能和应用场景不断扩展，包括支持视频制作。目前，Stable Diffusion 可以通过多种插件来实现视频制作功能，具体介绍如下。

视频制作插件

（1）Deforum。Deforum 插件能够依赖文字描述或者参照视频，生成一系列连续的图像，并将这些图像无缝拼接为视频，它采用“image-to-image function”技术，微调图像帧，并采用稳定扩散的方法来产生接下去的一帧，实现帧与帧之间的细微变化，从而带来流畅的视频播放体验。Stable Diffusion Web UI 提供了易于使用的图形界面，用户可以在基本不需要编写代码的情况下启动和监视训练过程。

（2）AnimateDiff。AnimateDiff 可以通过输入文本描述，自动生成与文本内容相关的视频，该插件具有高效、灵活、易于使用等特点，创作者可以根据需要，调整文本内容和参数，以获得满意的视频效果，AnimateDiff 插件可以广泛应用于短视频制作、广告宣传、教育培训等领域，为创作者提供了一种全新的视频创作方式。

（3）Temporal Kit。Temporal Kit 能够自动从原视频中抽取关键帧，这些关键帧代表了视频中的重要场景或动作变化点，创作者可以选择一张或多张关键帧图像，在图生图功能中测试并确定统一的风格样式，再将这种风格迁移到其他关键帧和中间帧上，实现视频的整体风格统一。需要注意的是，它还需要使用 EbSynth 或其他视频合成工具将处理后的帧图像重新组合成视频。

Stable Diffusion 视频制作界面如下图所示。

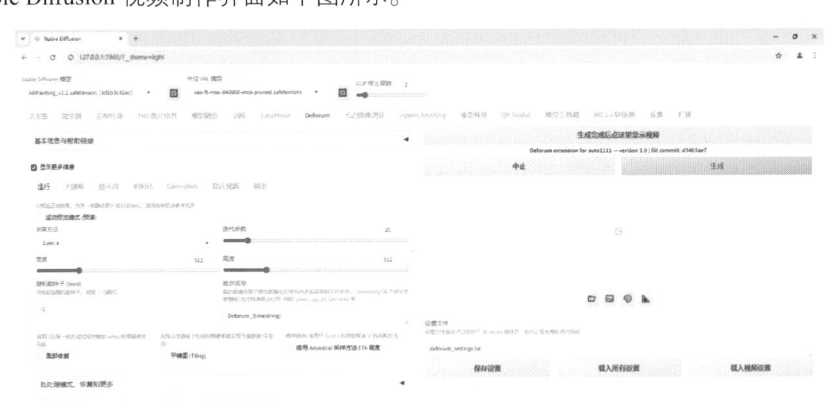

Stable Diffusion 视频制作的优势

逼真的视觉效果：Stable Diffusion 能够生成高质量、高分辨率的视频内容，其细节丰富，色彩逼真，为视频制作提供了接近真实的视觉效果。

多样化的风格：该技术能够在不同的场景和风格之间进行转换，创作者可以根据需求调整参数来改变生成的图像和视频效果，实现多样化的视觉效果。

Stable Diffusion 支持风格迁移和动态合成功能，创作者可以将一种艺术风格应用到视频中的每一帧，或者将 Stable Diffusion 生成的内容与原有的视频素材结合在一起，创造出独特的视频效果。

Stable Video Diffusion

SVD全称为Stable Video Diffusion，Stable Video Diffusion是由Stability AI发布的基于人工智能的视频生成工具。

在功能方面，创作者只需输入一段描述性文本，Stable Video Diffusion就能自动生成与文本内容相匹配的视频，为创作者提供了更加灵活和便捷的创作方式，除了文生视频，Stable Video Diffusion还支持将静止图像转化为动态视频。除了生成视频功能外，SVD还可以多帧生成和生成帧插值，支持14或25帧的视频生成，分辨率高达576×1024。

在使用方面，第一种方法是，在Stable Video Diffusion的官方网站下载一键整合包到本地，将整合包解压后，使用鼠标左键双击整合包中的启动程序，等待环境安装完成并启动后，会自动在浏览器中弹出SVD的图形化使用界面。

第二种方法是，在SD WebUI和ComfyUI中作为插件安装，SD WebUI中使用SVD和整合包使用方法类似，ComfyUI中使用SVD则需要搭建SVD相关的工作流。

第三种方法是，针对硬件配置不强的创作者，可以在https://www.stablevideo.com网站在线使用，操作方法与本地部署相似，轻松解决了硬件配置差的问题，但需要注意的是使用完免费生成次数后，再次生成则需要收费。

SVD作为一款先进的生成式AI视频工具，凭借其强大的功能和广泛的应用前景，正在逐步改变视频创作和处理的方式。

Stable Video Diffusion界面如下图所示。

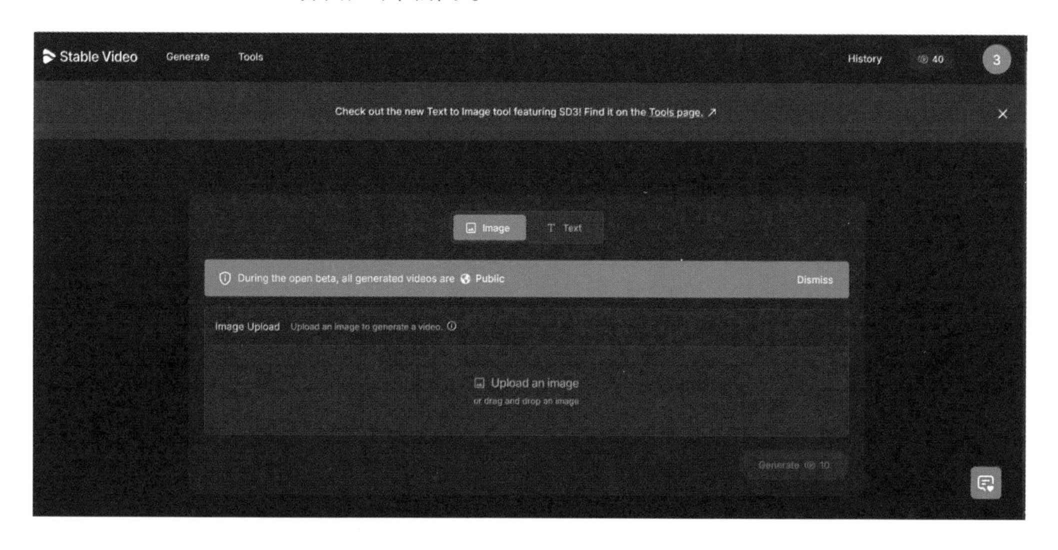

Stable Video Diffusion的特点

多视角视频合成：该模型可以从单个图像中合成多视角的视频，这在虚拟现实和增强现实应用中非常有用。

可定制性：创作者可以根据需要调整生成视频的帧率和其他参数，以满足特定的需求。

开源和非商业用途：Stable Video Diffusion是开源的，并且Stability AI提供了相关的文档和代码，供研究人员和开发者进行非商业用途的研究和开发。

ComfyUI

作为一款功能强大的 AI 绘图与创作工具，ComfyUI 支持通过插件扩展其功能，包括制作视频。在 ComfyUI 中，可以制作视频的插件多种多样，每个插件都有其独特的功能和使用方法，具体介绍如下。

视频制作插件

（1）AnimateDiff。AnimateDiff 插件能够结合 Stable Diffusion 算法生成高质量的动态视频。它利用动态模型实时跟踪人物动作以及画面变化，实现从视频到视频的转换，创作者可以通过选择不同的模型、VAE 和动态特征模型，生成具有不同风格和效果的视频，它还提供了丰富的参数设置，创作者可以根据需要调整视频帧率、载入视频的最大帧数、每隔多少帧载入一帧画面等，以实现对视频生成的精细控制。

（2）ProPainter。ProPainter 插件专注于视频修复领域，通过双域传播和蒙版引导的稀疏视频变换器等技术，实现视频中对象的精确擦除、污点去除以及画面补全，该插件结合了图像和特征域的优势，利用全局一致性来提高信息传播的可靠性，并通过丢弃不必要的冗余窗口来提高效率，它可以无缝集成到 ComfyUI 的工作流中，并支持批量处理、自动化视频修复等流程化操作。

ComfyUI 通过插件系统为创作者提供了丰富的视频制作功能。无论是视频修复与补全、视频转视频还是其他视频处理任务，创作者都可以在 ComfyUI 中找到合适的插件来辅助完成。同时，ComfyUI 社区的不断发展和创新也为创作者带来了更多惊喜和可能性。

ComfyUI 视频制作工作流界面如下图所示。

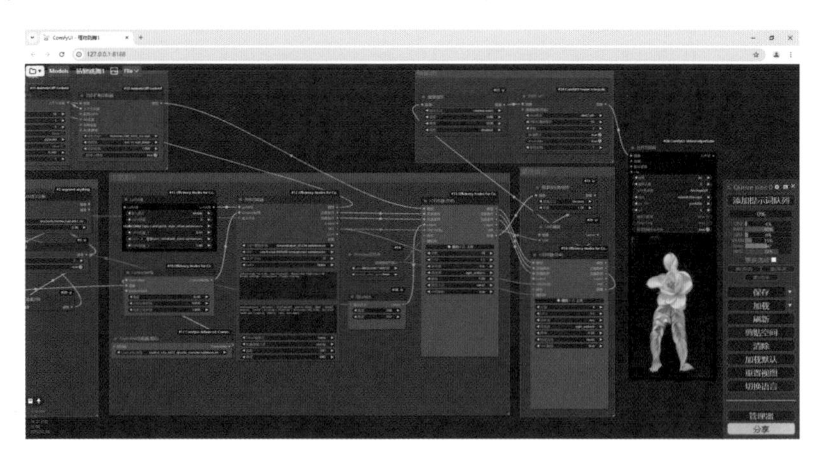

ComfyUI 的核心特性

工作流定制：ComfyUI 将图片生成任务分解成多个步骤，这些步骤组合成一个工作流。创作者可以通过配置这些步骤来实现自定义的图像生成逻辑。

可定制性强：ComfyUI 允许创作者通过工作流的方式实现高度的自动化，使得创作的流程和方法更容易被他人理解和复现。

支持中文搜索：通过简单的代码修改，ComfyUI 可以支持中文搜索功能，这对于需要使用中文提示词的创作者来说，是一个非常实用的功能。

Luma-Dream Machine

Luma AI 是一家专注于人工智能视频生成技术的公司，其近期推出了最新的视频生成模型——Dream Machine。Dream Machine 能够在 120 秒内生成一个包含 120 帧的视频，等同于 5 秒的流畅动画。

每月登录 Dream Machine 平台会有 30 次免费生成的机会，次数消耗完后需要开通套餐才能使用，每月支付 2（9）99 美元可获得 120 次生成次数。

网址：https://lumalabs.ai/。

Luma Dream Machine 界面如下图所示。

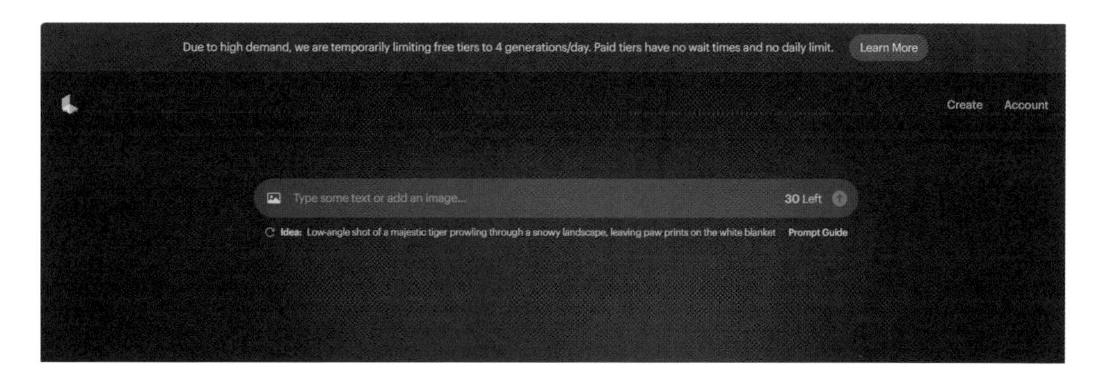

应用场景

该产品广泛应用于生活记录、游戏制作、动画和影视制作、商品展示和销售、地图和导航、机器人等多个领域。

Dream Machine 的技术特点

高质量视频生成：Dream Machine 能够从文本和图像中生成高质量的视频。它支持自由变换摄像机视角，实现追踪、环绕和俯视等效果，让摄像机运动更加流畅自然。此外，它还具备物理模拟支持，能够更真实地反映物理世界的特性，包括重力作用、碰撞效果及光影变化等。

动态模拟与物理一致性：为了实现动态模拟与物理一致性，Dream Machine 需要深入理解和模拟现实世界的物理规律。这包括，对物体和场景运动的精准模拟，以及确保视频中的物体和场景遵循现实世界的物理规律。

模型的独特能力：Dream Machine 能够生成各种动态和富有表现力的人物，以及其他具有挑战性的视频内容。官方 demo 展示了一些模型的独特能力，例如，生成各种动态和富有表现力的人物。

Sora

Sora 是 OpenAI 开发的新一代 AI 视频模型。这个模型可以根据使用者提供的文本描述生成高质量的视频，视频长度可达一分钟，同时保持视觉质量和对指令的忠实度。Sora 结合了语言理解和视觉生成技术，能够创建复杂的场景和角色。以下为 Sora 的技术特点。

高质量视频生成：Sora 能够生成长达 60 秒的高质量视频，画面清晰度和顺畅程度类似于用设备拍摄的效果。相比之下，之前的主流 AI 生成视频长度较短，且可能存在卡顿现象，而 Sora 的出现弥补了这些不足。

灵活的视频编辑：Sora 不仅能将文本转换成视频，还能将图片转为动态视频，并且效果不仅仅是简单的动画呈现。使用者可以对视频的局部进行修改，例如更换不满意的背景，为使用者提供了更多的创作灵活性。

广泛的应用场景：Sora 的应用范围非常广泛，包括教育教学、产品演示、内容营销等多个领域。使用 Sora 可以帮助使用者节省繁复的人工录制和渲染环节，提高创作效率。

模拟物理和数字世界：Sora 还展现出模拟物理世界和数字世界的能力，如三维一致性和交互，预示着未来可能开发出更高级的模拟器。这一点是通过在视频和图像的压缩潜在空间中训练实现的，可以将视频分解为时空位置补丁，从而实现可扩展的视频生成。

视觉生成技术：Sora 使用了扩散模型从压缩的视频潜在空间生成内容。这项技术能够通过文本提示生成高质量视频，支持生成不同分辨率、长度和纵横比的视频。

个性化定制：Sora AI 支持用户根据需求定制角色、场景和动作等元素，生成独一无二的视频内容。这种个性化定制能力使得 Sora AI 能够满足不同使用者的创作需求。

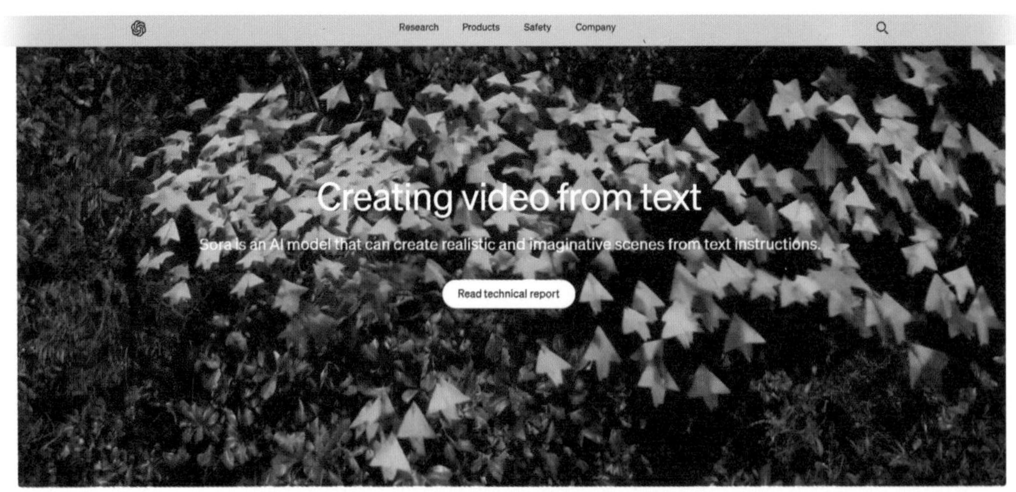

个性化视频生成工具

通义千问：全民舞王

全民舞王是阿里云旗下的一项人工智能技术，其能够根据使用者上传的照片生成对应的 AI 跳舞视频。这项技术由阿里通义实验室研发，背后的算法是自研的视频生成 AI 模型 AnimateAnyone。

使用方法：手机端下载通义千问 APP，搜索“全民舞王”。全民舞王界面如右图所示。

功能介绍

生成舞蹈视频：只需上传一张照片，通义舞王就能够生成一段舞蹈视频，视频中的角色会跟随预设的舞蹈模板跳舞，同时还能很好地保留原照片中的面部表情、身材比例、服装以及背景等特征。

提供多种舞蹈模板：通义舞王内置了多种热门舞蹈模板，包括但不限于“科目三”“蒙古舞”“划桨舞”“鬼步舞”等，共计 12 种不同的舞蹈风格供使用者选择。

支持多样化的输入：使用者不仅可以上传真人照片，还可以上传动漫、游戏人物、雕塑、手办等非真人照片，甚至是手绘图片，只要有清晰的面部特征，全民舞王都能够将其转化为舞蹈视频。

技术细节：AnimateAnyone 是阿里通义实验室自研的视频生成模型，它能够精准捕捉使用者的面部表情、身材比例及服装背景等特征，从而生成个性化的 AI 舞蹈视频。

应用场景

通义舞王的功能吸引了大量使用者使用，不仅普通人可以使用它制作有趣的舞蹈视频，就连兵马俑、奥特曼、钢铁侠等虚拟角色也能够跳起热门舞蹈，这一功能为社交媒体带来了新的娱乐元素。

魔法画师：植物跳舞

魔法画师是一个利用 AI 技术，允许使用者通过简单的操作生成植物跳舞的视频生成工具。通过此平台制作的植物跳舞的视频通常具有非常炫酷的效果，能够在社交媒体上获得高点击率和关注度。如下图所示为媒体平台中植物跳舞类视频的相关内容和点赞量。

在微信小程序中搜索“魔法画师”，即可进入魔法画师小程序平台中。

魔法画师的界面如下图所示。

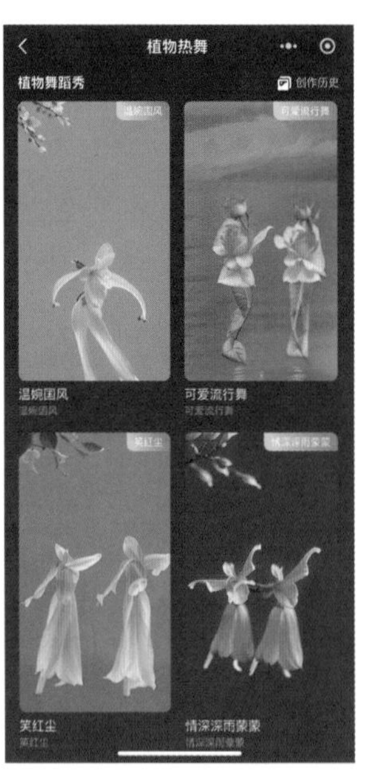

使用这款魔法画师工具来创建让植物跳舞的媒体账号非常便捷，它能在大约两分钟内生成一条视频，并且目前完全免费，无须担心额外费用。初期，你可以利用 AI 技术制作一些热门内容来迅速吸引粉丝关注，随后实现将流量变现。

美图设计室：商品图转视频

美图设计室推出的“图转视频”功能，可以将商品图片转换成视频，为电商行业带来了新的营销工具。

使用方法：打开 https://www.designkit.com/ 网址，进入美图设计室主页页面，点击“图转视频”按钮即可进入商品图转视频界面，如下图所示。

使用该功能生成的视频，商品会进行动态的展示，商品周围的背景也是动态的，整个画面显得具有灵动感和真实感。具体效果如下图所示。

美图设计室的商品图转视频功能的功能特点如下。

操作简便：使用者只需上传商品图片，美图设计室 AI 图生视频功能即可快速生成具有动态效果的视频。目前，该功能支持生成 MP4 和 GIF 两种格式，适应于公众号、朋友圈等社交平台的传播需求。

应用场景广泛：这一功能能够更好地满足电商营销人群的新型广告营销需求，为其提供更加多样、实用的视频内容，从而提高商品展示的吸引力和营销效率。

GoEnhanceAI

GoEnhanceAI 是一个 AI 驱动的图像和视频编辑平台，专注于视频风格转换和图像增强放大。该平台旨在通过 AI 技术简化视频和图像的后期处理工作，提升作品质量，并帮助使用者在艺术创作和内容制作中实现更高质量的成果。

首次登录有 45 积分，积分可用来生成视频，积分消耗完后须开通会员获取积分，每月支付 8 美元，可获得 600 积分。

网址：https://www.goenhance.ai/。

GoEnhanceAI 界面如下图所示。

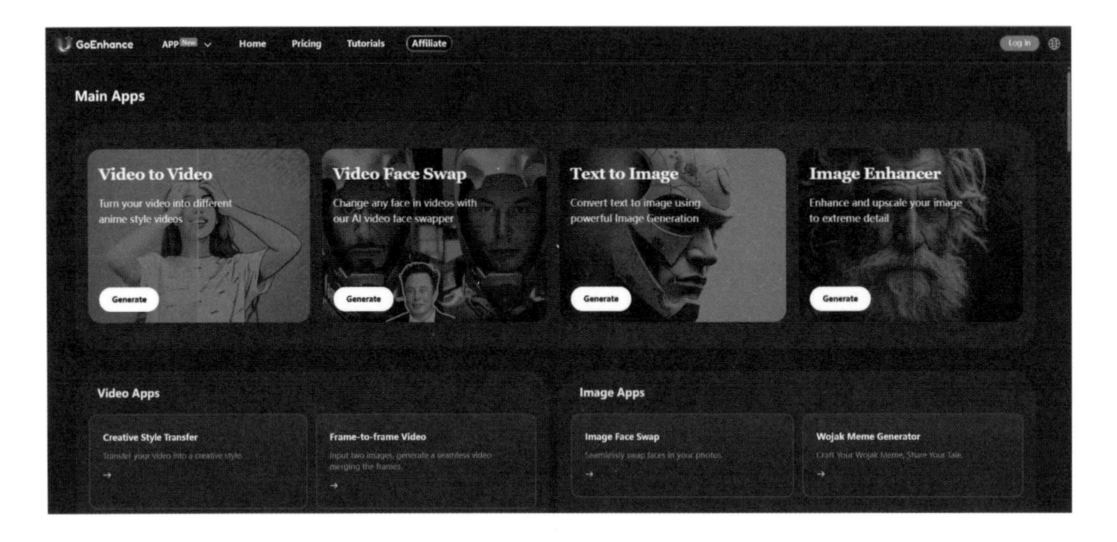

作为视频工具，GoEnhanceAI 具有许多个性化功能，具体功能如下。

视频风格转换：使用者可以使用 GoEnhanceAI 将视频转换成不同的艺术风格，如像素风格、动画风格等。这种功能适用于创建独特内容、娱乐和艺术实验。

图像增强和放大：通过 AI 技术，GoEnhanceAI 能够增强图像的清晰度和细节，即使在放大后也能保持图像的质量。该平台提供了多种增强模式，如“真实”“动漫”“创造力”“HDR”和“相似度”，以适应不同类型的图像。

互动视频生成：允许使用者基于上传的照片和脚本内容创建具有高度互动性的视频内容。这项功能为数字内容创作者提供了新的创作可能性。

其他平台

除了上述介绍的视频生成平台，LiblibAI 、神采、美图秀秀等平台也可以生成创作特色视频。具体介绍如下。

Liblib AI 图生视频功能

Liblib AI（哩布哩布 AI）是一个基于 Stable Diffusion 技术的 AI 图像创作绘画平台和模型分享社区，由北京奇点星宇科技有限公司运营。该平台致力于通过先进的 AI 技术，帮助创作者快速实现个性化的创意设计，满足不同领域的设计需求。目前，Liblib AI 中已上线图生视频功能，可以一键将图片转换成视频。

网址：https://www.liblib.art/。

Liblib AI 中的图生视频界面如图所示。

神采 PromeAI 中的图生视频功能

神采 PromeAI 是一款人工智能驱动设计助手，拥有广泛可控的 AIGC 模型风格库。它可以帮助创作者轻松地创作出令人惊叹的图形、视频和动画，是建筑师、室内设计师、产品设计师和游戏动漫设计师的必备工具。

神采 PromeAI 的“图生视频”功能允许创作者上传一张静态图片，并将其转化为动态视频。这项功能的工作原理是，通过 AI 算法分析并预测图片中的元素应该如何移动，从而创建出一种既有物体本身运动也有镜头运动的效果。

网址：https://www.ishencai.com/。

神采中的图生视频界面如图所示。

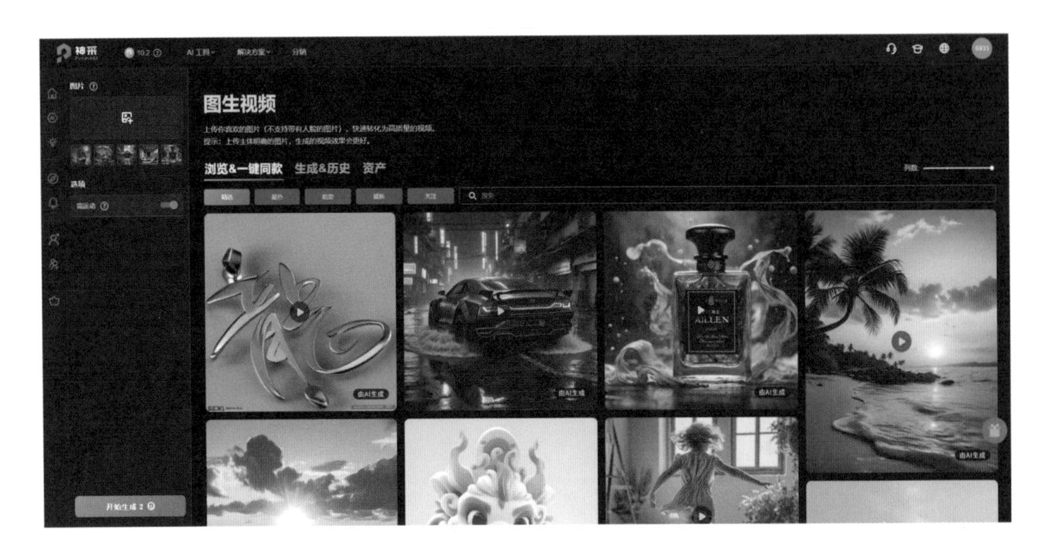

美图秀秀 WinkStudio 视频功能

Wink Studio 是一款由美图公司推出的 AI 视频编辑工具，它集成了先进的人工智能技术，旨在提升视频创作者的生产力。Wink Studio 下载后即可使用。

Wink Studio 的界面如下图所示。

产品特点

视频编辑功能：Wink Studio 具备视频剪辑、调色、特效、音效等功能，支持剪辑、调色、特效、音效等功能，融合了 AI 技术，能够帮助用户轻松完成视频创作。

人像美颜功能：该软件拥有视频美容功能，专注视频美容，让视频每一帧都绝美如画。它还具有画质修复功能，能够去除照片和视频中的噪点和模糊，从而提升画质。

高效直观的界面：Wink Studio 采用简洁明了的操作界面，让用户轻松上手，无须专业技能。它还支持批量人像处理和水印消除，大大提高了工作效率。

技术优势

Wink Studio 依托于美图的 AI 技术，提供了配方批量出片、智能画质修复、发丝级抠像、批量色调统一等功能，满足不同用户的个性化需求。此外，它还支持高质视频输出，最高支持导出 4K 超清视频。

快影中的 AI 情感视频功能

快影平台的 AI 情感视频功能，是快手在 AI 技术领域的一项重要创新。该功能利用先进的 AI 算法和模型，能够根据使用者的输入（如文字描述、图片等），自动生成与之相匹配且富有情感的视频内容。

这一功能的特点是，可以一键制作特定主题的情感类视频，满足和创作者的情感表达和观看者的情感需求，无论是温馨感人的亲情故事、励志激昂的成长历程，还是轻松幽默的生活片段，快影的 AI 情感视频功能都能精准捕捉并诠释出最细腻的情感色彩。

这种功能不仅提高了视频制作的效率，还降低了视频创作的门槛，使得更多人能够轻松地参与到视频创作中来。

使用方法：手机端下载快影 APP，点击“AI 创作”按钮，找到“AI 情感视频”。

AI 情感视频界面如右图所示。

功能介绍

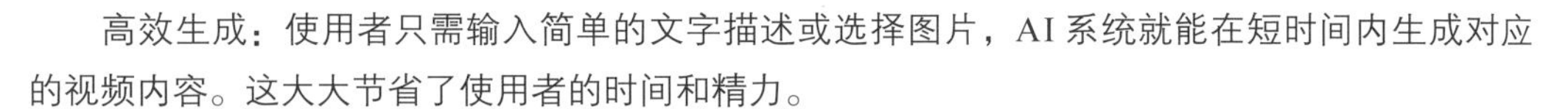

高效生成：使用者只需输入简单的文字描述或选择图片，AI 系统就能在短时间内生成对应的视频内容。这大大节省了使用者的时间和精力。

情感丰富：AI 系统能够理解并模拟人类情感，使得生成的视频内容更加生动、有趣。无论是温馨、搞笑还是感人的场景，AI 都能轻松驾驭。

风格多样：快影平台的 AI 情感视频功能支持多种风格和效果的选择，使用者可以根据自己的需求和喜好进行调整和定制。

画质高清：生成的视频内容支持高清画质输出，让使用者能够享受到较佳的观看体验。

优势

提高创作效率：AI 技术的融入使得情感类视频的制作变得更加高效，使用者无须过多地进行烦琐的剪辑工作，节省了大量的时间和精力。

提供创意灵感：通过 AI 提供的多种风格化素材、文案和模板，使用者可以获得更多的创作灵感，制作出更具创意和吸引力的情感类短视频。

降低创作门槛：即便是没有专业视频制作经验的使用者，也能够通过快影的 AI 功能，轻松制作出较高质量的短视频内容。

第 3 章
掌握可灵 AI 视频平台
基本使用方法

可灵 AI 平台介绍

可灵 AI 是一由快手公司推出的视频生成平台。基于在视频技术方面的多年积累，快手采用与 Sora 相似的技术路线，并结合多项自研技术创新推出了视频生成可灵 AI 大模型，此模型可生成分辨率高达 1080p 的视频。

网址：https://klingai.kuaishou.com/。每日登录可灵 AI 平台会获得 66 个灵感值，灵感值可用来生成图片和视频，灵感值用完后需要直接购买灵感值或者开通会员获得灵感值，直接购买是 1 元 10 个灵感值，最低 100 个灵感值起购。开通黄金会员每月需支付 66 元，获得 660 个灵感值，附带会员专属权益。

在各大平台爆火的吃播类视频、搞笑类视频、致敬类视频、创意奇特类等视频均是由可灵 AI 生成的。如下组图所示。

可灵 AI 平台的基础功能

文生图和图生图功能：在可灵 AI 平台中可以通过可图大模型生成相关图片素材。

文生视频功能：可灵 AI 平台支持生成文生视频，可以选择文本或图片内容生成视频，也可以让 AI 续写视频后续内容。

图生视频功能：该平台特别强调图生视频的生成能力，可以通过上传图片来生成相应的视频内容。这一功能特别适合那些希望通过图片内容来创造动态视觉效果的使用者。

镜头控制功能：可灵 AI 平台支持镜头控制功能，包括横移、摇镜头等，使得生成的视频更加生动有趣。这些编辑能力可以让使用者在不影响原始素材的前提下，调整视频的角度和焦点。

可灵 AI 平台的特色功能

首尾帧控制：可以定制视频的开头和结尾画面，提升视频的专业度和个性化程度。

视频延长：生成更长的视频，满足不同的创作需求。

大师运镜：提供多种专业的运镜效果，使视频更具观赏性。

高表现模式：该模式在文生视频和图生视频方面表现得更为出色，具有更高的画面质量和更强的动态一致性，整体生成质量显著提升。

可灵 AI 制作视频基本流程与方法

使用可灵 AI 生成视频方法有以下两种。以下为生成视频的大致流程，具体操作方法和内容细节在后面章节中会详细展开介绍。

» 第一种是文生视频，文生视频是通过文本描述去生成视频，只需要输入描述词和设置相关参数即可生成视频。文生视频界面如下左图所示。

» 第二种是图生视频，图生视频是通过图片垫图来生成视频，需要文本描述词和上传图片来生成视频。图生视频的界面如下右图所示。

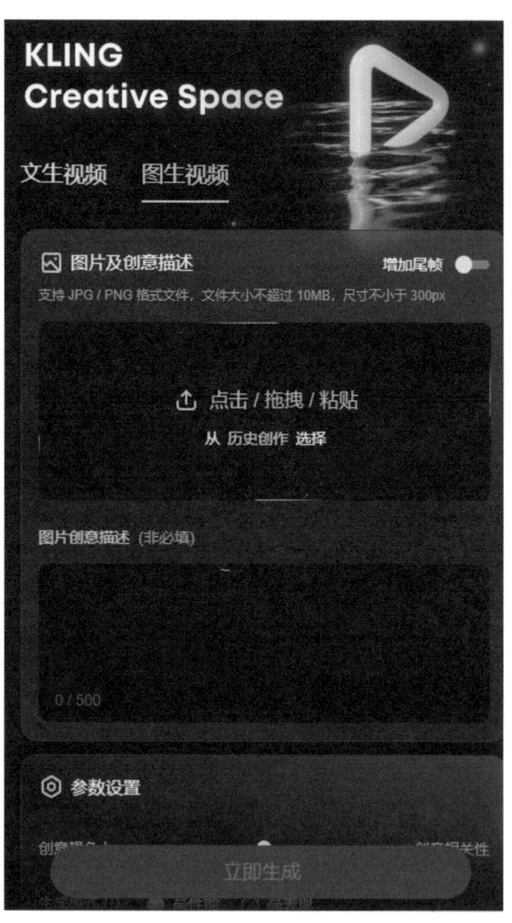

图生视频所需要的图片可以是自己准备的图片，也可以是通过可灵 AI 文生图或者图生图来获得图片。

通过可灵 AI 平台生成视频后，可以在剪映剪辑平台中配以文字、音乐、特效等素材进行二次加工制作。

理解视频效果的随机性

文生视频的随机性

视频生成的效果具有一定的随机性，这主要是因为生成过程中涉及了多种变量和技术限制。然而，由于文本到图像（文生图）的 DIT 技术特点，其生成的结果往往带有更强的随机性，故而文生视频也具有较大的随机性。这种随机性的产生通常源于生成模型内部使用的一个初始随机数，这个随机数帮助算法探索不同的生成路径，从而创造出多样化的图像及视频内容。

由于随机性的存在，所以一次生成的效果不好，可能需要多次反复尝试，需要注意的是，生成一个视频最低需要 10 个灵感值。但如果很多次仍然效果不佳，可能是平台目前功能不支持，此时需要调整提示词内容。

例如，下面是文生视频中使用“高性能”模式、创意描述词为“公园里盛开的花朵”。生成的两组视频，从画面可以看出虽然生成时设置的所有参数都是相同的，但是两组视频画面中的花朵是不一样的，公园背景也具有一定差异，说明每次视频生成是具有一定随机性的。

生成视频 1 内容图片如下组图所示。

生成视频 2 内容图片如下组图所示。

图生视频的随机性

图生视频（即从静态图像生成动态视频）的过程，虽然起始点往往基于一个固定的图像框架，确保了基础内容的确定性，但在后续生成过程中还是会出现丰富多变与微妙随机性。在生成过程中，系统会根据预设的规则和模型学习到的知识，对图像进行智能分析和重构。这些规则可能包括时间流逝的模拟、场景深度的推断、物体运动的预测等，而随机性则体现在这些细节处理的微妙差异上。比如，树叶在风中摇曳的姿态、水面波纹的细腻波动或是云朵缓缓移动的速度和方向，都可能会因为微小的随机因素而呈现出不同的风貌。

例如，使用图生视频上传的图片如右图所示。下面是图生视频中使用“高表现”模式、创意描述词为“女孩提着裙摆，微笑转圈”生成的两组视频，从画面可以看出，相比文生视频，图生视频的每一次生成可控性较强，这是因为上传图片的主体和背景都已确定。但是图生视频的随机性也是不可避免的，如两个视频中女孩提裙摆和转圈的动作是不同的。

生成视频 1 内容图片如下组图所示。

生成视频 2 内容图片如下组图所示：

通过文生视频的方式生成视频

理解文生视频

文本复杂度对视频的影响

如前所述，文生视频是指，通过提示词文字来生成想要的视频内容。在可灵 AI 文生视频中输入的提示词文字最多为 500 字。但由于技术所限，可灵 AI 无法同时关注到一个长句中的所有要素，长句中可能包含大量的信息元素，如实体、事件、关系等。系统需要能够准确地从句子中提取这些信息，并理解它们之间的逻辑关系。这便要求系统具备强大的信息提取和解析能力，而当前的可灵 AI 技术在这方面还有待提高。接下来，笔者将通过长句、中句、短句展示三种提示词各自的生成效果。

创意描述短句提示词：独自玩耍的小男孩。

生成效果如下组图所示。

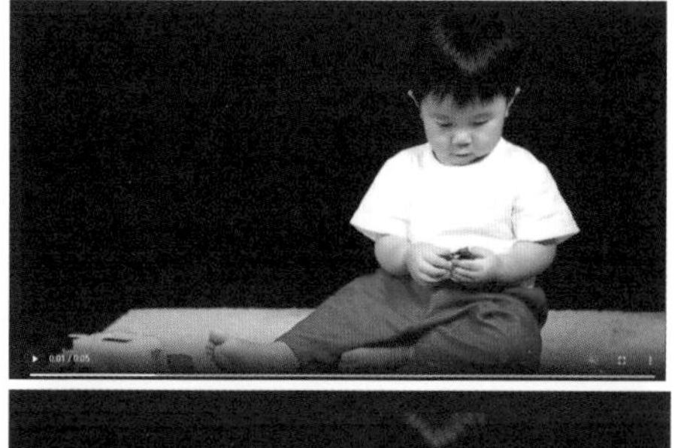

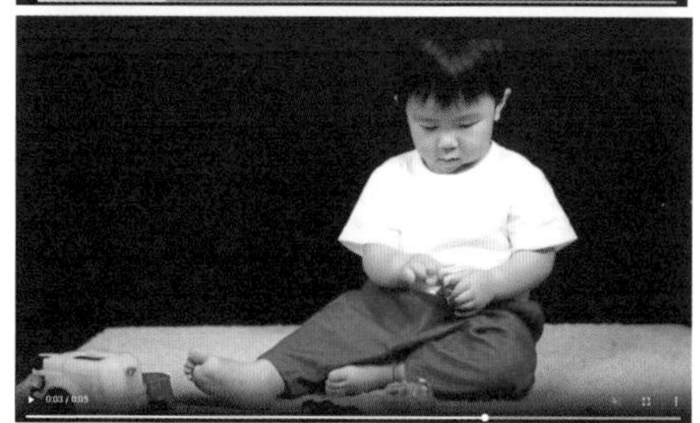

创意描述中句提示词：独自玩耍的小男孩，在宽阔的操场上显得格外显眼。他的身影在午后温暖的阳光下拉得长长的，周围是一片空旷，只有他一个人在那里尽情地奔跑、跳跃。生成效果如下组图所示。

创意描述长句提示词：在一个宽阔的操场上，午后的阳光洒满了每一个角落，给这里披上了一层金色的外衣。一个小男孩的身影在这里显得格外显眼，他的身影在阳光下拉长，周围是一片空旷，但他并不孤单。不远处，两个小女孩也在快乐地嬉戏着。小男孩穿着一件略显褪色的卡通T恤，每当他奔跑时，衣角便随风飘扬。此时，一群欢快的小鸟在天空中自由飞翔，它们时而俯冲下来，时而在空中盘旋。几只色彩斑斓的蝴蝶在操场的花丛间翩翩起舞，偶尔会停留在小男孩身旁，仿佛也被他的游戏所吸引。那两个小女孩则穿着色彩斑斓的连衣裙，她们一个在追逐着五彩的泡泡，另一个则在收集操场边散落的彩色石子。她们偶尔停下脚步，看着小男孩的冒险游戏。有时，她们会相互交换手中的宝藏——那些彩色石子或是从地上捡来的奇特小物件，然后又继续她们的游戏。生成效果如下组图所示。

通过以上效果发现，在描述画面时，中短句提示词生成的视频效果较好，描述的内容几乎都能在画面中呈现出来。但是对于长句子中的一些描述，生成的视频中部分内容是无法体现的，且生成的视频画面质量不佳，如上述视频中“一群欢快的小鸟在天空中自由飞翔”“几只色彩斑斓的蝴蝶在操场的花丛间翩翩起舞”等画面以及对于小男孩和女孩的细节描写没有体现出来，容易顾此失彼，生成的视频画面效果不佳。

在撰写文生视频提示词时需要注意的是，不要使用过于抽象的词汇，确保使用的是最简单、最直接的表述，同时避免使用成语。否则可能会导致AI难以理解提示词内容，使生成的视频效果难以达到理想的效果。

例如，“工作室灯光”，在摄影领域中特指在摄影工作室或摄影棚内使用专业灯具创造的一种照明效果，这种效果通常能够确保光线明暗适宜且对比度恰到好处。然而，AI 在面对“工作室灯光”这一专有名词时，可能会误解地拆解为“工作室”和“灯光”两个独立的部分，生成两个独立的个体。这是一种由于 AI 对语言含义理解不足而形成的现象，尤其是在处理复合词时。

再如，百度发布的文心一言模型初期，当需要生成“车水马龙”的场景时，就曾出现过类似的误解情况。该短语原本形容的是街道上车辆行人众多、非常繁忙的景象，但 AI 可能未能准确捕捉其意境。生成的图像如下左图所示。但是，在最新的文心一言 AI 图像生成器中，它已经具备了理解并生成相关图像的能力，生成的图像如下右图所示。

文生视频的优势

文生视频操作比较简单易行， 操作流程已经相当直观，即使是初学者也能快速上手。并且在生成视频的过程中，可以轻松地将自己的想法和创意融入到视频制作中，以更加契合期待的视频效果样式。

文生视频的劣势

模型训练的局限性：当前文生视频技术依赖于快手平台大规模数据集进行模型训练，这些数据集往往偏向于常见场景和主题。因此，当面对如粒子效果视频、数据可视化视频、数据可视化视频等不常见的题材时，由于模型缺乏足够的先验知识，生成的视频质量可能会大打折扣，包括但不限于画面细节模糊、逻辑连贯性差等问题。

文本描述的模糊性：在通过文本输入描述想要生成的视频内容时，往往存在语言表述的模糊性和主观性。这种模糊性对于处理常见场景可能影响不大，但在面对复杂或不常见的题材时，模型难以准确捕捉并转化为高质量的视觉表达，导致视频效果与预期产生偏差。

理解创意描述及负面提示词

创意描述是指想要视频中出现的画面内容，前文已经讲了撰写提示词的方法，这里不再赘述。

负面提示词用于明确告诉 AI 模型，在生成视频时应避免出现哪些内容。这有助于提高生成视频的准确性和满意度，从而能够更加有效地控制画面效果。

在撰写负面提示词时需要注意三大原则。

» 明确性：确保负面提示词清晰、具体，避免模糊或歧义的表述。

» 针对性：直接针对不希望出现的元素或特征进行描述，如“避免扭曲的手部动作”。

» 简洁性：尽量用简短的词汇或短语表达负面要求，避免冗长和复杂的句子。

笔者输入“小雪飘落的城市公园”的创意描述而未输入负面提示词生成的视频效果，如下组图所示。

下列为笔者输入“小雪飘落的城市公园”的创意描述，并且在负面提示词文本框中输入了“人”，生成的视频效果如下组图所示。

由此可以发现，负面提示词会进一步控制视频画面的效果，在负面提示词文本框中输入了“人”后，画面中的人便消失了。

需要注意的是，负面提示词的控制效果有时候也会有随机性，需要多次尝试视频生成。

创意想象力与创意相关性的区别

在文生视频和图生视频中的“参数设置”界面，有调整关创意想象力和相关性的参数设置，

在创意想象力和相关性中间，有一个从 0 到 1 的数字条。数值越高时，创意想象力就越高，生成的视频内容会偏离所输入的创意描述相关提示词；数值越低时，创意相关性就越高，生成的视频内容更加契合所输入的创意描述相关提示词。

输入“一个小男孩，在公园里放风筝”的创意描述词，保持其他参数不变，分别将创意想象力和相关性中间的数字条设置为 1、0、0.5，生成的视频后效果如下。

数值设为 1，生成的视频效果如下组图所示。此时生成的视频效果脱离提示词，具有较强的抽象创意性，如创意描述词所给的小男孩一直在视频的画面外。

数值设为 0.5，生成的视频效果如下组图所示。此时生成的视频处于贴近提示词和有创意性中间，属于中规中矩类型。

数值设为 0，生成的视频效果如下组图所示。此时生成的视频最接近提示词的描述。

高性能和高表现的区别

在文生视频和图生视频中的“参数设置”界面，有“高性能”和“高表现”两种视频生成模式。“高性能”是视频生成速度更快、推理成本更低的模型，可以通过高性能模式快速验证模型效果，满足创作者创意实现需求，“高表现”是视频生成细节更丰富、推理成本更高的模型，可以通过高表现模式生成高质量的视频，满足创作者高阶作品的需求。两者的具体区别如下图所示。

生成速度

高性能模式：此模式的主要特点是生成速度快。它能够在较短的时间内完成视频的生成，适合对时间有较高要求的场景。

高表现模式：相较于高性能模式，高表现模式的生成速度较慢。它更注重于视频的质量和细节，因此在生成过程中需要更多的时间。

画质与效果

高性能模式：虽然生成速度快，但在画质和效果上可能不如高表现模式。它可能更适用于对画质要求不是非常高的场景。

高表现模式：此模式生成的视频在画质和效果上表现更佳。它能够生成更高清、更细腻的视频，甚至在某些情况下，生成的视频质量可以超过原图。高表现模式在细节处理、色彩还原、动态效果等方面都有显著提升，使得生成的视频更加逼真和生动。

下面将通过具体案例来区分高性能和高表现生成视频的画质区别。本案例用图生视频进行展示，输入的创意描述词为“侧面展示手表”，其他参数保持不变，分别使用“高性能”和“高表现”生成视频。上传的图片如右图所示。生成效果如下。

高性能模式下生成的视频效果如右组图所示。可以清楚地看到，生成的视频画面中手表的钻石比较模糊，不够清晰。

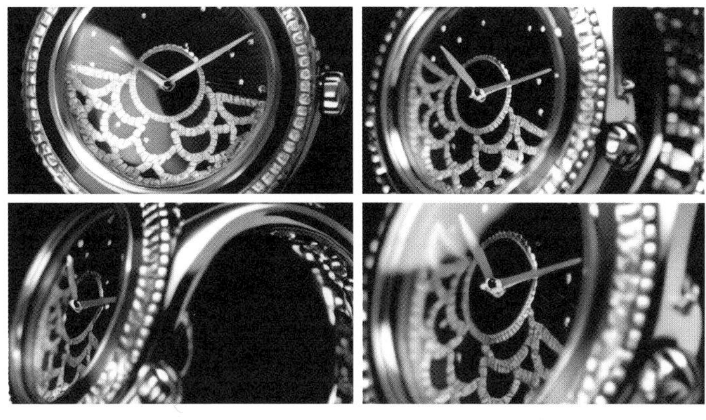

高表现模式下生成的视频效果如右组图所示。可以清楚地看到，视频画面中的手表的钻石非常清晰且有光泽，手表的表面也比较光滑，整个画面显得很有质感。

通过比较可以发现，“高表现”模式下的视频画面效果更好，需要注意的是，“高性能”模式下生成一个视频需要消耗 10 个灵感值，而“高表现”模式下则需要消耗 35 个灵感值。

资源消耗

高性能模式：由于生成速度快，因此可能在资源消耗上相对较低。它能够在较短的时间内完成视频生成，从而减少了对计算资源的需求，所以用户花费也较少。

高表现模式：由于追求更高的画质和效果，高表现模式在生成过程中可能需要消耗更多的计算资源，所以用户花费也较多。

视频时长灵感值消耗

高性能模式：此模式下只能生成一段 5s 视频，消耗 10 个灵感值。

高表现模式：此模式下除了能生成 5s 的视频外，还可以生成时长为 10s 的视频。由于资源消耗较大且对画质有较高要求，因此在生成 5s 视频时会消耗 35 个灵感值，生成 10s 视频时会消耗 70 个灵感值。

掌握 10 种运镜方式

什么是运镜

运镜又称摄像机运动，是视频拍摄中的一种核心拍摄技术，它赋予了画面生命力，通过拍摄者精心设计的移动拍摄设备路径，捕捉出充满动态与变化的视频画面节奏。优秀的运镜不仅能够极大地增强叙事的层次感和深度，还能深刻表达情感，巧妙地引导观众的视线流动，使观众仿佛置身故事之中，成为故事的亲历者。因此，它无疑是每一位视频拍摄者必须精研并掌握的基本技能。

最基本的运镜手法包括推、拉、摇、移等几种。

以推镜头为例，当摄像机逐渐靠近被摄主体时，画面的景深逐渐减小，背景被压缩并模糊化，而被摄主体则逐渐放大，占据画面的主要位置。这种手法能够有效地强调被摄主体，吸引观众的注意力，营造出紧张、聚焦或探索的氛围，实现将观众视线聚焦于某一重要细节或情节的效果。例如，下面的组图展示了一个通过推镜头强调居中在讲解的女孩的效果。

相对地，拉镜头则是摄像机逐渐远离被摄主体的过程。随着距离的增加，画面展现出更广阔的背景，被摄主体逐渐缩小，融入到周围环境中。拉镜头常被用来展现宏大的场景，或者展现人物与环境的关系，以及营造一种开阔、悠远或回忆的氛围。其目的在于展现全景，增加画面的信息量，引导观众从细节回到整体，体验从局部到全局的视觉转换。例如，下列组图展示了女孩和背后环境的关系。

摇镜头是指摄像机在固定位置，水平或垂直方向旋转拍摄，使画面中的主体或背景发生水平或垂直方向的移动。这种运镜方式常用于展示宽广的场景、追踪移动的主体或引导观众的视线从一个对象转移到另一个对象，能够增强画面的动态感，引导观众视线跟随特定的方向或路径，同时展现场景的广阔性和复杂性。例如，下列组图中展示了山体的广阔复杂的景象。

移镜头是指拍摄时摄影机在一个水平面上左右或上下移动（在纵深方向移动则为推/拉镜头）进行拍摄，在拍摄时，摄影机有可能被安装在移动轨上或安装在配滑轮的脚架上，也有可能被安装在升降机上进行滑动拍摄。由于在采用移镜头方式拍摄时，机位是移动的，所以画面具有一定的流动感，这会让观众感觉仿佛置身于画面中，视频画面更有艺术感染力。

如果在前期的拍摄过程中未能充分运用这些运镜技巧，也不必过于担心。视频后期制作中，我们可以利用软件的强大功能进行模拟。例如，通过放大或缩小一张图片，结合适当的动画效果，就能够模拟出推镜头与拉镜头的效果。虽然这种方式可能无法完全复现实际拍摄中的运动感与细腻变化，但在许多情况下，它仍不失为一种有效的补救手段，让视频作品更加生动并富有表现力。

可灵 AI 10 种运镜方式介绍

目前，在可灵 AI 的文生视频模式下，可以使用 10 种运镜方式，除了大师运镜外，其余 6 种方式都可以通过运镜的运动幅度的数值大小来控制画面内容的运镜幅度。

虽然有些效果还不太稳定，但对于生成要求不太高的视频已经足够用了。

下面讲解并展示 10 种运镜方式的创意描述词和相关效果。

水平运镜

水平运镜是指摄像机位置保持不变，但镜头角度在水平方向上左右摆动的拍摄手法。水平运镜就像是人的脖子在环顾四周，它的应用场合非常广泛，主要用于展示整个场景环境，如风景、居室等，或者用于告诉观众场景中的人物或物体的位置关系。

可灵 AI 视频中水平运镜及运镜数值变化示意图如下图所示。

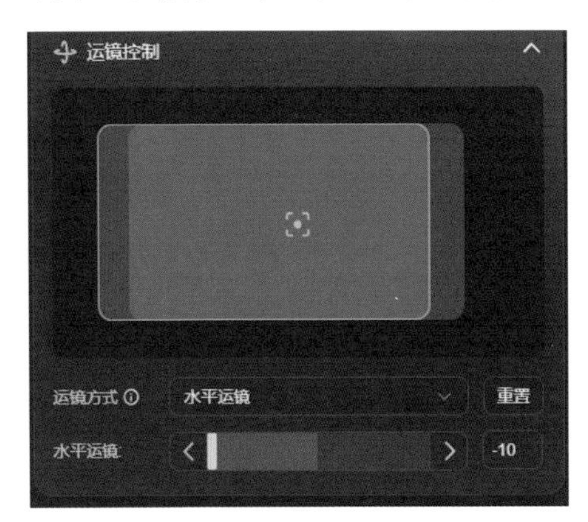

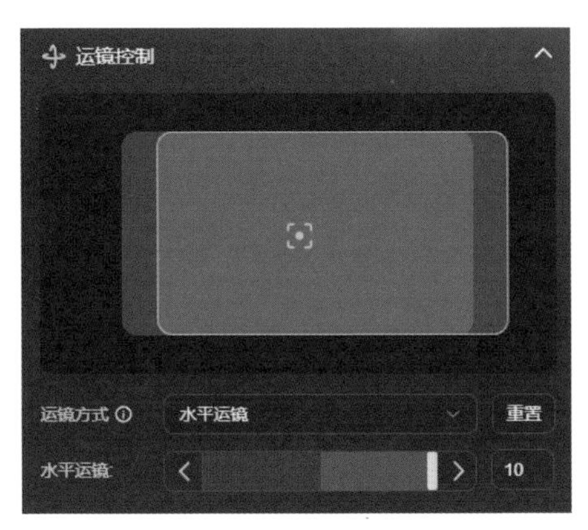

水平运镜创意描述提示词：镜头缓慢地从小猫的左边移到小猫的右边。

水平运镜的数值设置为 10，生成的效果如下组图所示。 可以清楚地看到，镜头是从猫咪的左侧一直水平摆动到右侧位置。

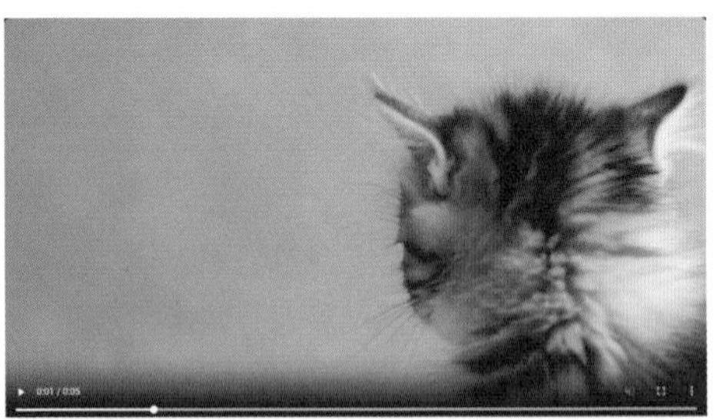

垂直运镜

垂直运镜主要指的是，摄像机在垂直方向上的运动，即上下俯仰的拍摄方式。这种运镜方式常用于调整画面的视角和高度，以达到特定的视觉效果和情感表达。

可灵 AI 视频中垂直运镜及运镜数值变化示意图如下图所示。

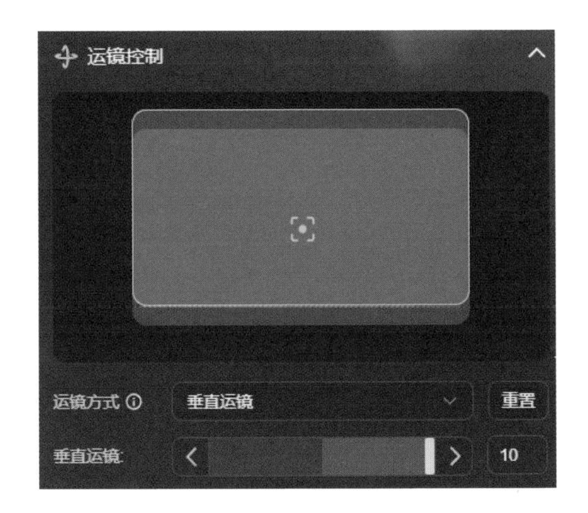

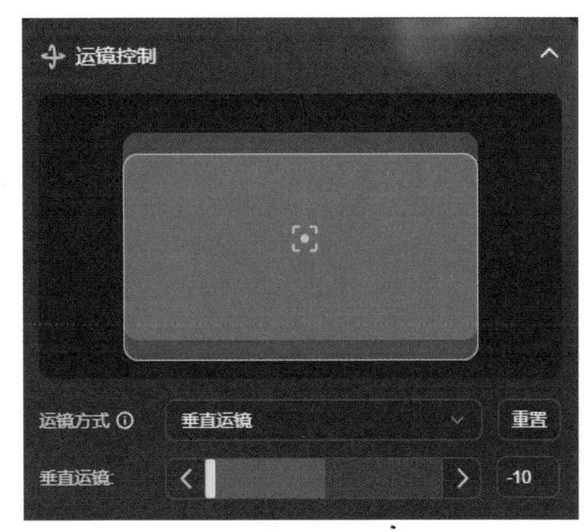

垂直运镜创意描述提示词：镜头垂直上升，从雪山升至天空。

垂直运镜的数值设置为 10，生成的效果如下组图所示。可以看到，视频中的镜头画面是从雪山一直向上垂直推移到上空角度的画面。

拉远 / 推进

拉远镜头，也称为拉镜头或远景镜头，是指摄像机逐渐远离被摄对象，使被摄对象在画面中所占的比例逐渐减小的拍摄方式。推进镜头，也称为推镜头，是指摄像机逐渐靠近被摄对象，使被摄对象在画面中所占的比例逐渐增大的拍摄方式。这两种运镜是电影拍摄中常用的两种镜头运动方式，它们通过改变摄像机与被摄对象之间的距离或焦距，来实现不同的视觉效果和叙事目的。

可灵 AI 视频中，拉远 / 推进及运镜数值变化示意图如下图所示。

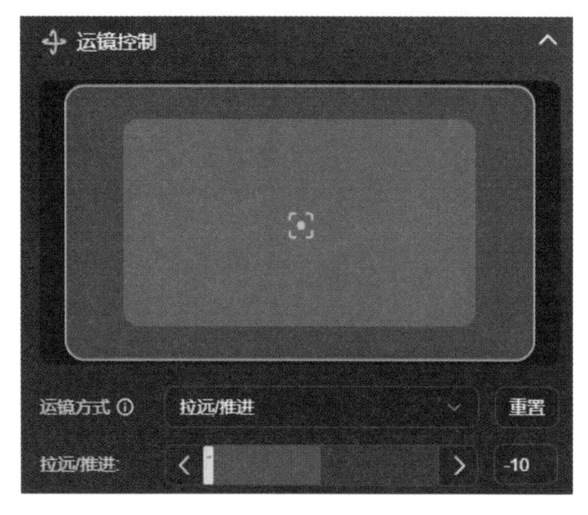

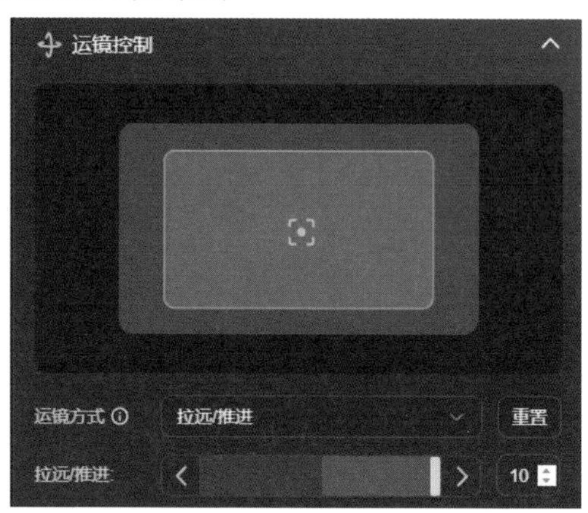

拉远 / 推进运镜创意描述提示词：镜头慢慢推进，在荒漠中孤独旅人的身影。

拉远 / 推进运镜数值设置为 10，生成的效果如下组图所示。从视频画面中可以清楚地看到，镜头在慢慢地向沙漠中的人物主体推进。

垂直摇镜

垂直摇镜，也被称为竖摇或直摇镜头，是一种摄影或摄像技术中的镜头运动方式。具体而言，它指的是在拍摄过程中，镜头跟随画面中物体沿垂直方向（即上下方向）进行移动，最终可能摇移到平视状态。通过垂直方向的移动，可以产生强烈的视觉冲击力，特别是在展现高大、雄伟的景物时。

可灵 AI 视频中垂直摇镜及运镜数值变化示意图如下图所示。

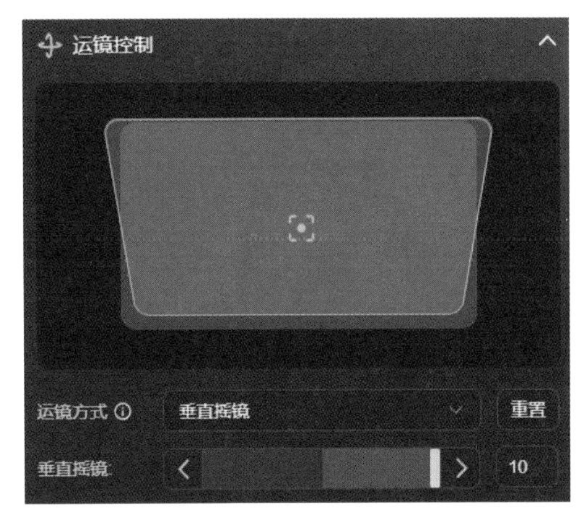

垂直摇镜创意描述提示词：镜头慢慢向上摇动，雄伟的建筑逐渐完整地展现在眼前。

垂直摇镜的数值设置为 10，生成的效果如下组图所示。从视频画面中可以清楚地看到镜头向上摇动，展现出了建筑物的高大。

水平摇镜

水平摇镜是指在拍摄过程中，摄像机位置保持不动，而通过摄像机本身在水平方向上的移动来拍摄镜头的一种手法。这种拍摄方式能够模拟人们转动头部，或视线在水平方向上由一点移向另一点的视觉效果。

可灵 AI 视频中水平摇镜及运镜数值变化示意图如下图所示。

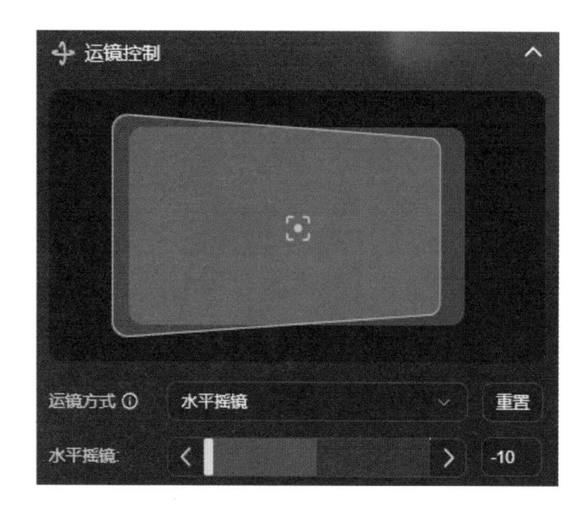

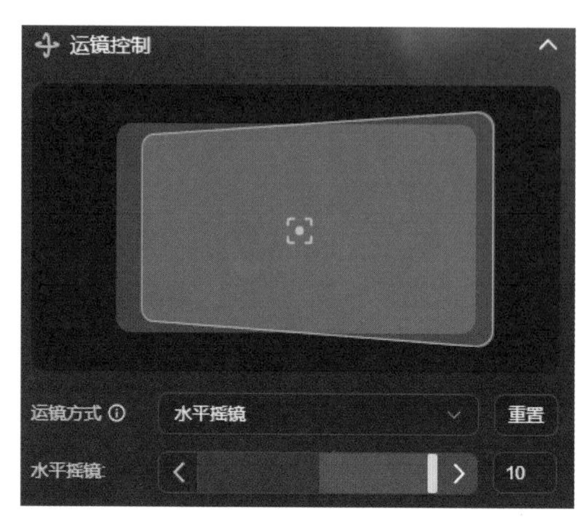

水平摇镜创意描述提示词：镜头从左边的草原水平摇到右边的湖泊，蓝天白云。

水平摇镜的数值设置为 10，生成的效果如下组图所示。从视频画面中可以清楚地看到镜头向右水平摇动。

旋转运镜

旋转运镜，又称为环绕运镜，是指摄影师手持摄像机或使用稳定器等辅助设备，围绕被摄主体进行旋转拍摄。这种拍摄方式能够创造出独特的视觉效果，能够增强画面的动态感和立体感。

可灵 AI 视频中旋转运镜及运镜数值变化示意图如下图所示。

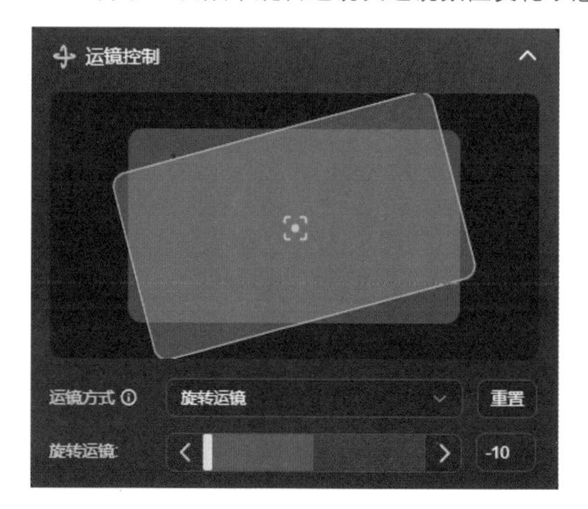

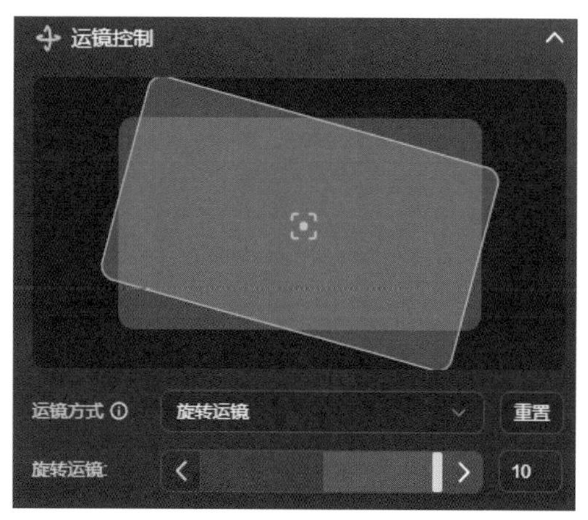

旋转运镜创意描述提示词：镜头旋转拍摄桌上精美的戒指。

旋转运镜的数值设置为 0，生成的效果如下组图所示。从视频画面中可以清楚地看到镜头围绕着戒指正在旋转。

大师运镜：下移拉远

下移拉远是一种结合了摄像机垂直方向移动（下移）和镜头拉远（拉镜头）的复杂运镜技巧。这种技巧在视频制作中能够创造出独特的视觉效果，从而增强画面的动态感和叙事能力。

可灵 AI 视频中下移拉远示意图如下图所示。

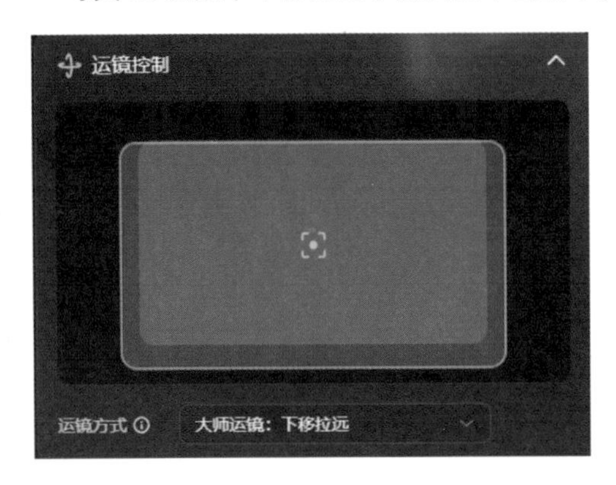

大师运镜中的下移拉远创意描述提示词：辽阔的草原上，有一只鹿。

下移拉远运镜手法下生成的效果如下组图所示。从视频画面中可以清楚地看到，镜头下移，从俯视鹿到平视鹿，然后镜头慢慢地拉远，镜头中的鹿在逐渐变小。

大师运镜：推进上移

推进上移这一运镜手法，在视频拍摄中，是一种结合了“推进”（或称“前推”）和“上移”（或称“升镜头”）两种基本运镜技巧的综合运用。这种运镜手法在突出主体的同时，能够展现其周围的环境或背景，增加画面的信息量和视觉层次感，常用于视频拍摄中的开场、转场或需要强调主体与环境关系的场景。

可灵 AI 视频中推进上移示意图如下图所示。

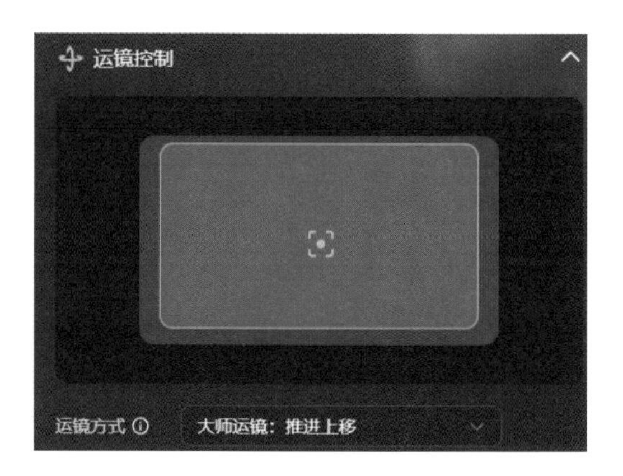

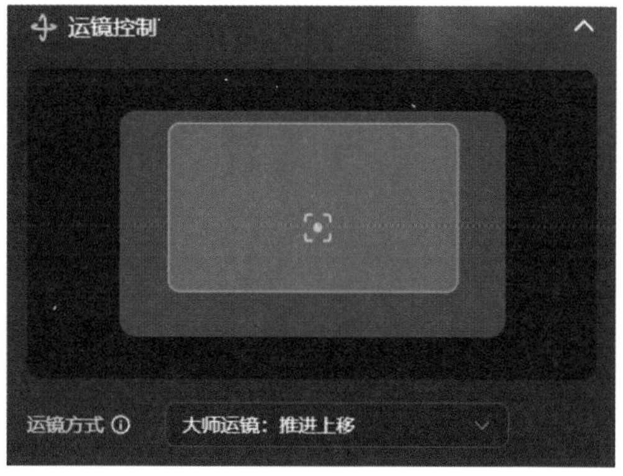

大师运镜中的推进上移创意描述提示词：辽阔的草原上，有一只鹿。

推进上移运镜手法下生成的效果如下组图所示。从视频画面中可以清楚地看到，镜头先是往前推进，画面中的鹿变大，然后镜头再从草原上移到鹿。

大师运镜：右旋推进

右旋推进是指在拍摄过程中，镜头在保持水平方向向右旋转的同时，逐渐靠近被摄体，形成一种独特的视觉流动感。这种运镜方式能够同时展现旋转和推进的视觉效果，使画面更加生动并富于变化。它有助于引导观众的视线，突出被摄体的细节和特征。

可灵 AI 视频中右旋推进示意图如下图所示。

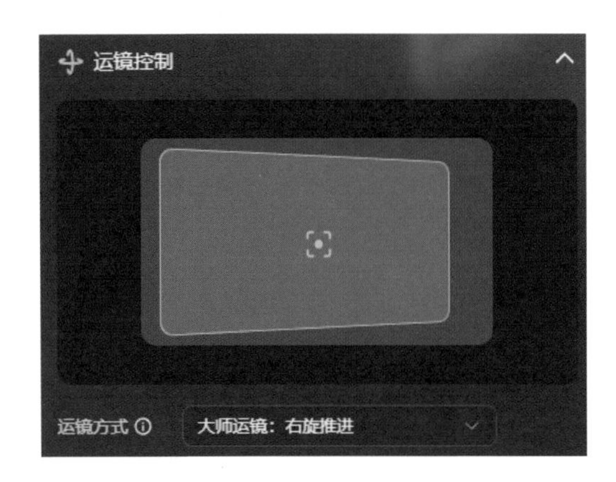

大师运镜中的右旋推进创意描述提示词：辽阔的草原上，有一只鹿。

右旋推进运镜手法下生成的效果如下组图所示。从视频画面中可以清楚地看到镜头先是围绕着鹿向右旋转，画面中的鹿逐渐变大，然后镜头再向鹿的方向推进，此时，画面中的鹿逐渐变大。

左旋推进

左旋推进与前文所讲的右旋推进相类似，只不过在拍摄过程中，镜头在保持水平方向向左旋转的同时，逐渐靠近被摄体。

可灵 AI 视频中左旋推进示意图如下图所示。

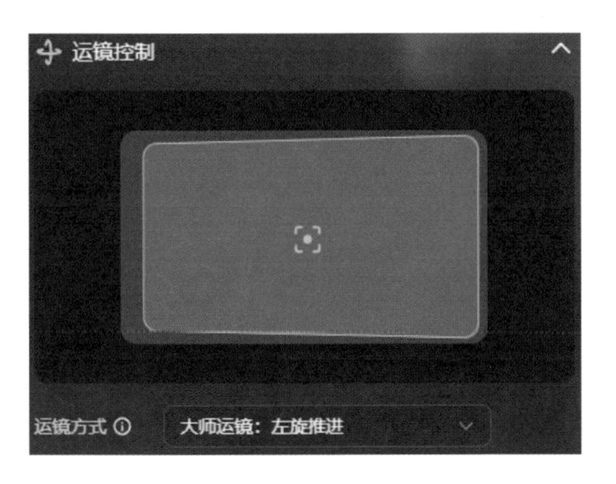

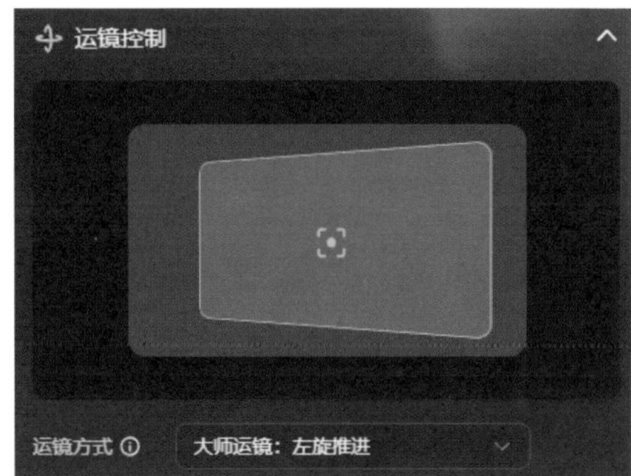

大师运镜中的左旋推进创意描述提示词：辽阔的草原上，有一只鹿。

左旋推进运镜手法下生成的效果如下组图所示。从视频画面中可以清楚地看到，镜头先是围绕着鹿向左旋转，画面中的逐渐鹿变大，然后镜头再向鹿的方向推进，此时画面中的鹿逐渐变大。

笔者在生成以上十种运镜视频发现，不是所有的场景都能表现出运镜的效果，需要多次尝试。如果效果不理想，建议使用高表现模式进行尝试。

利用图生视频的方式生成视频

除了上文所讲的文生视频外，可灵 AI 还可以通过图片生成视频，只需上传图片，无论是风景、人物还是静物，并添加一些关键词或短句来描述图片内容或想要传达的情感，便可生成一段动态视频。

在使用图生视频时需要注意以下几点。

» 所上传的短边不可小于 300 像素，否则会造成图片上传失败。

» 图生视频下不能使用 10 种运镜方式，并且只能生成时长为 5s 视频。

» 在输入创意描述提示词时，建议保持与图片内容的适度关联性，避免过于突兀的转换，避免大幅度改变图片主题，比如，不能将图片中的一只猫变成一只老虎。

» 同时，为了保持创意的清晰与易实现，推荐聚焦于单一且明确的变化方向，确保这一变化既符合逻辑又能在视觉上产生新颖效果。

利用图生视频的方式生成视频的具体步骤如下。

（1）点击首页“AI 视频”按钮，进入 AI 视频界面，点击上方“图生视频”按钮，进入如下左图所示界面。

（2）点击按钮，上传图片素材，笔者上传的图片如下右图所示。

（3）在“图片创意描述”文本框中输入“眨眼睛，轻微运动，侧面”的提示词，如下左图所示。

（4）设置“创意想象力”为 0.75，“生成模式”为“高性能”，“生成时长”为 5s，如下右图所示。

高手点拨：图生视频模式下，不能生成时长为 10s 的视频。

（5）点击下方“立即生成”按钮，即可生成一段时长为 5s 的视频，如下组图所示。

（6）笔者尝试的其他图片，生成效果如下组图所示，左图 1 为上传的图片，提示词为“色块动起来”剩余组图为生成的视频画面图片。

利用首尾帧精准控制视频生成效果

可灵 AI 可以利用首尾帧精准控制视频生成效果，这使得视频编辑更加灵活和高效。通过首尾帧图片的设定，可以标记出视频的起始和结束点画面，让视频内容具有一定的流畅性和完整性。需上传的首帧和尾帧图片必须要保持风格的相似性，否则会造成视频前后内容的割裂。利用首尾帧精准控制视频生成效果的方式有以下四种。

» 第 1 种是首帧和尾帧上传图片的主体和背景照片均不一样。

» 第 2 种为首尾帧图片中的背景不变，主体变。

» 第 3 种为首尾帧图片中的主体不变，背景变。

» 第 4 种为人物面部及动作过渡。接下来分别讲解以上 4 种首尾帧方式的使用方法。

主体背景不同

这种模式适合生成气势恢宏的全景大场面变化，例如，风景类全景变化展现，虽然上传的两张首尾帧图片的主体和背景是全都变化的。但要注意，尽量选择两张相同主题且近似的图，这样，模型容易在 5s 内进行流畅衔接，如果两张图片相差较大，生成的视频有明显的拼凑感。

（1）进入图生视频编辑界面，点击按钮，上传首帧图片素材，如下图所示。

（2）打开“增加尾帧”复选框按钮，此时“生成视频”模式会自动切换至“高表现”模式，如右侧左图所示。

（3）点击按钮，上传尾帧图片素材，笔者上传的图片如右侧右图所示。

（4）在“图片创意描述”文本框中，输入“山河景色”的描述词，“创意想象力”设置为 0.75，如右图所示。

（5）点击下方的“立即生成”按钮，即可生成一段 5s 的视频。如下组图所示。

从视频画面中可以清楚地看到，整个画面的主题是相似的，镜头的变化过渡比较平滑，是场景自然而然的变化过程。

背景不变主体变

在上传图片素材时一定要注意首尾帧中的主体变化是小范围变化。如果主体有一定的相关性，会呈现较好的视频效果；反之，则会出现过度生硬、视频流畅度不佳等问题。

（1）进入图生视频编辑界面，点击按钮，上传首帧图片素材，笔者上传的首帧图片如下左图所示。再上传尾帧图片，笔者上传的尾帧照片如下右图所示。可以看到，笔者上传的两张图片的相似度较高。

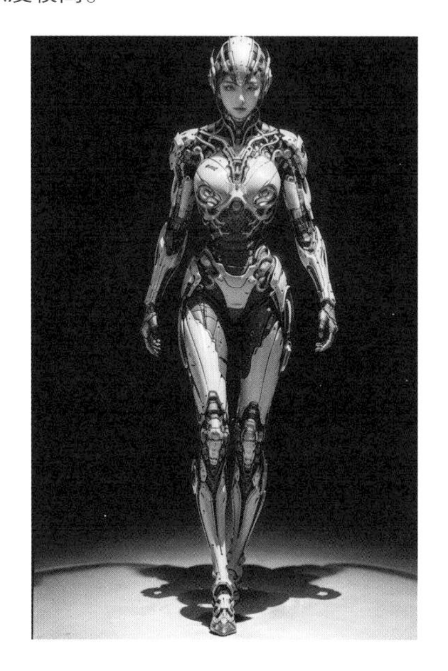

（2）在“图片创意描述”文本框中输入“机械人，朋克”的描述词，“创意想象力”设置为0.5，如下图所示。

（3）点击下方的“立即生成”按钮，即可生成一段 5s 的视频。如下组图所示。可以看出，视频中画面过渡很流畅，机器人自然而然地长出了机械翅膀。

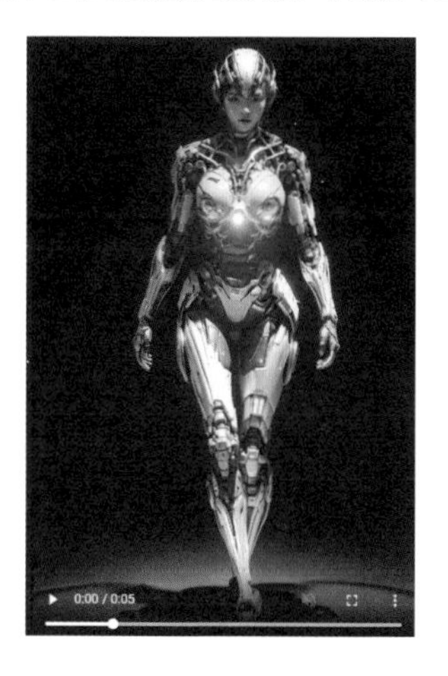

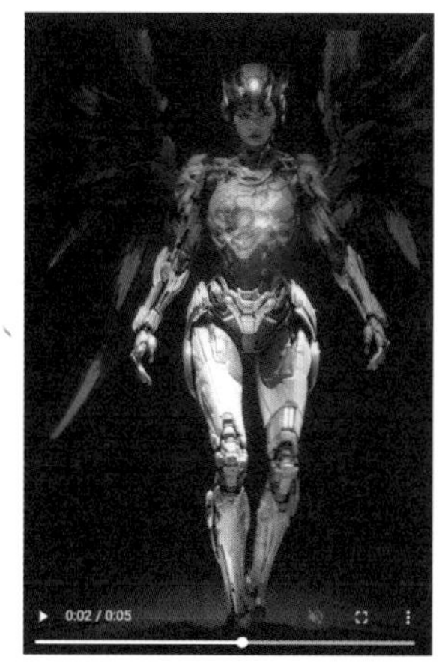

也就是说，当背景不变主体发生变化时，可灵 AI 会根据提示词尝试寻找两个图像的主体间符合逻辑的关系，并依照这种关系生成视频，如果两个主体间的关系难以确立或超出常规，则难以生成令人满意的视频。

主体不变背景变

这种模式适合于生成主体简单明确且场景变化的视频，例如，一个人在不同背景下的展现，但要注意的是，首尾帧上传图片中的主体是清晰明确的，且周围背景不要过于复杂，否则会造成视频生成效果较差、画面模糊。

（1）进入图生视频编辑界面，点击按钮，上传首帧图片素材，笔者上传的首帧图片如下左图所示。再上传尾帧图片，笔者上传的尾帧照片如下右图所示。

（2）在“图片创意描述”文本框中，输入“人物转身动起来”的描述词，“创意想象力”设置为0.5，如下图所示。

（3）点击下方的“立即生成”按钮，即可生成一段5s的视频。如下组图所示。可以看出视频画面中以人物为中心，镜头开始旋转移动，后面的背景随着镜头的移动而发生变化。

即，当主体不变背景发生变化时，可灵AI会根据提示词尝试从首帧背景逐渐变化到尾帧背景，因此如果两个背景相似度较高，具有连续性，则变化会比较顺畅，如果区别过大，则难以生成令人满意的视频。

人物面部及动作过渡

首尾帧可以很好地控制视频中人物的面部表情或者动作，上传人物不同面部及动作状态图片，包括但不限于人物的不同表情及动作、不同年龄的容貌图片等，可以快速获得人物面部及动作过程视频。具体操作步骤如下。

（1）进入图生视频编辑界面，点击按钮，上传首帧图片素材，笔者上传的首帧图片如右侧左图所示。再上传尾帧图片，笔者上传的尾帧照片如右侧右图所示。

（2）在“图片创意描述”文本框中，输入“一个抱着龙的女孩，活灵活现”的描述词，“创意想象力”设置为0.75，如右图所示。

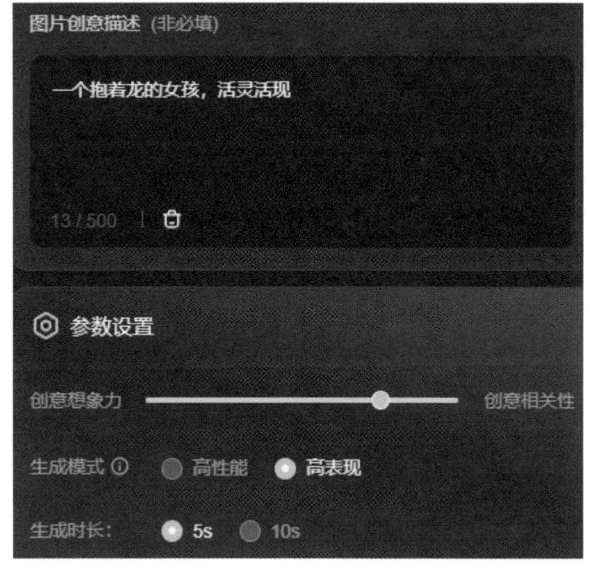

（3）点击下方的“立即生成”按钮，即可生成一段5s的视频。如下组图所示。可以清楚地看到，视频中女生的表情是逐渐微笑的。

使用可灵 AI 生成长视频的方法

生成长视频的方法与要点

无论是文生视频还是图生视频都只能生成一段 5s 或者 10s 的视频，这对于那些希望制作内容更为丰富的视频的创作者来说，时长可能会显得过于短暂，不足以充分展示所需内容。我们可以通过延长这些生成的视频来制作更长的视频。

在使用可灵 AI 生成长视频时，需要注意以下几点。

» 可灵 AI 生成长视频的限制是 3 分钟。

» 延长视频时，不能使用高表现生成模式。

» 延长视频时，不能使用 10 种运镜方式。

延长视频的方式有“自动延长”和“自定义延长”两种。

“自动延长”是指 AI 随机自行延长视频。

“自定义创意延长”是指手动输入相关提示词，AI 根据提示词延长视频。两种延长方式均可将视频每次延长 5s 左右。每次延长视频都是根据前一个视频的尾帧画面作为起始来生成新视频，生成过程遵循图生视频的原则。

长视频生成的具体操作方法如下。

（1）进入图生视频编辑界面，点击按钮，上传图片素材，上传后如右侧左图所示。

（2）在“图片创意描述”文本框中，输入“高清，HD，边缘锐利清晰，科幻风格”提示词，设置“创意相关性”为 0.5，“生成模式”为“高性能”，“生成时长”为 5s。如右侧右图所示。

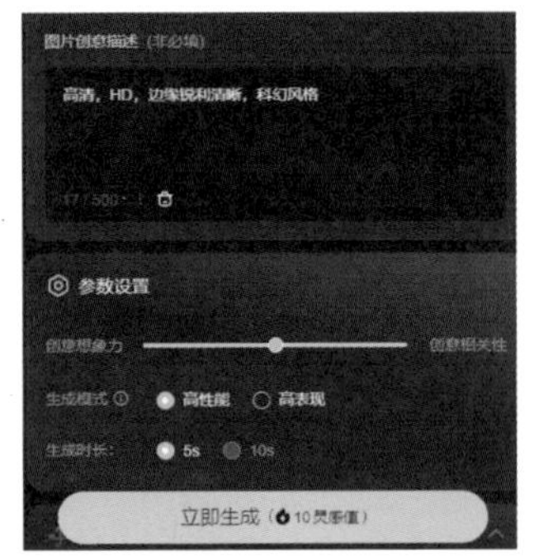

（3）点击下方“立即生成”按钮，即可得到一段 5s 的视频，如右侧组图所示。此时视频中画面变化不是很大。

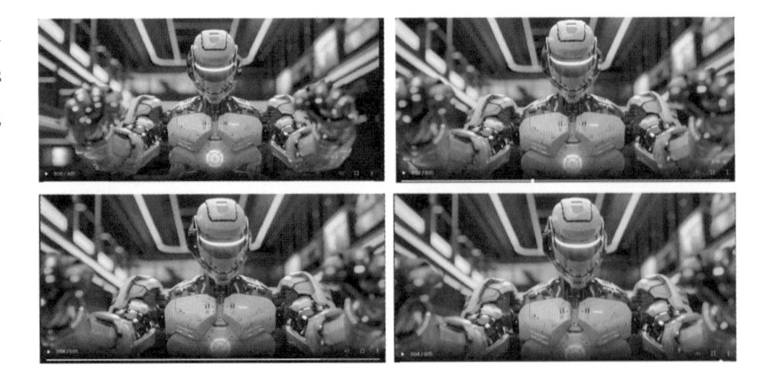

（4）点击视频下方的“延长 5s”按钮，出现“自动延长”和“自定义创意延长”两个选项。如右图所示。

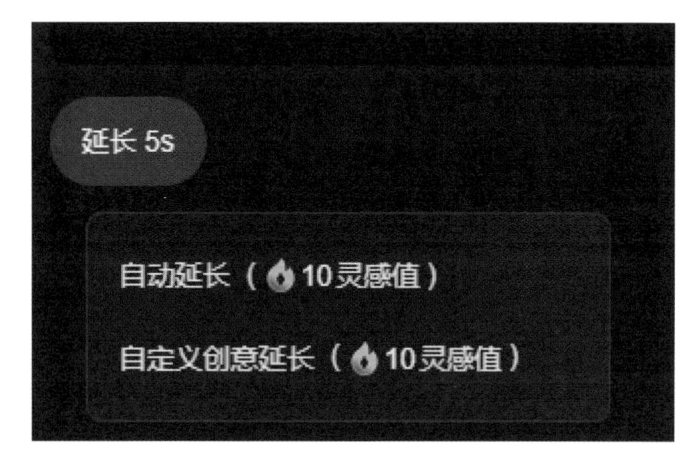

（5）点击“自动延长”按钮，即可生成一段 9s 的延长视频，如下组图所示。需要注意的是，自动延长生成的视频变化幅度不会特别大。从视频画面中可以看出，相较于第一次生成的视频来说，整个画面变化不是很大，只是镜头稍微往前推了一下。

（6）在生成的延长视频基础上，点击“自定义创意延长”按钮，在提示词文本框中输入“转头向右侧观看”的提示词。如右图所示。

（7）点击下方“生成延长视频”按钮，即可根据提示词生成一段14s左右的视频，如下组图所示。在这一段视频中，机器人缓慢地往左转头。

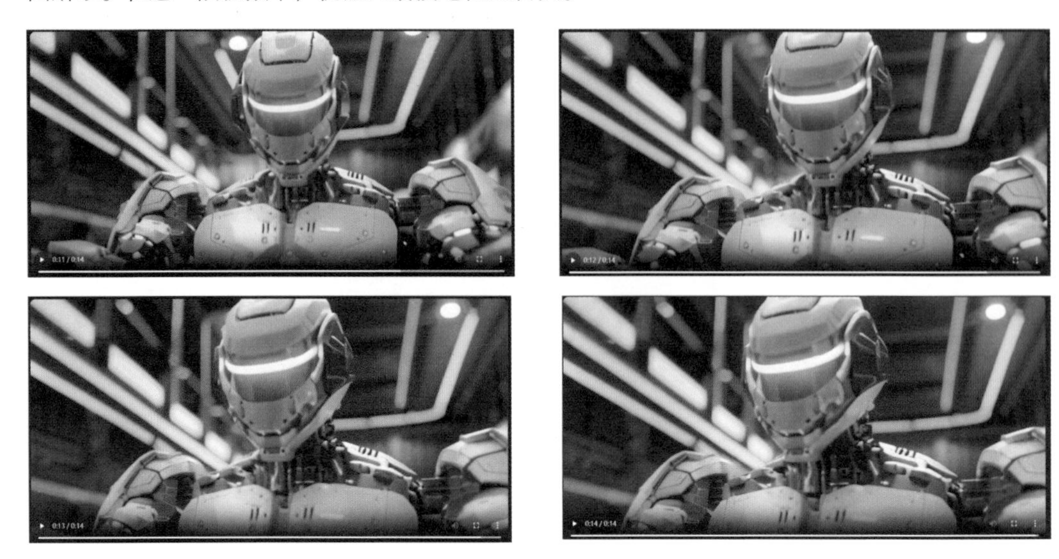

（8）笔者又继续通过自定义创意延长方式生成了提示词为“机器人转身”的18s时长的延长视频，如下组图所示。在这段视频中，机器人逐渐转身，并且镜头一直往前推进，不断靠近机器人，且后面的背景是随着机器人的转动而发生变化的。

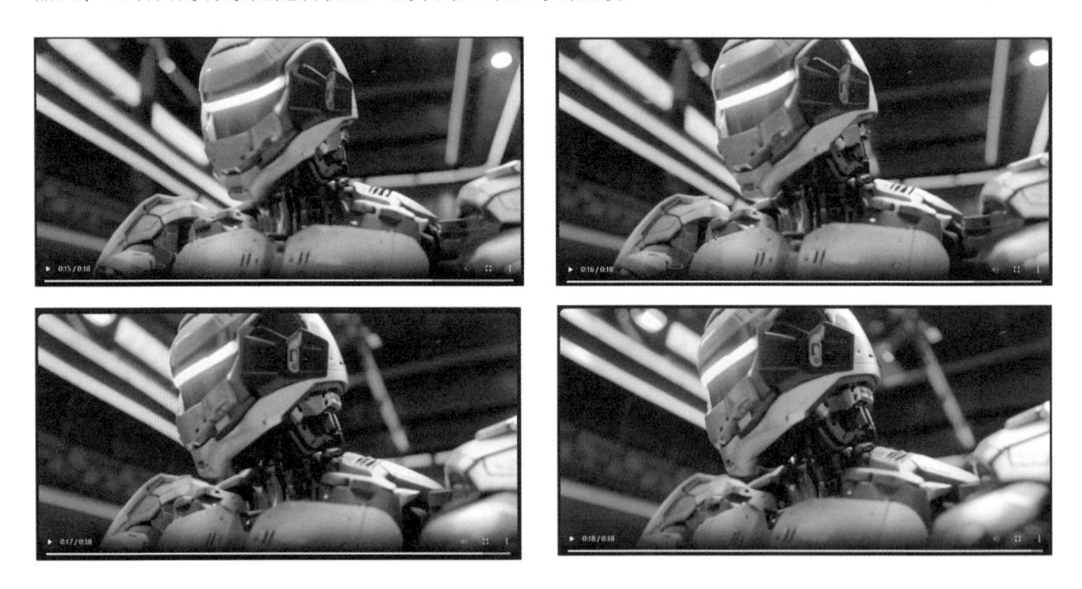

生成无限时长视频的方法

笔者在前面讲过，生成长视频时间有限，但实际上，可以通过一个迂回的方法来解决这个问题，从而在理论上生成无限时长的视频。这个方法是，截取上一个视频的最后一帧画面，再以此画面用图生视频的方法生成新的视频，当延长至无法再延长时，再次截取此视频的最后一个画面继续重复上述操作。最后，在后期软件中合成这些视频，即可在理论上生成无限时长的视频。

第 4 章
掌握可灵 AI 视频平台使用技巧

用可图大模型辅助生成视频

可图大模型是快手自主研发的文生图大模型，也被称为 Kolors。该模型具备强大的图像生成能力，支持文生图和图生图两类功能，可用于 AI 创作图像以及 AI 形象定制。可灵 AI 中嵌入了可图大模型的 AI 生图功能，生成的图片可以用作图生视频的素材，接下来主要讲解可图大模型两种图片生成方式。

用可灵 AI 文生图来生成视频素材图片

文生图只需要输入创意描述提示词，系统根据提示词内容生成相关图片，此模式下生成图片的随机性较大。具体生成方法如下。

（1）打开 https://klingai.kuaishou.com/ 网址，注册登录后，进入可灵 AI 首页界面，如下图所示。

（2）点击左侧菜单栏中的“AI 图片”按钮，自动进入文生图片编辑界面，如右侧左图所示。

（3）在“创意描述”文本框中输入“海岸线的壮丽景色”的提示词，设置图片比例为 1 ∶ 1，设置图片数量为 4，如右侧右图所示。

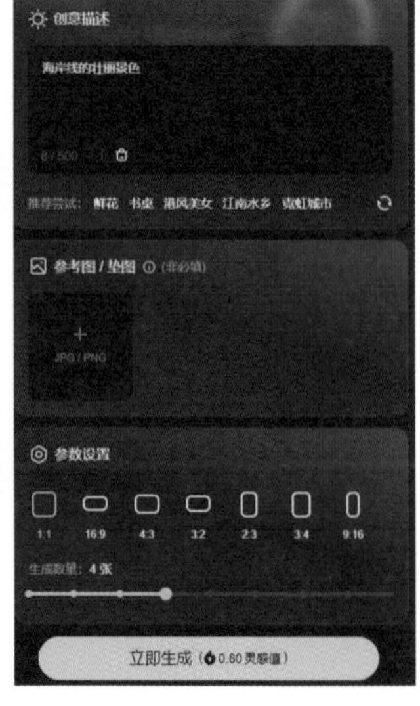

（4）点击“立即生成”按钮，即可生成图片，效果如下组图所示。

（5）点击图片下方的“垫图”按钮，自动上传至参考图一栏，进行图生图。点击“生成视频”按钮，即可进入图生视频界面，通过此图来生成视频。如右图所示。

用可灵 AI 垫图生成相似图片

用可灵 AI 垫图生成图片是指在生成图片的过程中，除了输入相关创意描述提示词外，还需要上传一张参考图，并设置其参考强度，参考强度越强，生成图片的风格越接近上传的图片；参考强度越弱，生成图片的创意度就越高。相比文生图，垫图生成的图片随机性较小。具体生成方法如下。

（1）进入 AI 图片界面后，在“创意描述”文本框中输入“璀璨的星空”的提示词，点击■图标，上传参考图，笔者上传的参考图如下左图所示，上传图片后的界面如下右图所示。

（2）设置比例为 1 ∶ 1，设置生成数量为 2 张，分别将“参考强度”设置为“弱”“较弱”“中”“较强” “强”进行生图，生成的效果如下。

设置“参考强度”为“弱”时，生成的图片效果如下组图所示。

设置“参考强度”为“较弱”时，生成的图片效果如下组图所示。

设置“参考强度”为“中”时，生成的图片效果如下组图所示。

设置“参考强度”为“较强”时，生成的图片效果如下组图所示。

设置“参考强度”为“强”时，生成的图片效果如下组图所示。

通过文生视频直接生成视角及景别

文生视频可以生成各种水平视角、垂直视角及景别视频。不同的视角、景别，可以影响观众对画面的感知和情感反应，更好地引导观众的视线，控制叙事节奏，加强情感表达。

使用可灵 AI 文生视频功能生成视频时，可以使用以下关键词控制视角镜头效果。

水平视角

水平视角主要是指，拍摄时相机镜头与被摄对象之间在水平方向上的相对位置关系，分为正面视角、侧面视角和背面视角，接下来分别介绍这三种视角。

正面视角

创意描述提示词：从前面拍摄正在跳舞的女孩。

生成的效果如右侧组图所示。

侧视镜头

创意描述提示词：从侧面拍摄小女孩，阳光温柔地洒满大地，路上小女孩的面容被柔和的光线照亮。

生成的效果如下组图所示。

后视镜头

创意描述提示词：从后面拍摄一个人走在大街上的背影。

生成的效果如下组图所示。

垂直视角

垂直视角是指相机镜头所能捕捉到的场景在垂直方向上的范围，从镜头中心点到图像顶部和底部边缘所构成的两条射线之间的夹角。这个角度越大，意味着相机能够捕捉到的垂直方向上的内容就越多，反之则越少。接下来，笔者将通过俯拍视角、低角度视角、鸟瞰视角、卫星视角来讲解垂直视角。

俯拍视角

创意描述提示词：以俯拍视角观察繁忙的十字路口。

生成的效果如下组图所示。

低角度视角

创意描述提示词：低角度拍摄城堡。

生成的效果如下组图所示。

顶视

创意描述提示词：顶视镜头垂直拍摄海中的小船。

生成的效果如下组图所示。可以看到，顶视镜头下的小船正在大海里一直往前行驶。

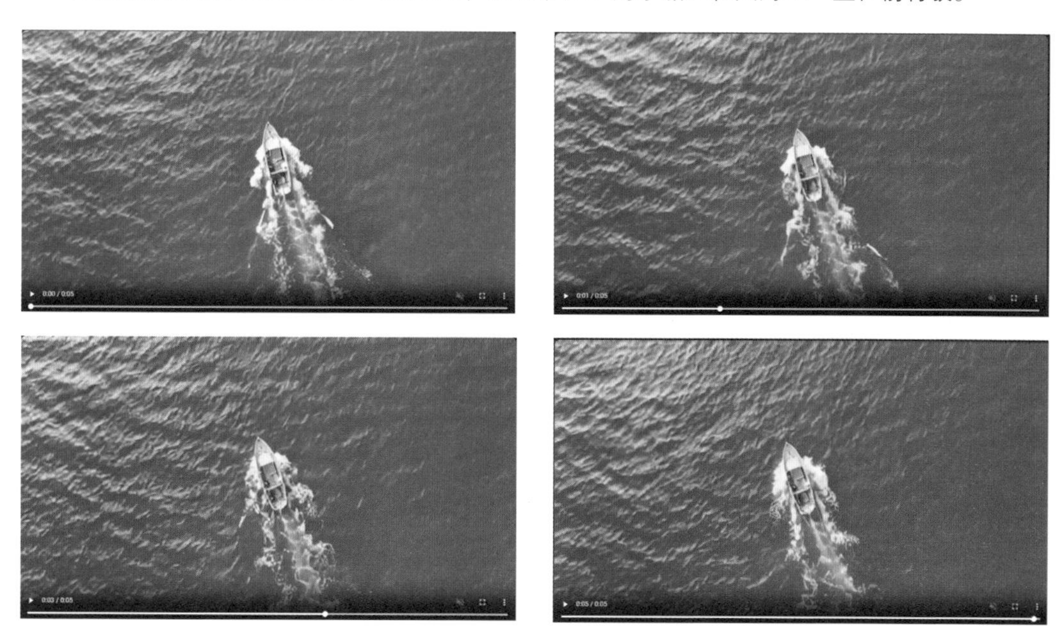

卫星视角

创意描述提示词：以卫星视角观察夜晚灯火通明的城市网格。

生成的效果如下组图所示。

鸟瞰视角

创意描述提示词：以鸟瞰视角展现蜿蜒的河流穿过绿色的山。
生成的效果如下组图所示。

景别

景别是指由于摄影机与被摄体的距离不同，或者镜头焦距的变动，而造成被摄体在摄影机寻像器（或录像器）中所呈现出的范围大小的区别。在影视制作中，景别是一种重要的视觉语言形式，通过不同的景别，可以实现对画面内容的精确控制，强调或忽略特定的元素，从而影响观众的视觉感受和情感体验。接下来分别介绍景别中的远景、全景、中景、近景、特写。

远景

创意描述提示词：以远景展现草原上的羊群，一望无际的大草原、羊群。
生成的效果如下组图所示。

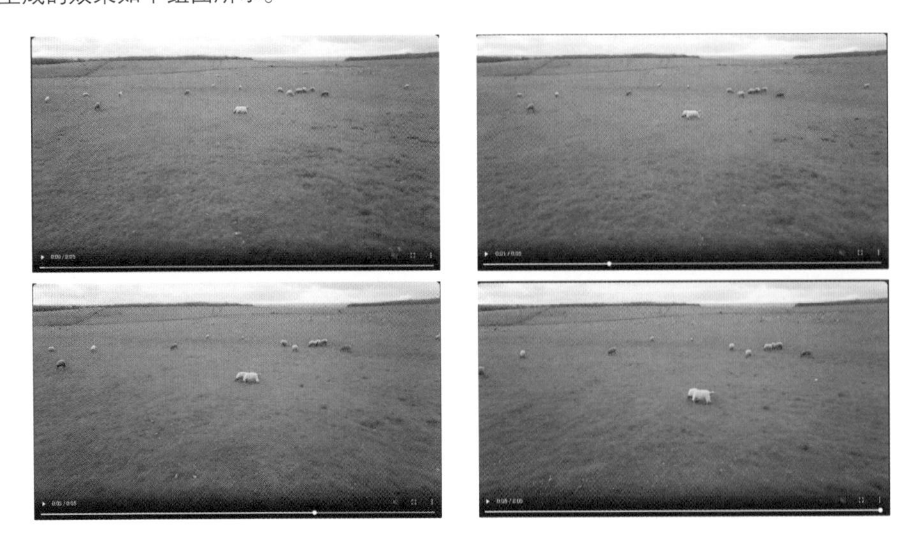

全景

创意描述提示词：以全景展现一个人站在公园里，蓝天白云，花朵。

生成的效果如下组图所示。

中景

创意描述提示词：以中景展现一个小女孩跳舞。

生成的效果如下组图所示。

近景

创意描述提示词：以近景展现老奶奶在椅子上看老照片。

生成的效果如下组图所示。

特写

创意描述提示词：以微距视角捕捉蝴蝶翅膀上细腻的纹理。

生成的效果如下组图所示。

通过文生视频直接生成光线效果

在可灵AI中生成视频时，除了要善于控制视角与景别，还要注意运用提示词控制光线的方向、强弱与类型，从而突出主体、塑造场景的氛围。但必须要指出的是，目前可灵AI对于光线提示词的敏感程度还不太高，具体表现在，创作者使用顺光、侧光等专业术语时，可灵AI生成的往往是逆光或侧逆光。

使用可灵AI文生视频功能生成视频时，可以使用以下关键词控制光线效果。

光位

逆光

创意描述提示词：在逆光场景里，路上行人的身影在夕阳下拉长了影子。

生成的效果如右侧组图所示。

侧逆光

创意描述提示词：侧逆光打在女孩的脸上，路上小女孩的面容被柔和的光线照亮。

生成的效果如右侧组图所示。

顺光

顺光是指，光线的投射方向和拍摄方向相同的光线，也叫作“正面光”。在这种光线条件下，被摄体受到均匀照明，景物的阴影被景物自身遮挡住，影调比较柔和，能够充分呈现被拍摄主体的细节。顺光适合拍摄无须追求立体感或空间深度感的对象，如自然风光、小昆虫、花朵等的特写等。在拍摄这些对象时，顺光能够充分展现其色彩和细节。

可灵 AI 生成视频中顺光往往难以体现。

侧光

侧光是摄影和绘画中常用的一种光线条件，具体是指，光源从被摄体（或画面主体）的左侧或右侧射来的光线。侧光能够产生强烈的明暗对比，使被摄体的受光面和背光面形成明显的界限，增强画面的立体感和空间感。也能够很好地表现被摄体的表面质感，尤其是粗糙的质感，如岩石、皮革、棉麻等材质在侧光下会显得更加鲜明。

可灵 AI 生成视频中侧光也往往难以体现。

光线类型

光线类型是指光在传播过程中所表现出的不同特性和形态。主要包括自然光、日光、夜光、月光等，下面具体讲解光线的类型。

自然光

创意描述提示词：在自然光照射下，沙滩上的孩子在快乐地玩耍。

生成的效果如下组图所示。

极光

创意描述提示词：极光下的小镇，银白冰川闪烁，宛如梦幻水晶宫。

生成的效果如下组图所示。

丁达尔光

创意描述提示词：在丁达尔光中的森林小径，晨雾缭绕，露珠闪烁。

生成的效果如下组图所示。

烛光

创意描述提示词：烛光照射下，小女孩对着生日蛋糕许愿。

生成的效果如下组图所示。

月光

创意描述提示词：月光照耀下的村庄。

生成的效果如下组图所示。

通过文生视频直接生成 6 种天气

云雾、雨、雪等自然气象在视频制作中扮演着重要的角色，它们不仅增加了场景的真实感，还能够显著影响和改变视频的气氛和情感表达，例如，雨中的场景常常与悲伤、孤独或紧张的情绪相联系，暴风雨常常用来预示即将到来的冲突或危机。

使用可灵 AI 文生视频功能生成视频时，可以使用以下关键词控制天气效果。

雨天

创意描述提示词：暴雨中的城市街道，大雨飘落，水花四溅。

生成的效果如右侧组图所示。

雪天

创意描述提示词：大雪覆盖的村庄，炊烟袅袅升起，宁静、温馨。

生成的效果如右侧组图所示。

晴天

创意描述提示词：创意描述提示词：晴天下的草原，阳光洒满大地，明媚、开阔。
生成的效果如下组图所示。

阴天

创意描述提示词：阴天中的古堡，天空飞龙盘旋，阴郁、神秘。
生成的效果如下组图所示。

多风

创意描述提示词：多风的海岸线，海浪随风起舞，自由、激昂。

生成的效果如下组图所示。

雾天

创意描述提示词：雾气笼罩的湖泊，晨光透雾而至，朦胧、神秘。

生成的效果如下组图所示。

可灵 AI 表现人类动作的优劣势

无论使用文生视频，还是图生视频的方式来生成视频，人物通常是视频最常见的主角，同时绝大多数创作者还会希望人物有对应的动作。但根据笔者的测试，当前，可灵 AI 仅仅能支持人物实现常见的常规动作，以下是笔者测试的结果。

图生视频测试结果

笔者上传的图片如右图所示。

创意描述提示词：活动身体，功夫姿势。

生成的效果如下组图所示。

创意描述提示词：活动身体，手捂住嘴。

生成的效果如下组图所示。

创意描述提示词：活动身体，跳舞。

生成的效果如下组图所示。

创意描述提示词：活动身体，摇头，叹气。

生成的效果如下组图所示。

创意描述提示词：活动身体，转身。

生成的效果如下组图所示。

创意描述提示词：活动身体，转身，挥手。

生成的效果如下组图所示。

创意描述提示词：活动身体，弯腰。

生成的效果如下组图所示。

通过以上图生视频人物动作测试可以发现，可灵 AI 中图生成视频中对于一些基本动作的控制已经达到较灵活的效果，比如“跳起来、转身、低头、手捂住嘴、挥手”但是对于创意描述词中的细节动作的生成把握度不高。

文生视频测试结果

创意描述提示词：小女孩迎着夕阳快乐地向前奔跑。

生成的效果如下组图所示。

创意描述提示词：女孩穿着白色裙子轻盈跳跃，手提着裙摆旋转着。

生成的效果如下组图所示。

创意描述提示词：小男孩在公园里慢慢地弯下腰捡东西。

生成的效果如下组图所示。

通过以上文生视频人物动作测试可以发现，可灵 AI 中文生成视频中对于一些如“跑、跳、转身”这类动作已经能较灵活地展现，和图生视频一样，在面对像“做瑜伽”“游泳”这些较为复杂的动作时，难以达到理想效果。与图生视频不同的是，文生视频下的动作视频画面质量不佳，动作展现不是很细腻。

人物表情类视频测试集

无论使用文生视频，还是图生视频的方式来生成视频，视频中人物表情变化在故事讲述、情感传达、观众连接以及增强视觉吸引力等方面起着至关重要的作用。但根据笔者的测试，目前阶段，可灵 AI 仅仅能支持人物实现常见的常规表情，以下是笔者的测试结果。

图生视频测试集

笔者上传的图片如右图所示。

创意描述提示词：一个穿着红色旗袍的中国美丽年轻女性，愤怒的表情。

生成的效果如下组图所示。

创意描述提示词：一个穿着红色旗袍的中国美丽年轻女性，高兴的表情。

生成的效果如下组图所示。

创意描述提示词：一个穿着红色旗袍的中国美丽年轻女性，悲伤的表情。
生成的效果如下组图所示。

创意描述提示词：一个穿着红色旗袍的中国美丽年轻女性，惊讶的表情。
生成的效果如下组图所示。

创意描述提示词：一个穿着红色旗袍的中国美丽年轻女性，恐惧的表情。
生成的效果如下组图所示。

创意描述提示词：一个穿着红色旗袍的中国美丽年轻女性，羞愧的表情。

生成的效果如下组图所示。

创意描述提示词：一个穿着红色旗袍的中国美丽年轻女性，厌恶的表情。

生成的效果如下组图所示。

创意描述提示词：一个穿着红色旗袍的中国美丽年轻女性，沮丧的表情。

生成的效果如下组图所示。

通过以上图生视频测试可以发现，对于人物的表情变化，可灵 AI 图生视频生成的效果基本理想，特别是一些如“高兴、愤怒、悲伤、惊讶、恐惧、厌恶”等常见表情生成的视频效果较好，但是对于一些如“思考、爱慕、疲惫”等复杂情感的表情，生成效果往往不佳。

文生视频测试集

创意描述提示词：近景展现小男孩开心大笑的表情。
生成的效果如下组图所示。

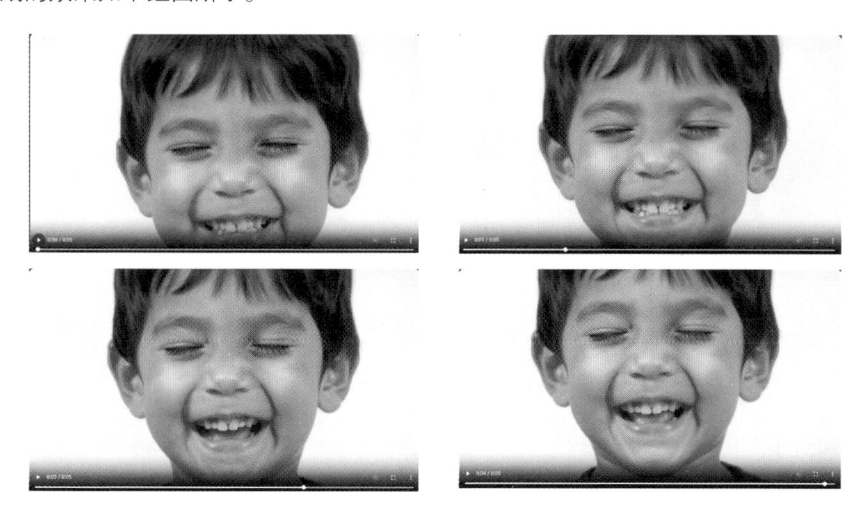

创意描述提示词：近景展现小男孩逐渐愤怒的表情。
生成的效果如下组图所示。

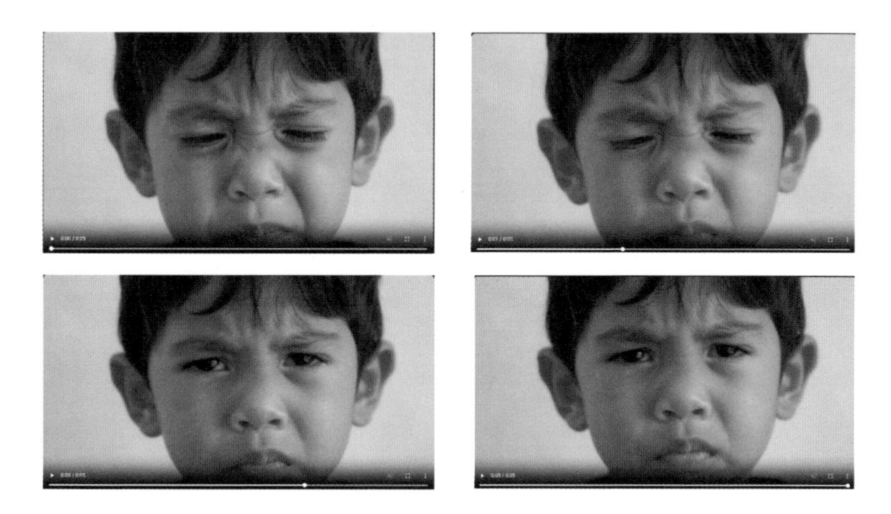

通过以上文生视频测试发现，对于人物的表情变化，可灵 AI 文生视频生成的效果不如图生视频生成效果理想：一是表情有时候展现得不太自然，比如前面展示的愤怒表情；二是也存在复杂表情无法实现的问题。

可灵 AI 擅长及不擅长生成的视频类型

通过展示可灵 AI 在特定视频类型上的表现，可以直观地感受到，使用可灵 AI 生成视频的优势方向和劣势方向，在生成视频的过程中，我们要扬长避短，努力制作出理想效果的视频。

擅长类

通过大量测试，目前，可灵 AI 在生成以下类型时，通常质量较高。

写实类

图生视频创意描述提示词：微笑转头。
上传的图片如下左 1 图所示。
生成的效果如下剩余组图所示。
由此可以清晰地看到视频中人物可以流畅地进行微笑并做出转身的动作。

图生视频创意描述提示词：奇幻风光，波涛汹涌翻滚。
上传的图片如下左 1 图所示。
生成的效果如下剩余组图所示。
由此可以清晰地看到视频中的海浪正在翻滚。

图生视频创意描述提示词：落日，飞鸟，波浪。

上传的图片如下左 1 图所示。

生成的效果如下剩余组图所示。

由此可以清晰地看到视频中的飞鸟飞行和海浪波动。

图生视频创意描述提示词：高清，HD，边缘锐利清晰，沙尘暴中一辆车前行。

上传的图片如下左 1 图所示。

生成的效果如下剩余组图所示。

由此可以清晰地看到视频中的沙尘暴景象和向前行驶的汽车。

科幻类

图生视频创意描述提示词：汽车跑出画面，跑车，速度感，未来世界，科幻风格，机械风格。

上传的图片如下左 1 图所示。

生成的效果如下剩余组图所示。

由此可以清晰地看到视频中的科幻风格背景下汽车的行驶。

图生视频创意描述提示词：科幻世界，机器人转身。

上传的图片如下左 1 图所示。

生成的效果如下剩余组图所示。

由此可以清晰地看到视频中机器人正在慢慢转身。

图生视频创意描述提示词：科幻世界，机器人骑着摩托飞奔向前，留下一道光线。

上传的图片如下左 1 图所示。

生成的效果如下剩余组图所示。

由此可以清晰地看到视频中机器人骑着摩托前行的画面。

图生视频创意描述提示词：动起来，机器人走来。

上传的图片如下左 1 图所示。

生成的效果如下剩余组图所示。

由此可以清晰地看到视频中机器人正在缓慢地向前走来。

图生视频创意描述提示词：动起来，挥动拳头。

上传的图片如下左 1 图所示。

生成的效果如下剩余组图所示。

由此可以清晰地看到视频中的人物正在握紧拳头动起来。

图生视频创意描述提示词：动起来，转头。

上传的图片如下左 1 图所示。

生成的效果如下剩余组图所示。

由此可以清晰地看到视频中机器人正在缓慢转头。

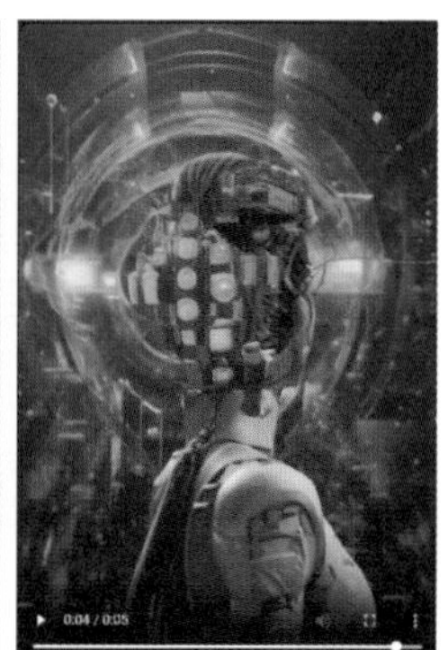

奇幻类

图生视频创意描述提示词：鲸在天空中游动。

上传的图片如下左1图所示。

生成的效果如下剩余组图所示。

由此可以清晰地看到视频中鲸在天空中缓慢地游动。

图生视频创意描述提示词：雨滴落下，龙猫动起来。

上传的图片如下左1图所示。

生成的效果如下剩余组图所示。

由此可以清晰地看到，视频中的龙猫正在缓慢抬起手臂，并且雨滴也正在落下。

图生视频创意描述提示词：奇幻人像，微笑，转头。

上传的图片如下左 1 图所示。

生成的效果如下剩余组图所示。

由此可以清晰地看到视频中的人物正在逐渐微笑并转头。

图生视频创意描述提示词：动起来，云飘动。

上传的图片如下左 1 图所示。

生成的效果如下剩余组图所示。

由此可以清晰地看到，视频中的人物正在举起双手，并且周围的云雾正在飘动。

图生视频创意描述提示词：火凤凰，扇动翅膀，动起来。

上传的图片如下左 1 图所示。

生成的效果如下剩余组图所示。

由此可以清晰地看到视频中的火凤凰正逐渐扇动翅膀。

画风类

画风类视频是指通过插画、油画、水墨画、漫画、工笔画等不同画风制作而成的视频。以下为画风类视频的效果展示。

插画风格

图生视频创意描述提示词：轻微转动，侧面。
上传的图片如下左 1 图所示。
生成的效果如下剩余组图所示。
由此可以清晰地看到视频中的戏曲人物正在转动。

油画风格

图生视频创意描述提示词：张大嘴巴，呐喊。
上传的图片如下左 1 图所示。
生成的效果如下剩余组图所示。
由此可以清晰地看到视频中油画风格的人物正在缓慢地张大嘴巴。

水墨画

图生视频创意描述提示词：动起来，人物转动，裙摆飘动。
上传的图片如下左1图所示。
生成的效果如下剩余组图所示。
由此可以清晰地看到视频中画中女孩正在转动着裙摆动起来。

工笔画

图生视频创意描述提示词：人物动起来。
上传的图片如下左1图所示。
生成的效果如下剩余组图所示。
由此可以清晰地看到视频中画中的女生正在动起来。

二次元风格

图生视频创意描述提示词：眼睛睁开，微笑。
上传的图片如下左1图所示。
生成的效果如下剩余组图所示。
由此可以清晰地看到，视频中漫画风格的小女孩缓慢地睁开眼睛，并且微笑。

不擅长类

通过大量测试，目前，可灵 AI 在生成以下类型时，通常质量较低。

» 水墨风景画视频：在生成一些水墨风景视频画面的时候，内容整体变化幅度不是很大。

» 动作连贯类视频：如果角色的动作变化剧烈，模型可能难以保持角色的一致性，导致生成的视频在连贯性上有所欠缺。

» 穿插透视关系类视频：可灵 AI 在生成一些视觉遮挡类的视频时，可能会造成前后物体的视觉错乱感。如下左图所示为图生视频中上传的原图片，下中间图和下右图为生成的视频画面，可以看到，生成的小鸟在荷叶中的视觉效果不太理想，出现透视关系错误的情况。

» 线条复杂的对象视频：在生成具有复杂线条结构的对象（如机械零件、错综复杂的建筑物或精细的图案设计）时，线条可能会显得杂乱无章，缺乏清晰的层次感和逻辑性。

» 细节较多的对象视频：当对象包含大量微细纹理、图案或装饰时，生成的视频可能会在这些细节上显得模糊或不够清晰，影响观众的视觉体验。

» 多元素场景视频：在包含多个独立元素（如人物、动物、建筑物、自然景观等）的复杂场景中，元素之间可能会出现视觉上的干扰，如重叠、遮挡不当等。

» 罕见的对象或场景视频：对于罕见或独特的对象及场景，由于缺乏足够的训练数据，生成的视频可能会显得不真实或缺乏细节，难以准确再现对象的特征和场景的氛围。以及算法可能难以在有限的数据范围内发挥创意，导致生成的视频内容单调乏味，缺乏新意。

» 多主角多对象视频：在包含多个主角和对象的视频中，算法可能难以准确区分和跟踪每个角色，导致出现角色身份混淆、动作不连贯或情节发展错乱等。随着主角和对象的增多，场景的管理也变得更加复杂，算法需要同时处理多个动态变化因素，增加了生成高质量视频的难度。

第 5 章
掌握即梦 AI 平台基本使用方法

即梦 AI 平台介绍

即梦 AI 是什么

即梦 AI 是由字节跳动旗下的剪映团队推出的一款 AI 创作平台。该平台的核心功能包括 AI 图片创作和视频生成，用户可以通过输入文案来快速生成创意图像或视频，这些内容可以用于抖音等社交媒体平台的内容创作，会降低用户创作内容的门槛。

每日登录即梦 AI 平台会获得 66 个积分，积分可用来生成图片和视频，积分用完后需要直接购买积分或者开通会员获得积分，直接购买是 1 元 10 个积分，最低 500 个积分起购。开通基础会员需每月支付 79 元，获得 505 个积分，附带会员专属权益。

网址：https://jimeng.jianying.com/。

即梦 AI 界面如下图所示。

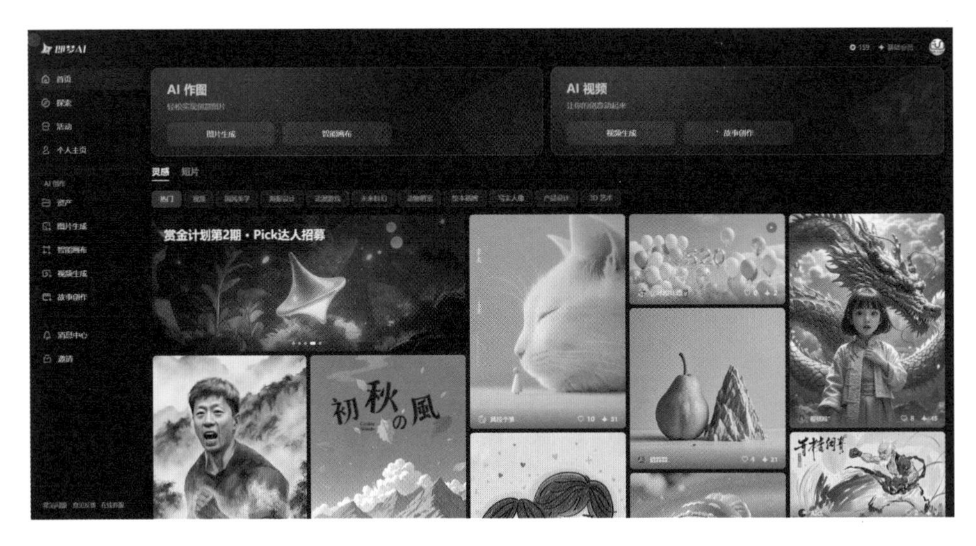

即梦 AI 平台的基础功能

文生图和图生图功能：在即梦 AI 平台中可以生成相关图片素材。无论是从无到有的创作，还是基于现有内容的修改和扩展，都大大提升了创作的灵活性和效率。

文生视频功能：即梦 AI 平台支持生成文生视频，可以选择文本或图片内容生成视频，也可以让 AI 对视频进行延长。

图生视频功能：通过上传图片来生成相应的视频内容。这一功能对于不熟悉视频编辑的用户来说，简化了视频制作的流程，降低了技术门槛。

镜头控制功能：即梦 AI 平台支持镜头控制功能，包括移动、旋转、摇镜头等，以提升视频创作的自由度和专业性，创造出更加个性化的视频效果。

即梦 AI 平台的特色功能

首尾帧控制：可以定制视频的开头和结尾画面，构建完整的叙事结构，使视频故事更加连贯和完整。

视频延长：生成更长的视频，满足不同的创作需求。

动效画板：允许用户精确控制视频运动轨迹，有效控制视频的输出质量。

运镜控制：使用者可以轻松地通过界面操作来控制虚拟摄像机的运动，从而创作出具有专业水准的视频作品。

即梦 AI 制作图片基本流程与方法

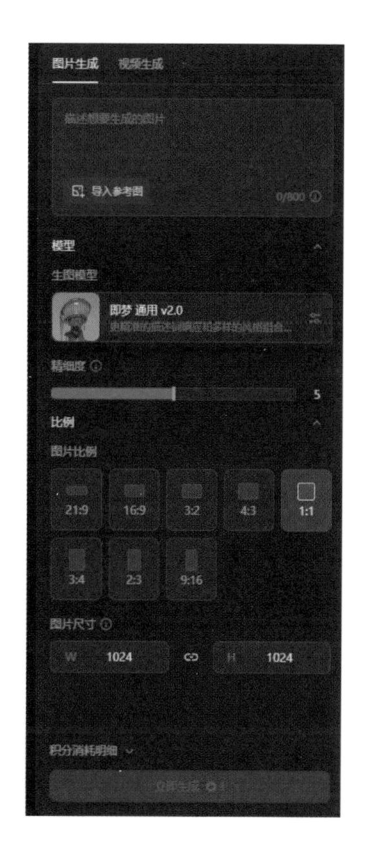

使用即梦 AI 生成图片方法有以下两种。以下为生成图片的大致流程，具体操作方法和内容细节会在后面章节中详细展开介绍。

» 第一种是文生图，文生图是通过文本描述去生成图片，只需要输入描述词和设置相关参数即可生成图片。文生图界面如右图所示。

» 第二种是图生图，图生图是通过图片垫图来生成新图片，需要文本描述词和上传图片来生成新图片。图生图的界面如右图所示。

图生图所需要的图片可以是自己准备的图片，也可以是通过即梦 AI 文生图来获得图片。

理解图片效果的随机性

与前文所讲解过的可灵 AI 一样，使用即梦 AI 生成图片也具有随机性，具体表现在即使输入相同的文本描述或使用同一张参考图片，也会生成不同的图像。这主要是因为生成过程中涉及了多种变量和技术限制。由于图像生成功能主要基于深度学习算法，特别是生成对抗网络（GAN）和变分自编码器（VAE）等模型，所以导致其生成的结果往往带有很强的随机性。这种随机性增加了创意的多样性，使得每次生成的图像都有可能带来新的惊喜。

高手点拨：由于随机性的存在，所以一次生成的效果不好，可能需要多次反复尝试，需要注意的是，生成一个图片最低需要 1 个积分。但如果很多次仍然效果不佳，可能就是平台目前功能不支持，此时需要调整生成的内容。

通过文生图的方式生成图片

文生图是指通过提示词文字来生成想要的图片内容。在即梦 AI 文生图中输入的提示词文字最多为 800 字。

文生图的具体使用步骤如下。

（1）点击首页“AI 作图”里的“图片生成”按钮或者点击首页左侧工具栏中的“图片生成”按钮，进入如下左图所示界面。

（2）点击文本框，输入相关创意描述词。在“图片创意描述”文本框中输入“小男孩在公园放风筝”的提示词，如下右图所示。

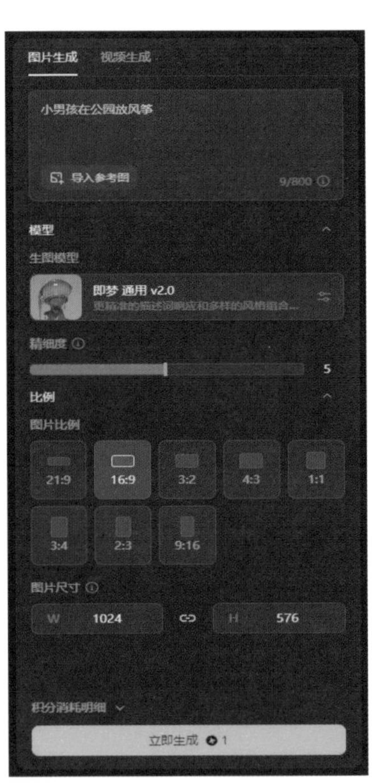

（3）点击“生图模型”下的“模型图标”，弹出窗口，点击选择“即梦通用 v2.0”，如下左图所示。

（4）长按鼠标左键拖动“精细度”滑块将其设置为“5”，如下右图所示。

（5）点击“图片比例”按钮中的“16：9”按钮，如下右图所示。

高手点拨：可根据不同的需求选择不同的生图模型和图片比例。精细度的数值越大，生成的效果质量越好，但生成时间会相对变长。

（6）点击下方“立即生成”按钮，即可生成4张相关的图片。若生成效果不满意，可点击图片左下角的“重新编辑”按钮或“再次生成”按钮。点击“重新编辑”按钮可重新设置生成参数，点击“再次生成”按钮，可根据相同的参数再次生成新的图片，生成效果如下组图所示。

通过图生图的方式生成图片

只需上传图片，无论是风景、人物还是静物，并添加一些关键词或短句来描述图片内容或想要传达的情感，便可生成新的图片。在即梦AI平台上传图片后，可选择参考图片的主体、人物长相、角色形象、图片风格、边缘轮廓、景深和人物姿势来帮助使用者更加容易得到想要的图片内容。

图生图的具体使用步骤如下。

（1）按照文生图第 1 步的方法进入“图片生成”界面，之后点击文本框中的“导入参考图”按钮，上传图片素材，笔者上传的图片如下左图所示。

（2）图片上传成功后会弹出“参考图”窗口，点击“主体”按钮，此时会发现画面中的小男孩被蓝色区域选中，如下右图所示，点击“保存”，关闭窗口。

高手点拨：图生图功能可选择参考上传图片的主体、人物长相、角色形象、图片风格、边缘轮廓、景深和人物姿势来更加具体、简便地得到想要的图片内容。

（4）点击文本框，输入相关创意描述词。在“图片创意描述”文本框中输入“小男孩在草原放风筝，有山”的提示词，如下左图所示。

（5）按照文生图的方法，为其设置参数。选择“即梦通用 v2.0”的生图模型，“精细度”设置为 5，图片比例设置为“16∶9”，如下左图所示。之后点击“立即生成”按钮，即可生成 4 张与参考图片的主体相同、但背景不同的图片，如下右组图所示。

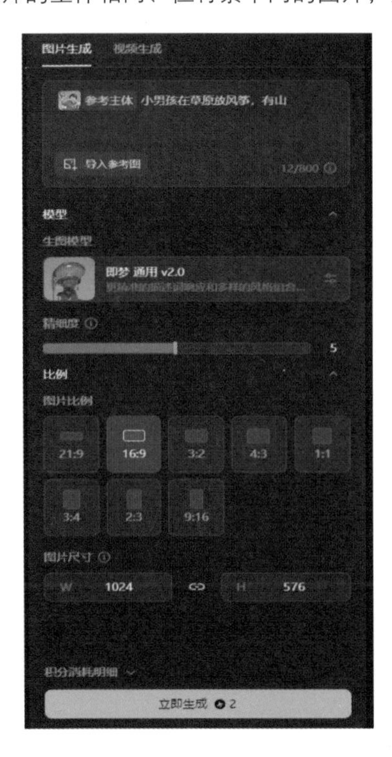

即梦 AI 制作视频基本流程与方法

使用即梦 AI 生成视频方法大致有以下两种，具体操作方法和内容细节会在后面章节中详细展开介绍。

» 第一种是文生视频，文生视频是通过文本描述去生成视频，只需要输入描述词和设置相关参数即可生成视频。

» 第二种是图生视频，图生视频是通过图片垫图来生成视频，需要文本描述词和上传图片来生成视频。

通过文生视频的方式生成视频

文生视频是指通过提示词文字来生成想要的视频内容。在即梦 AI 文生视频中输入的提示词文字最多为 500 字。

文生视频的具体使用步骤如下。

（1）点击首页“AI 视频”中的“视频生成”按钮或者点击首页左侧工具栏中的“视频生成”按钮，之后点击“文本生视频”进入如右图所示界面。

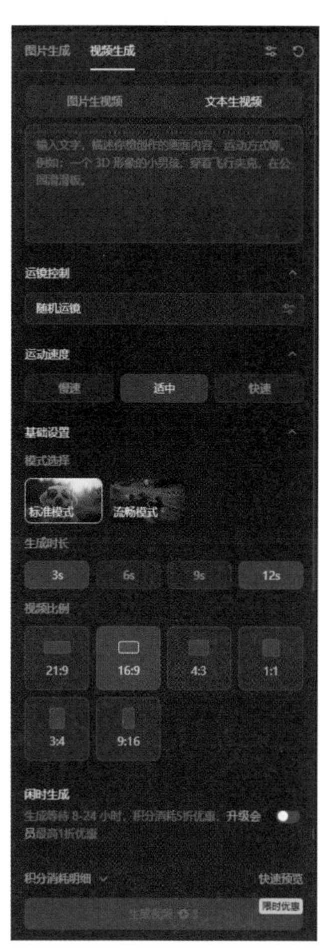

（2）点击文本框，输入相关创意描述词。在“文本生视频”文本框中输入“一个 3D 形象的小女孩穿着裙子在公园玩耍”的提示词，如下图所示。

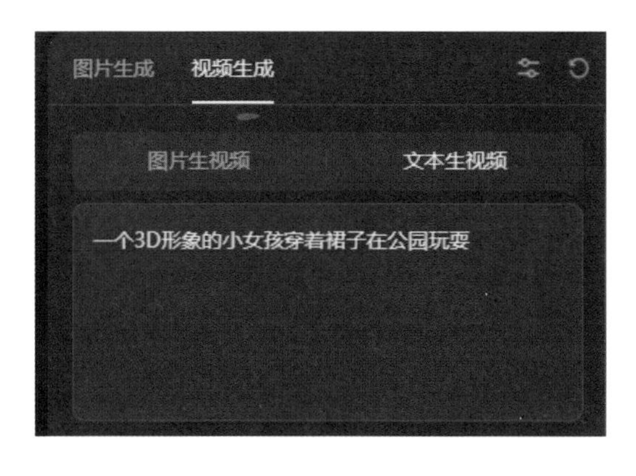

（3）点击“运镜控制”下的“随机运镜”按钮，弹出“运镜控制”窗口，选择“向右移动”，之后点击“应用”按钮关闭窗口，如下左图所示。

（4）点击“运动速度”下的“适中”按钮，并在“基础设置”中选择“标准模式”，如下右图所示。

（5）设置“生成时间”，点击选择“6s”，“视频比例”选择“16∶9”，如下右图所示。

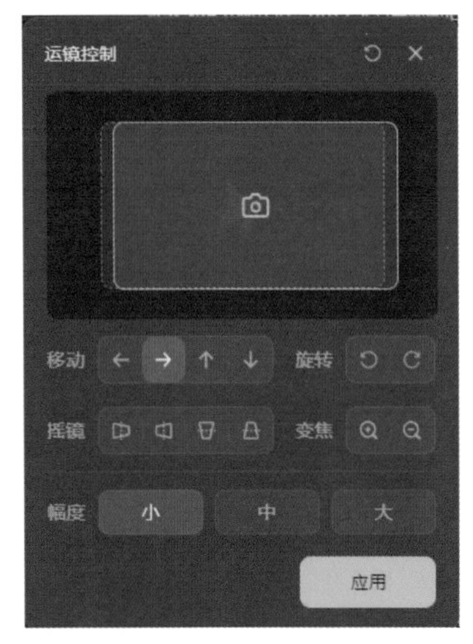

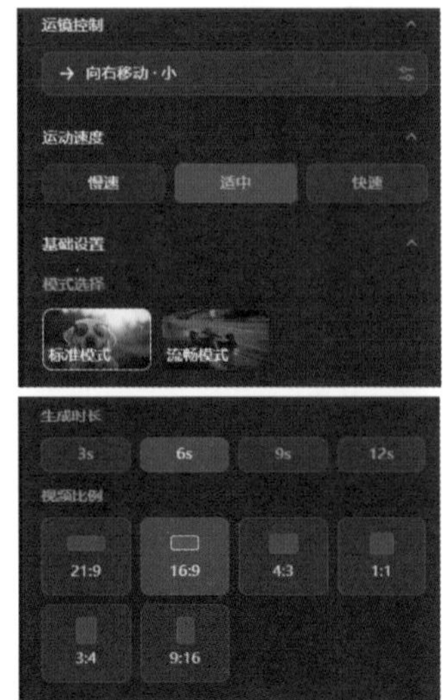

（6）点击下方“生成视频”按钮，即可生成一段时长为 6s 的视频。若生成效果不满意，可点击视频左下角的“重新编辑”按钮或“再次生成”按钮。点击“重新编辑”按钮可重新设置生成参数，点击“再次生成”按钮，可根据相同的参数再次生成新的视频，视频效果如下组图所示。

通过图生视频的方式生成视频

除了上文所讲的文生视频外，即梦 AI 还可以通过图片生成视频。在即梦 AI 平台上传图片后，可选择参考图片的主体、人物长相、角色形象、图片风格、边缘轮廓、景深和人物姿势，输入相关创意描述词来描述图片内容或想要传达的情感，便可生成一段动态的视频。

图生视频的具体使用步骤如下。

（1）点击首页“AI 视频”中的“视频生成”按钮或者点击首页左侧工具栏中的“视频生成”

按钮，之后点击“图片生视频”进入如下左图所示界面。

（2）点击文本框中的“上传图片”按钮，点击上传图片素材。笔者上传的图片如下右图所示，点击文本框，输入相关创意描述词。在“视频生成”文本框中输入“动起来，微笑”的提示词，如下右图所示。

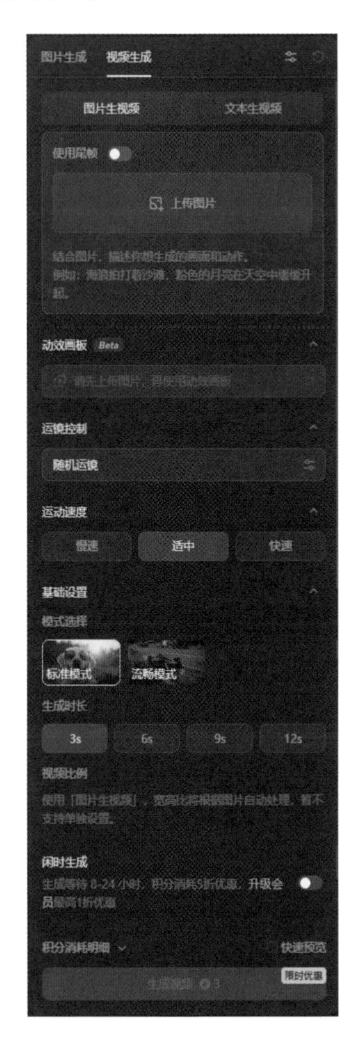

（3）此时可以发现，“动效画板”变为灰色，并出现提示语“当前仅支持16∶9或更宽比例的图片”，所以当前不可使用“动效画板”功能，此功能会在后文中进行详细讲解。“运镜控制”设置为默认的“随机运镜”，点击“运动速度”下的“适中”按钮，如下左图所示。

（4）在“基础设置”中选择“标准模式”，设置“生成时间”为“3s”，平台会根据上传的图片自动调整“视频比例”，如下右图所示。

（5）点击下方“生成视频”按钮，即可生成一段时长为 3s 的视频，如下组图所示。

利用首尾帧精准控制视频生成效果

与可灵 AI 相关章节讲述的利用首尾帧精准控制视频生成效果相同，使用即梦 AI 也可以通过首尾帧来控制视频的生成效果，这其实也是一种图生视频的方式。

在生成视频过程中，通过添加首帧素材图片和尾帧素材图片，对生成的视频进行特别的设计和控制，以达到特定的视觉效果。强调某个场景的开头和结尾，或者需要创造某种特定氛围的时候，利用首尾帧生成视频，可以提升视频的整体视觉效果，使得视频编辑更加灵活和高效。

利用首尾帧精准控制视频生成的具体使用步骤如下。

（1）点击首页“AI 视频”里的“视频生成”按钮或者点击首页左侧工具栏中的“视频生成”按钮，进入如右侧左图所示界面。

（2）点击文本框中的“上传图片”按钮，上传首帧图片素材，之后点击“使用尾帧”按钮。这时可见工具栏中多出了一个“上传尾帧图片”的按钮，点击上传尾帧图片素材，如右侧右图所示。

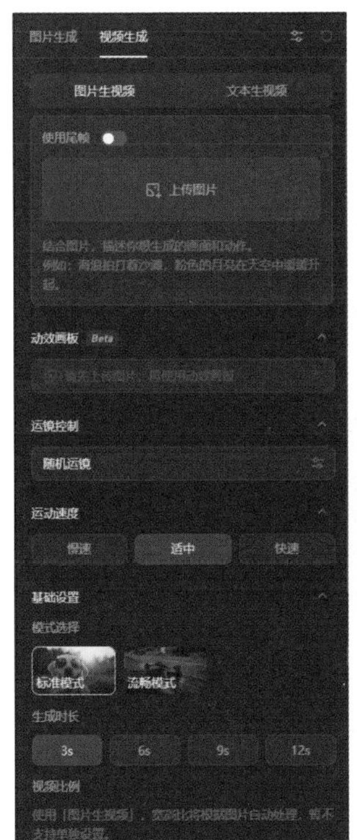

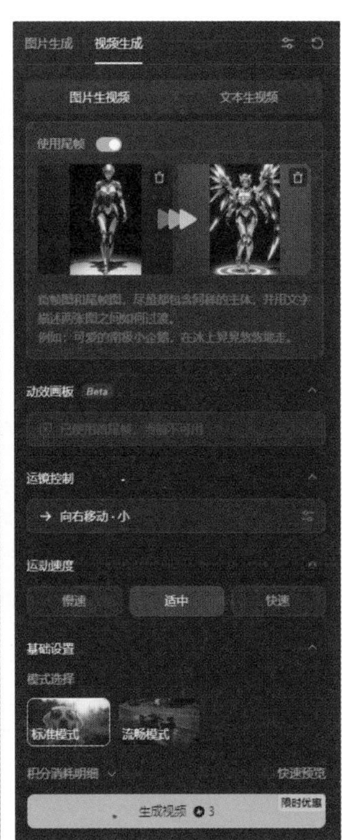

（3）点击文本框，输入相关创意描述词。在“图生视频”文本框中输入提示词“机械人,朋克”,如右侧左图所示。

（4）因为使用了首尾帧，所以就不可以使用“动效画板”功能且“视频比例”也不可以调整,平台会根据输入的图片，自动调整为适合的视频比例。按照文生视频的方法，为其设置其他参数。设置“运镜控制”为“随机运镜”，“运动速度”为“适中”，选择“标准模式”，生成时长为“3s”，如右侧右图所示。

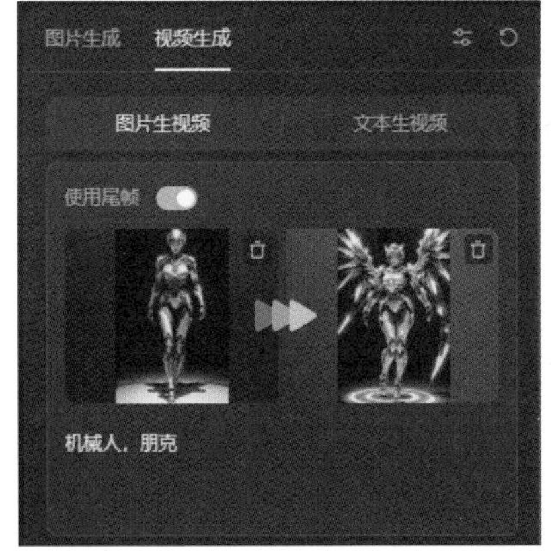

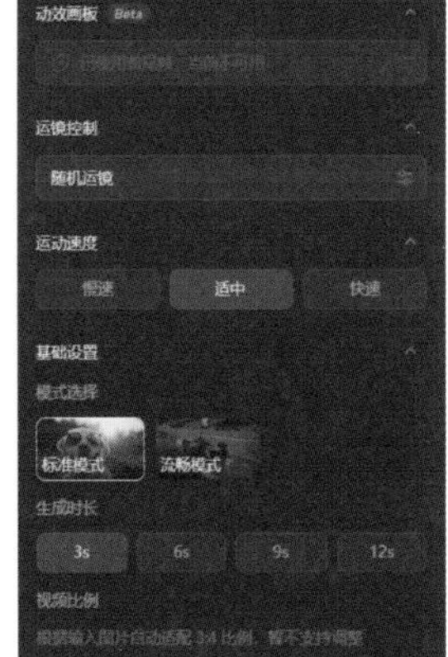

（5）点击下方“生成视频”按钮，即可生成一段时长为 3s 的视频，如下组图所示。

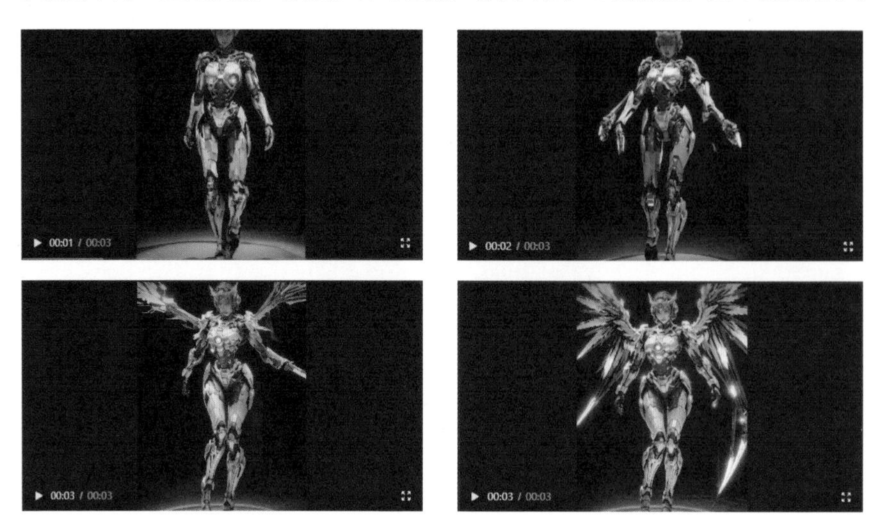

需要注意的是，笔者在此使用的是与前文中讲解可灵 AI 首尾帧时一样的素材，目的在于比较两者的异同与优劣。

通过笔者测试，发现两者的相同点如下。

两个平台的首尾帧功能都允许使用者上传起始帧和结束帧图片，通过 AI 技术自动生成中间的过渡动画，从而快速生成短视频。

通过自定义首尾帧，使用者可以更好地控制视频的内容和风格，使得生成的视频更符合个人需求或特定场景的要求。

与可灵 AI 平台相似，即梦 AI 也可以通过首尾帧图片的主体和背景照片不同、背景不变主体变、主体不变背景变、人物面部及动作过渡 4 种方式来控制视频效果。

两个平台在上传首帧和尾帧图片时需要尽量相似，如果差别较大会引起镜头切换。而且要尽量选择两张相同主题且近似的图，这样，模型容易在短时间内进行流畅衔接。

即梦 AI 与可灵 AI 的不同点如下。

技术实现：虽然两者都提供了首尾帧功能，但在技术实现上可能存在差异。可灵 AI 平台采用了更先进的 AI 算法和模型，如 3D 时空联合注意力机制等，以生成更自然、流畅的过渡动画；而即梦 AI 平台通过首尾帧生成的视频容易出现画面的扭曲和变形。

生成效果：由于技术实现的不同，两者在生成效果上也可能存在差异。可灵 AI 平台生成的视频可能在细节呈现、光影效果等方面更为出色，能够模拟真实世界的特性；而即梦 AI 平台则可能在视频内容的连贯性、故事性等方面更具优势。

在使用首尾帧功能时，可灵 AI 平台不能使用运镜的控制，而即梦 AI 平台可以选择运镜控制方式并可以调整运镜运动的速度。

两个平台在生成模式方式和生成时长方面也存在差异，可灵 AI 在使用首尾帧功能时只能生成时长为 5s 的视频，而即梦 AI 平台“标准模式”下可以生成时长为 3s、6s、9s、12s 视频，“流畅模式”下可以生成时长为 4s、6s、8s 的视频。

使用即梦 AI 创建故事型短剧

通过前面的学习，相信各位读者对即梦 AI 已有一定的了解，使用这个平台可以制作出各种各样的短视频，但是配合旁白，即梦 AI 也可以创作长达数分钟的视频短剧。

下面通过一个案例，讲解即梦 AI 制作短剧的基本流程。

构思故事

在制作短剧时，第一步就是构思故事情节。在这个案例中，笔者构思的故事主题是“无限重生”，大体讲述了在科幻的未来世界，艾登拥有生化身躯技术，能够体验无数人生。虽然他尝试了各种角色，但内心仍然感到空虚，他意识到生命的真正意义不在于体验的多样性，而在于体验的深度和质量。最终，他放弃生化身躯技术，选择了死亡。他希望通过自己的选择，能够让人们意识到，生命的价值不在于无限，而在于有限中的每一次选择和体验。艾登的故事是对生命意义的深刻反思，提醒我们珍惜当下。

生成分镜头脚本

将故事情节分解成一系列的视觉图像和简短的文字描述，以展示每一幕的主要内容和动作，有助于降低视频生成的难度，提高生成的效率。

根据故事内容，笔者进行了分镜头脚本的设计，首先要确定故事框架，明确故事的主要情节和场景，其次思考每个分镜头中的角色、场景、动作等，最后进行简短的文字描述，说明每一幕的主要内容和动作。

AI 可以在短时间内完成大量的分镜头脚本制作工作，相比人工操作，大大缩短了制作周期。借助 AI 来实现分镜头脚本的制作， 如智谱清言、文心一言、Kimi、橘篇等。点击进入官网后，只需将剧本的文本输入到 AI 系统中，然后输入“根据剧本生成分镜头脚本”，AI 会自动分析剧本中的场景、角色、对话、动作描述等元素，自动生成分镜头脚本，也可以对分镜头脚本进行数量控制以及进行修改和完善，如下图所示。

分镜头编号	场景描述	画面内容	镜头运动	音效与配乐	旁白/对话
1.1	未来的科幻时代，城市夜景	高耸入云的摩天大楼，霓虹灯闪烁，色彩斑斓	广角镜头，缓慢推进，展现城市全景	电子合成音乐，带有未来感节奏	无
1.2	空中视角	无人驾驶飞行器穿梭于城市上空，形成有序的光点轨迹	俯拍，缓慢跟随飞行器移动	飞行器轻微的嗡嗡声，背景音乐增强	无
1.3	地面互动	人们穿着带有显示屏的智能服装，在街头与虚拟信息互动	中景，聚焦于几位互动的人群，展示智能服装的特效	轻微的电子音效，人们交流声作为背景	无
1.4	全息广告牌特写	巨大的全息广告牌亮起，展示"生化身躯"技术，人物形象透明化	特写镜头，聚焦广告牌内容，逐渐拉远至半身像	广告音效，科技感十足的旁白："探索无限可能，生化身躯——重塑生命边界"	广告旁白

下面是笔者运用 AI 生成分镜头脚本后又进行调整的两条分镜头脚本。

分镜头（1）未来的科幻时代，城市高耸入云的摩天大楼与闪烁的霓虹灯交织在一起，形成一幅光怪陆离的夜景。空中，无人驾驶的飞行器在有序地穿梭，而地面上，人们穿着带有显示屏的智能服装，与环境进行互动。远处，一个巨大的全息广告牌正在播放着关于“生化身躯”技术的宣传，画面中的人物形象在广告中变得透明。

分镜头（2）在一个充满未来感的实验室内，机器人们围绕着一个复杂的机器舱忙碌着。机器舱的外形是一个透明的胶囊，里面躺着一个人形的轮廓，周围环绕着无数的光纤和传感器。一束束光线从机器的各个部分射向胶囊，形成一道道光束交织的网络，胶囊内的人形轮廓正在向外发射绿色的信号光束。

根据脚本生成定帧画面

为了精准控制短剧的视频画面，需要使用图生视频的方法来进行制作。图生视频所需要的图片可以是自己准备的图片，也可以是通过 AI 平台来获得的图片，如即梦 AI、可灵 AI、Midjourney 等，为了进一步讲解即梦 AI，所以选择使用即梦 AI 平台来进行图片的生成，首先要利用即梦 AI 的文生图及图生图的功能生成画面内容。

控制角色一致性

通过通读剧本内容，确定故事主角为“艾登”，后面艾登进行了多次重生，为了保持主角的一致性，首先利用文生图生成一张“艾登”的形象图。

（1）登录即梦 AI 平台的官网，点击首页“AI 作图”里的“图片生成”按钮，进入如下左图所示界面。

（2）点击文本框，输入相关创意描述词。在“图片创意描述”文本框中输入“青年男子，短发，锐利的眼神，穿着科技智能服装，全身图，正面图。”的提示词。生图模型选择“即梦通用 v2.0”，长按鼠标左键拖动“精细度”滑块将其设置为“5”，点击“图片比例”按钮中的“2∶3”按钮，如下右图所示。

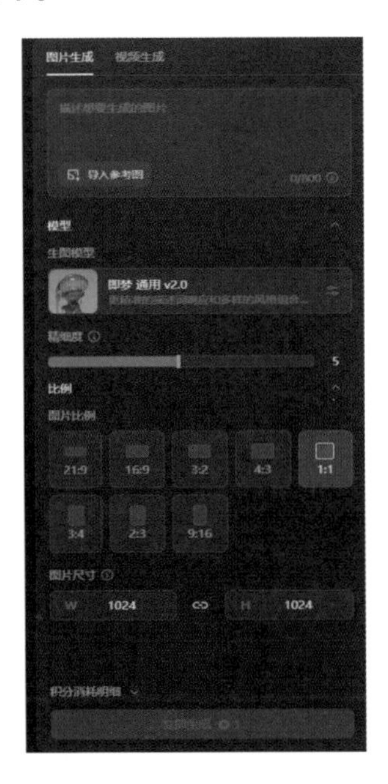

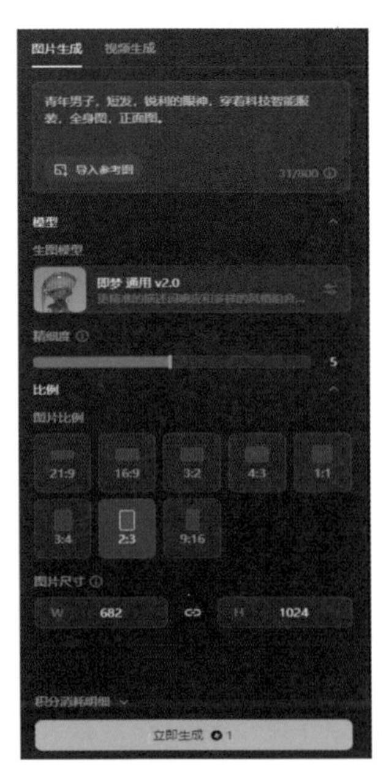

（3）点击下方“立即生成”按钮，即可生成 4 张相关的图片，如下组图所示。若生成效果不符合预期，属于正常情况，此时需要多尝试几次，或者更换关键词。

（4）在生成的图片中，第一张的效果较为符合预期，所以选择使用第一张作为主角“艾登”的形象，将鼠标移动到第一张图像上，可以看到图像下方出现了一行工具栏，如下左图所示，点击选择“HD”，将图片变为超清图片，之后右键点击下载图片，生成效果如下右图所示。

» 该工具栏分别为超清图、细节修复、局部重绘、扩图、生成视频、去画布进行编辑以及消除笔工具。

生成定帧画面

利用上文所讲的即梦 AI 文生图及图生图的功能生成画面内容。

（1）根据脚本生成“分镜头 1 中的第 1 个画面”，按照生成“艾登”的方法，采用“文生图”的方式进行第一个画面的生成。在“图片创意描述”文本框中输入提示词：“未来的科幻时代，城市高耸入云的摩天大楼与闪烁的霓虹灯交织在一起，形成一幅光怪陆离的夜景。空中，无人驾驶的飞行器在有序地穿梭，而地面上，人们穿着带有显示屏的智能服装，与环境进行互动。远处，一个巨大的全息广告牌正在播放着关于‘生化身躯’技术的宣传，画面中的人物形象在广告中变得透明”。生图模型选择“即梦通用 v2.0”，长按鼠标左键拖动“精细度”滑块将其设置为“5”，点击“图片比例”按钮中的“16:9”按钮，最后点击下方“立即生成”按钮，即可生成 4 张相关的图片，如下组图所示。

（2）在生成的图片中，第一个的效果较为符合预期，所以将鼠标移动到第一张图像上，点击选择“HD”，将图片变为超清图片，生成效果如下左图所示。

（3）点击图片将其放大，可观察到画面中的人物太多，为了方便后续生成视频，选择去除部分人物。将鼠标移动到图片上，在图片右下方出现一行工具栏，点击“消除笔”按钮，弹出“消除笔”窗口，点击画笔，长按鼠标左键对想要消除的地方进行涂抹，如下右图所示。

（4）点击“立即生成”，生成效果如下左图所示。将鼠标移动到画面上，点击“细节修复”按钮，对刚刚消除部分所生成的画面进行细节修复。之后按照第 2 步的方法，将图片变为超清图片，之后右键点击下载图片，将其作为“画面 1”，生成效果如下右图所示。

（5）使用“图生图”的方法，根据脚本生成“分镜头 1 中的第 2 个画面”，按照第 1 步的方法，将下一个画面的创意描述词：“未来的科幻时代，城市高耸入云的摩天大楼与闪烁的霓虹灯交织在一起，形成一幅光怪陆离的夜景”输入文本框内，之后点击文本框里的“导入参考图片”，将刚才生成的“画面 1”图片上传作为参考图片，弹出“参考图”窗口，如下图所示，点击选择“图片风格”按钮之后点击“保存”按钮，关闭窗口。

（6）回到界面可发现“生图模型”下方出现“该模型暂不支持参考图片风格”，如下左图所示，此时需要点击“生图模型”下的“模型图标”，弹出窗口，点击选择可以使用的模型“即梦通用 XL Pro”，如下右图所示。

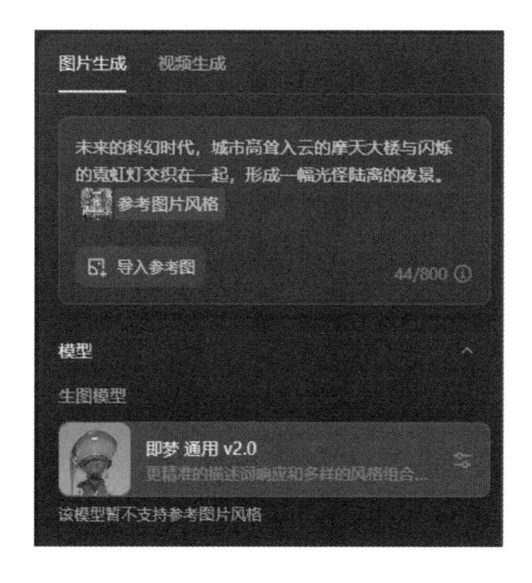

（7）为其设置其他参数，长按鼠标左键拖动“精细度”滑块将其设置为“5”，点击“图片比例”按钮中的“16:9”按钮，之后点击下方“立即生成”按钮，即可生成4张相关的图片，如下组图所示。

（8）在生成的图片中，第4张图片较为符合预期，所以按照第4步的方法对其进行“细节修复”和“超清图片”的操作，将其作为“画面2”，生成效果如下左图所示。

（9）根据脚本生成“分镜头1中的第3个画面”，按照“画面2”的操作步骤完成“画面3”的操作，其创意描述词为：“未来的科幻时代，城市高耸入云的摩天大楼与闪烁的霓虹灯交织在一起，形成一幅光怪陆离的夜景。空中，无人驾驶的飞行器在有序地穿梭”，其他操作则与“画面2”的操作步骤相同，将其作为“画面3”生成效果如下右图所示。

（10）根据脚本生成“分镜头2中的第1个画面”，按照“艾登”的操作步骤完成“分镜头2中的第1个画面”的制作，创意提示词为：“在一个充满未来感的实验室内，机器人们围绕着一个复杂的机器舱忙碌着。机器舱的外形是一个透明的胶囊，里面躺着一个人形的轮廓，周围环绕着无数的光纤和传感器。一束束光线从机器的各个部分射向胶囊，形成一道道光束交织的网络，胶囊内的人形轮廓正在向外发射绿色的信号光束。中景”，点击“图片比例”按钮中的“16:9”，其他操作步骤与画面2的操作相同，将其作为“画面4”，最终生成效果如下左图所示。

（11）根据脚本生成“分镜头2中的第2个画面”，按照“画面2”的操作步骤继续生成“分镜头 2 中的第 2 个画面”，其创意提示词为：“在一个充满未来感的实验室内，机械臂在昏暗的灯光下精准地操作着一台巨大的基因编辑舱。舱体由高强度玻璃制成，内部充满了神秘的绿色液体，中央漂浮着一个由光与影构成的复杂 DNA 结构，周围环绕着精密的激光雕刻器，它们正按照预设程序对 DNA 进行精细的修改与增强。舱外，一排排显示屏闪烁着复杂的数据流，记录着每一次基因编辑的微小变化。”参考图片为“画面 4”，参考其“图片风格”。其他步骤与画面 2 的操作相同，将其作为“画面 5”，最终生成效果如下右图所示。

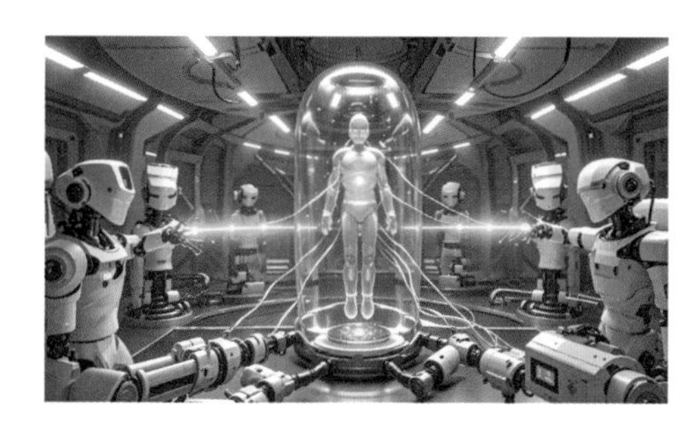

（12）根据脚本生成“分镜头 3 中的第 1 个画面”，按照“画面 2”的操作步骤继续生成“分镜头 3 中的第 1 个画面”，其创意提示词为：“艾登步入了一间充满未来感的实验室，这里灯光柔和，中央摆放着一台看似透明却蕴含着无限可能的量子计算机。他轻触智能西装上的隐形按钮，西装瞬间与量子计算机建立连接，数据流化作光带，在两者之间编织成一张复杂的信息网络。”参考图片为“艾登”，参考其“人物长相”。注意在参考人物长相时，后续无须再使用“细节修复”否则人物长相会发生改变。其他步骤与画面 2 的操作相同，将其作为“画面 6”，最终生成效果如下图所示。

（13）根据上文讲述的方法，分别得到了“分镜头 4 至分镜头 12”的图片内容，至此已将剧本第一部分所需要的图片全部生成完成，最终效果如下组图所示。

利用定帧画面生成视频

在这一步骤中，要先根据脚本，对使用上述步骤生成的所有定帧画面进行排序，并根据顺序依次利用“图生视频”的方法生成视频。

下面以“画面 1”“画面 4”“画面 5”为例，来讲解利用定帧画面生成视频的方法，其中“画面 4”和“画面 5”分别运用了前文没有讲过的“视频延长”功能和“动效画板”功能。

（1）首先对“画面 1”进行视频生成。点击首页“AI 视频”中的“视频生成”按钮或者点击首页左侧工具栏中的“视频生成”按钮，之后点击“图片生视频”进入如下左图所示界面。

（2）点击文本框中的“上传图片”按钮，点击上传“画面 1”。笔者上传的图片如下右图所示，点击文本框，输入相关创意描述词。在“图片创意描述”文本框中输入提示词：“未来的科幻时代，城市高耸入云的摩天大楼与闪烁的霓虹灯交织在一起，形成一幅光怪陆离的夜景。空中，无人驾驶的飞行器在有序地穿梭，而地面上，人们穿着带有显示屏的智能服装，与环境进行互动。远处，一个巨大的全息广告牌正在播放着关于“生化身躯”技术的宣传，画面中的人物形象在广告中变得透明。”如下右图所示。

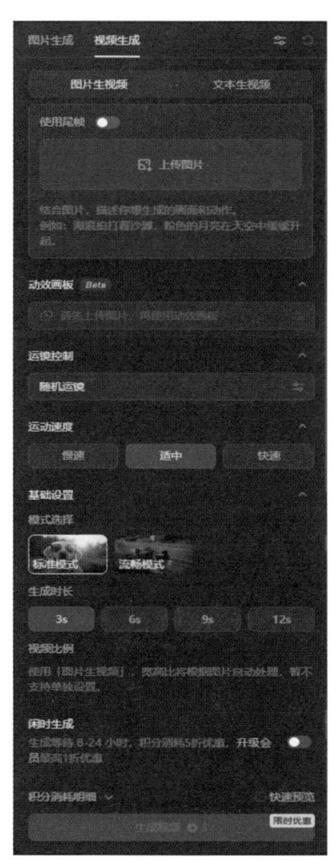

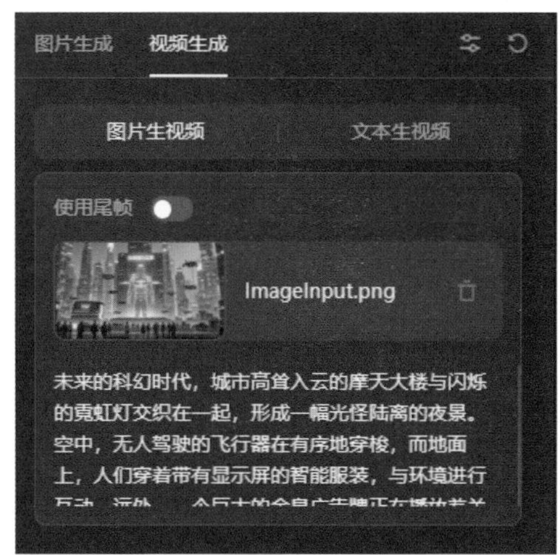

（3）不使用“动效画板”功能，此功能会在后文中进行详细讲解。“运镜控制”设置为默认的“随机运镜”，点击“运动速度”下的“适中”按钮，如下左图所示。

（4）在“基础设置”中选择“标准模式”，设置“生成时长”为“3s”，平台会根据上传的图片自动调整“视频比例”，如下右图所示。

（5）点击下方“生成视频”按钮，即可生成一段时长为 3s 的视频。如果生成效果不满意，可点击视频左下角的“重新编辑”按钮或“再次生成”按钮。点击“重新编辑”按钮可重新设置生成参数，点击“再次生成”按钮，可根据相同的参数再次生成新的视频，视频效果如下组图所示。

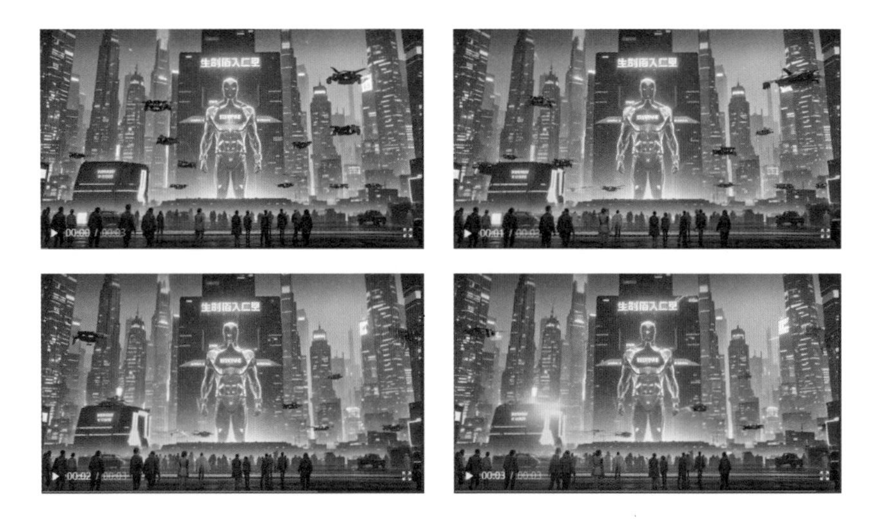

（6）其次对“画面 4”进行视频生成。按照上文生成“画面 1 视频”的方法生成“画面 4 视频”即可得到一段时长为 3s 的视频，如下组图所示。

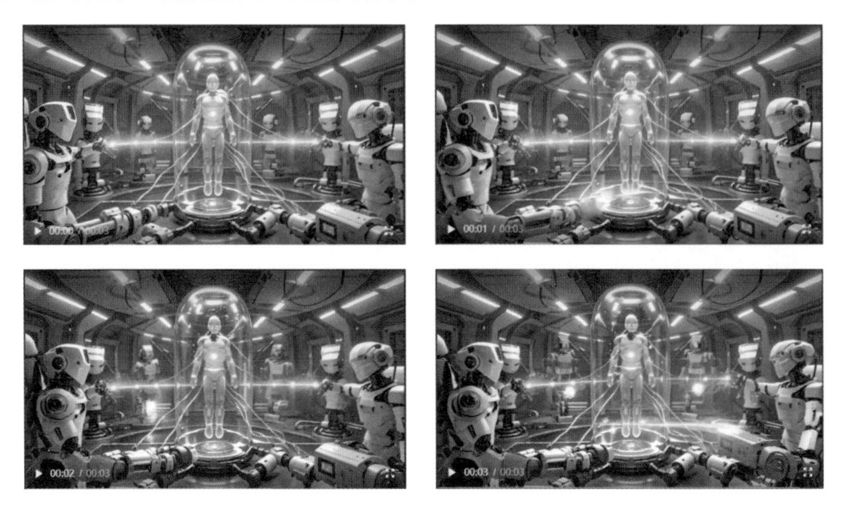

（7）之后将鼠标移动到视频上，在视频右下角出现一行工具栏，分别是视频延长、对口型、补帧、提升分辨率，如下左图所示。

（8）点击“视频延长”，弹出“视频延长”窗口，设置“延长秒数”为“3s”，添加“描述词”为：“机器人们围绕着一个复杂的机器舱忙碌着，一束束光线从机器的各个部分射向胶囊，形成一道道光束交织的网络，胶囊内的人形轮廓正在向外发射绿色的信号光束。”如下右图所示。

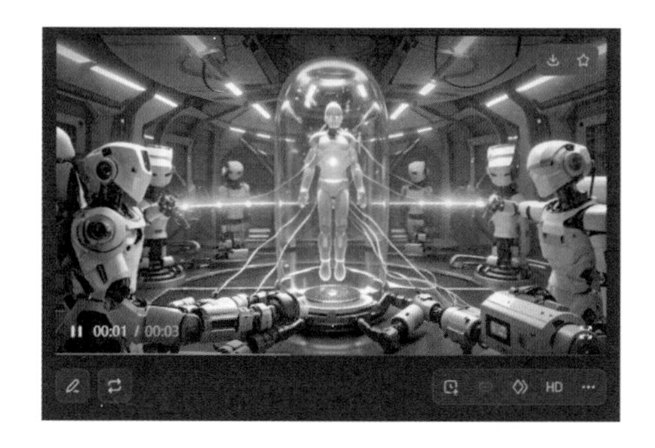

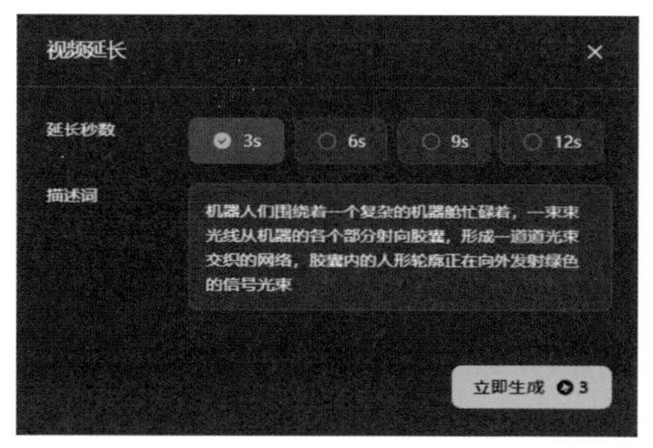

（9）点击“立即生成”，即可生成一段时长为6s的视频，注意生成的“延长视频”不可以“再次生成”，若生成效果不满意，可点击视频左下角的“重新编辑”按钮，重新设置生成参数进行视频生成，生成视频效果如下组图所示。

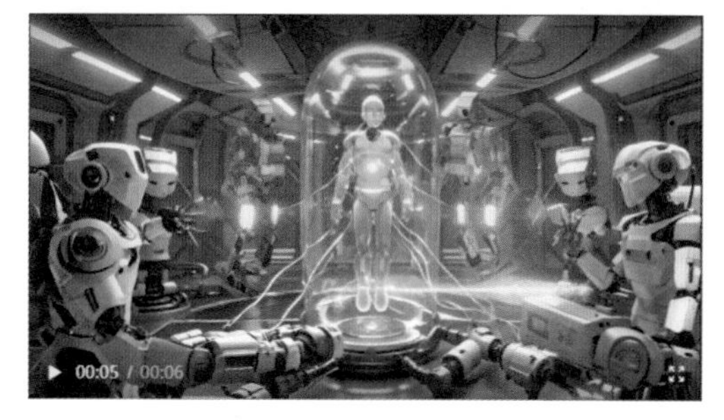

（10）最后对“画面 5”进行视频生成。按照上文生成“画面 1 视频”的方法，进入“图片生视频界面”，点击上传“画面 5”，并为其设置参数。与生成“画面 1 视频”不同，生成“画面 5 视频”运用到了“动效画板”功能。点击“动效画板”下的“点击设置”按钮，弹出“动效画板”窗口，如下左图所示。

（11）在窗口左下角分别是“自动分割画面”直接点击选择主体即可，另一个则为“框选工具”，需要使用者自行框选运动主体。在点击“自动分割画面”后，发现未能找到满意的运动主体，所以点击选择“框选工具”，长按鼠标左键拖动要框选的运动主体，如下右图所示。

（12）框选运动主体后，画面出现“结束位置”按钮和“运动路径”按钮。点击“结束位置”按钮，画面出现一个带锚点的长方形，鼠标拖动长方形到想要结束运动的位置，即可规定运动物体的结束位置。点击“运动路径”按钮，画面会出现一个锚点，将鼠标移动到锚点上，锚点上则会出现一个箭头，长按鼠标左键，并拖动即可画出一条带箭头线，此线代表了想要运动主体，运动的方向。按照上述操作规定“运动主体”的运动方向为“向上运动”，如下左图所示。

（13）设置完成后，点击“保存设置”关闭窗口，注意使用“动效画板”后不可使用和设置“运镜控制”和“运动速度”。选择“标准模式”，“生成时长”为“6s”，如下右图所示。

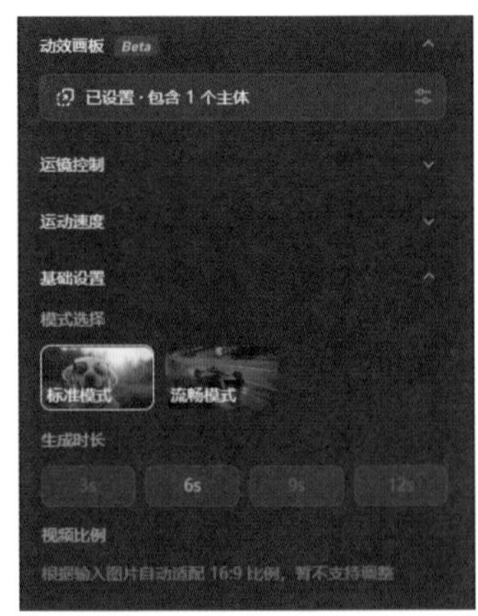

（14）点击“立即生成”，即可生成一段时长为6s的视频，若生成效果不满意，可点击视频左下角的“重新编辑”按钮或“再次生成”按钮。点击“重新编辑”按钮可重新设置生成参数，点击“再次生成”按钮，可根据相同的参数再次生成新的视频，视频效果如下组图所示。

检查视频细节

下载所有视频，检查细节，并重新生成细节有瑕疵的视频。在此有两种方法，第一种，用同样的定帧画面，再次生成视频，如果仍然无法得到令人满意的视频画面，可采用第二种方法，即根据分镜头脚本重新生成画面，再以此画面为基础生成视频。

在后期软件中合成视频

通过上面的操作步骤后，我们可以获得分镜头视频素材，将生成的所有视频素材下载，导入剪辑软件，进行视频合成。

笔者所运用的视频剪辑软件为剪映，大家可根据自己的喜好选择不同的剪辑软件，来完成视频剪辑，基本的操作步骤如下。

首先将所有的视频素材导入剪辑软件，然后生成整体的故事旁白，并对生成的旁白进行断句，利用剪辑软件朗读旁白，再将视频素材放在对应的旁白处。了解一句话大概是多长时间，需要多少个镜头，根据已经生成的镜头查漏补缺。在生成足够的镜头之后，再依次按照旁白调整视频素材的位置与时间长短。

或者将所有的视频素材导入剪辑软件后，根据视频素材生成对应的故事旁白，旁白内容要与视频素材相匹配。

最后再进行添加转场、背景音乐、字幕等调整工作，即可得到一个完整的视频短剧。

使用星火绘镜制作视频短片

星火绘镜的优点

除了即梦 AI，星火绘镜也可以生成视频。相较于即梦 AI，“星火绘镜”操作更操作，可以快速生成，其中比较典型的功能是，可以直接将一个 200 字的故事梗概，提交给星火，则星火可以自动生成更详细的分镜头脚本，并根据此脚本生成分镜头定帧画面，最后为第一个分镜头生成对应的视频。

制作过程中，可以重点关注脚本撰写、角色与场景设计、面部捕捉与口型匹配等关键环节，最后，在专业的视频编辑软件中，将所有素材和元素进行合成，包括视频片段、旁白音频、背景音乐等，通过精细的剪辑和调色处理，最终生成一部完整且高质量的视频作品。

使用星火绘镜创建故事型短剧

在此，笔者以同样的科幻故事，演示使用星火创建短视频的流程，具体操作步骤如下。

（1）进入“星火绘镜”的网站，点击“开始创作”按钮，在弹出的登录窗口中输入手机号和验证码，点击“登录”按钮，登录完成后，点击页面右上角的“获取绘点”按钮，如下图所示，即可领取新手 150 个绘点，一般制作一个短视频需要 70 个绘点左右，所以这些差不多能做两个短视频，如果绘点不够可以点击“获取绘点”按钮购买。

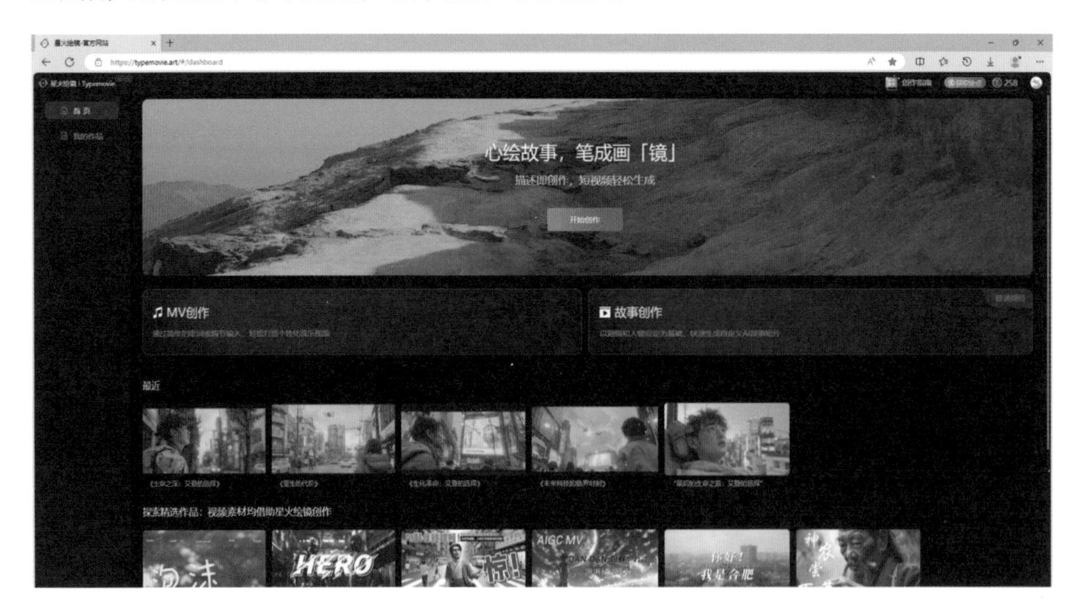

（2）点击“开始创作”按钮，即可进入创作文字脚本界面，在文本输入框中开发者写了文字：“简短描述你想要的情节或故事，我将点燃创意，为你赋予故事生机”，即如果准备了一个长故事，需要将故事缩减到 200 字以内才可以生成；这里笔者使用 Kimi 将准备的故事缩减到了 160 字左右，如下图所示。

（3）在文字脚本下方，有“AI 短剧”“AI 预告片”“AI MV”3 个选项，这 3 个选项分别对应了“星火绘镜”的 3 种创作类型，假如想创作短剧或者小说推文，就可以选择“AI 短剧”，假如想要创作活动的预告片，就选择“AI 预告片”，假如想要制作歌曲的 MV，就可以选择“AI MV”，同时开发人员也在选项下方根据 3 个类型分别放了 1 个文字脚本案例，如下图所示。笔者准备生成短剧，因此选择了“AI 短剧”选项。

（4）点击“生成内容”按钮，“星火绘镜”会根据填入的“文字脚本”自动生成一个小型剧本，在生成的剧本中分成 3 个部分，分别是“背景设置”“核心情节”和“视频场景”；在“背景设置”部分又包括“年代”“地点”和“人物”，这里“星火绘镜”会根据填入的脚本推断出整个故事的“年代”“地点”和“人物”，如果推断的内容与故事不符合，可以手动修改任何细节，如下图所示。

（5）同样地，“核心情节”也会自动生成，如果和故事的核心情节没有出入，保持不变即可；“视频场景”也是“星火绘镜”通过“文字脚本”推断出的场景，创作者如果有自创故事的话，可以对比自创的故事场景，如果场景不符合故事情节，可以自行替换场景内容，如下图所示。

* 场景5:
第二次重生，艾登身披破旧的衣物，蹲坐在繁忙的古代街头，脸上沾满了尘土和污渍，他面前放着一个破碗，碗中有路人投下的几枚硬币，周围是熙熙攘攘的市场，叫卖声此起彼伏，而艾登则低头沉思，似乎在思考着什么深远的问题。

* 场景6:
第三次重生，艾登穿着整洁的贵族服饰，坐在装饰华丽的歌剧院观众席上，他的服装上绣有精美的花纹，手中拿着一顶精致的帽子，舞台上，歌剧演员们正投入地表演，艾登专注地观看，点头表示赞赏，周围是同样穿着华丽的贵族们，他们低声交谈，享受着艺术的盛宴。

* 场景7:
第四次重生，艾登身穿着简单的粗布仆人装，正在一座贵族的豪宅内忙碌，他手中拿着抹布，正细心地擦拭着一张精致的长桌，屋内装饰着昂贵的艺术品和家具，壁炉中火光闪烁，映照出艾登认真工作的身影，虽然他已经十分劳累，但他依然要继续工作。

* 场景8:
艾登终于受不了劳累，结束重生回到未来科技时代的家中，躺在高科技悬浮床上，床面记忆泡沫贴合身形，房间墙壁是智能玻璃，映出星系图景，营造出宇宙般的环境，他睁大眼睛，目光穿过透明床罩，凝视着上方的星空，床边的全息屏幕显示着数据流，而一个小型机器人助手静静悬浮待命，整个空间充满了未来科技的静谧与智能。

（6）在“文字脚本”输入框下方，可以选择生成视频的比例，默认是“横屏 16:9”，也可以选择“竖屏 9:16”，还可以选择是否生成视频的旁白，根据视频的用途选择即可，最后可以选择生成视频的类型，这里提供了“电影”“写实”“动画”三大类，还有大类下小的分类，这个类型根据故事的风格选择即可，笔者这里选择的是“电影 - 通用”类型，如下图所示。

（7）“创作文字脚本”界面设置完成后，想要进行下一步操作就需要开始生成分镜了。这里需要注意的是，在生成分镜之前，一定要确保文字脚本中的内容都正确无误，不需要再进行修改了，因为一旦点击“生成分镜”按钮，前面的内容将无法修改，如下图所示，如果想要修改只能新建脚本。

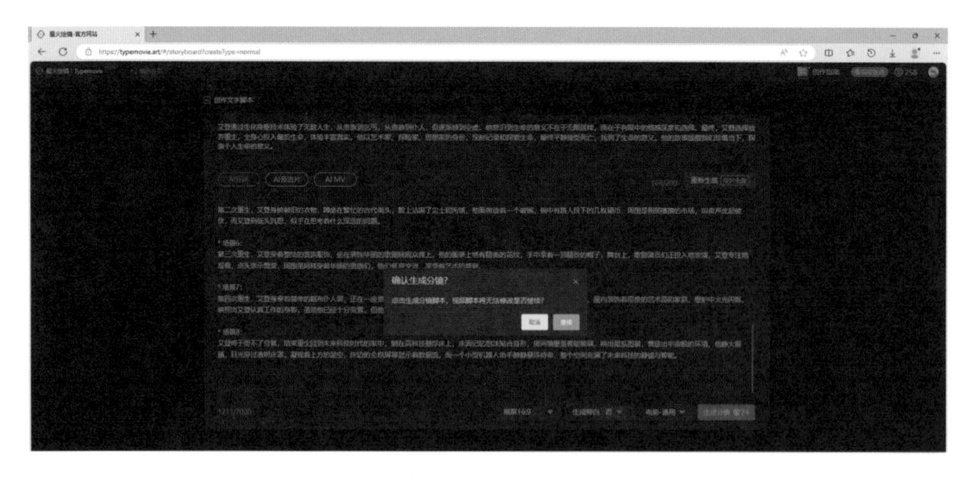

（8）除了不能修改脚本以外，点击“生成分镜”按钮会自动生成 8 个分镜，如下图所示，这个分镜的生成个数是固定的，与文字脚本中的场景无关，假如只有 4 个场景，“星火绘镜”会自动将场景分成 8 个分镜，假如有 10 个场景，“星火绘镜”会自动将场景压缩为 8 个分镜。

（9）点击“生成分镜”按钮后，将会跳转到“创作分镜脚本”界面，“星火绘镜”开始自动生成 8 个分镜，如下图所示。

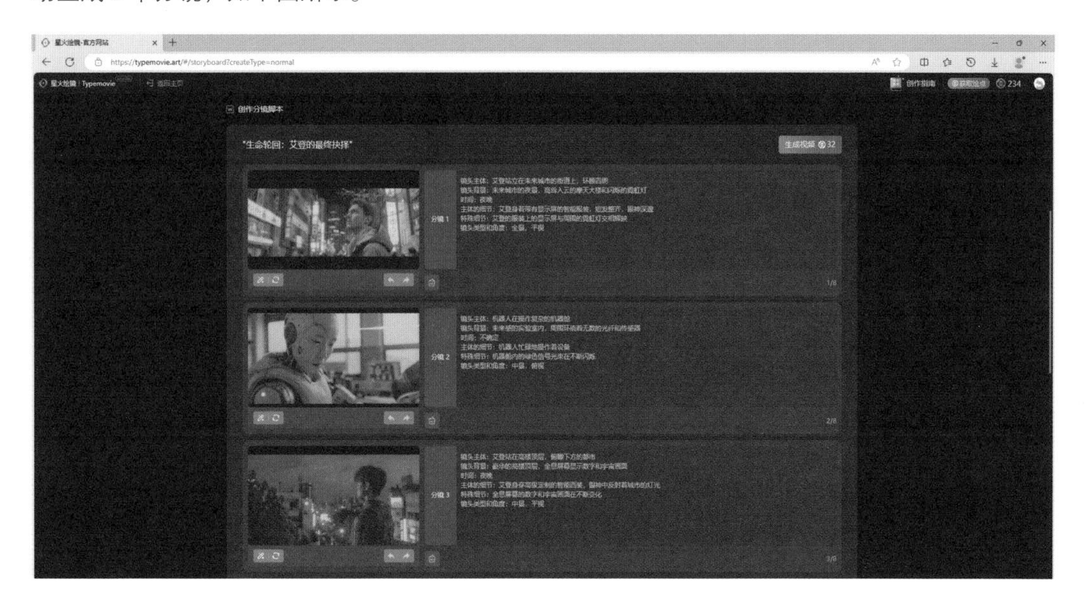

（10）通过上图可以看到，分镜中的内容并不是完全按照文字脚本中的场景内容生成的，所以还需要根据场景内容修改不合适的分镜内容。这里以“分镜 1”为例，如果是分镜内容与场景内容完全不匹配，可以点击“分镜 1”画面左下角的“修改起始帧”按钮，在弹出的“修改起始帧”窗口的“修改以下描述生成新的起始帧”文本框中修改分镜内容，如下图所示，点击“立即生成”按钮，即可根据新的分镜内容重新生成“分镜 1”。

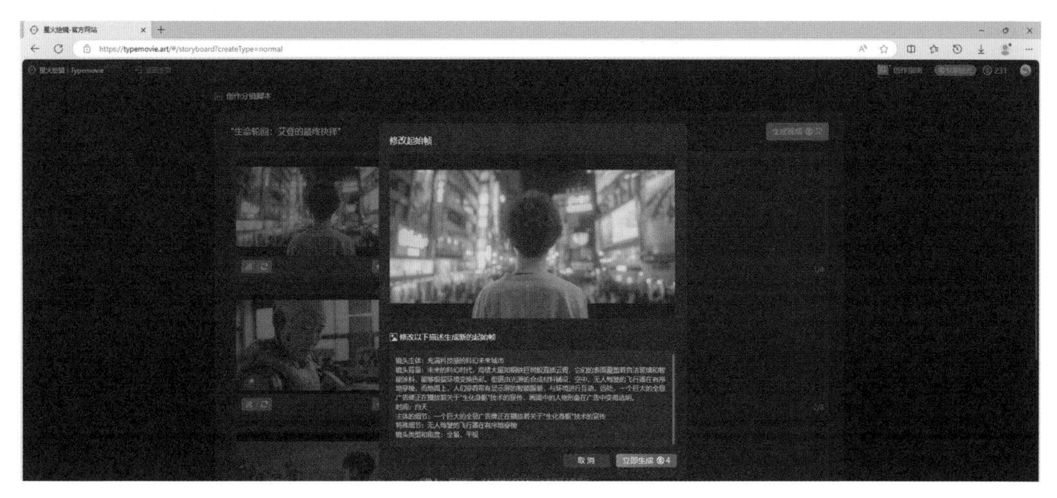

（11）如果分镜内容与场景内容一致，但是生成的分镜画面与分镜内容相差较大，可以点击分镜左下角的“换一换”按钮，如果对新生成的分镜画面不满意，可以点击分镜画面右下角的“后退”和“前进”按钮控制画面内容；如果生成的分镜多了，还可以点击分镜序号下方的“删除”按钮，来删除多余的分镜，如下页上图所示。

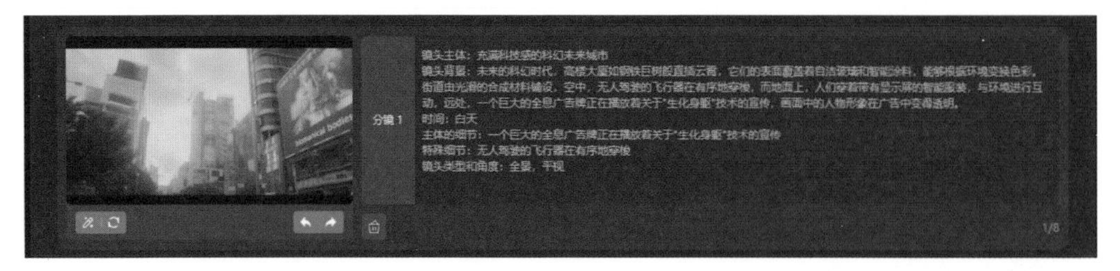

（12）在生成分镜时，如果分镜之间缺少了分镜，可以将鼠标放置在分镜区域，分镜区域的上下方就会显示 2 个“添加分镜”的按钮，如下图所示。

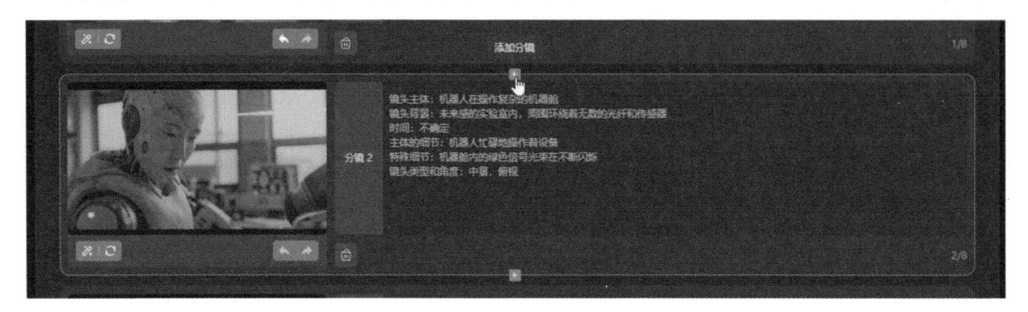

（13）点击“添加分镜”按钮，就会弹出“补充分镜”窗口，如下图所示，在“分镜场景描述”的文本框中，输入分镜内容，点击“生成分镜”按钮，即可在添加分镜的上方与上一个分镜的下方新建一个分镜。

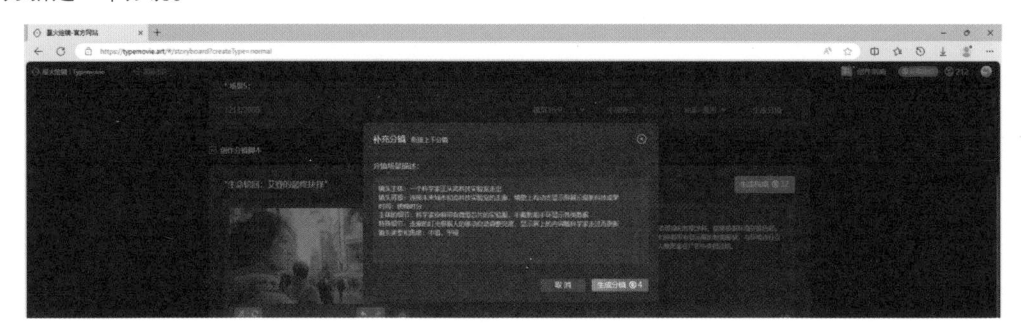

（14）所有“创作分镜脚本”设置完以后，需要注意的是，如果点击“生成视频”按钮后，分镜的数量、内容以及分镜的起始帧图片都将无法修改了，如下图所示，所以在点击“生成视频”按钮之前，要保证“创作分镜脚本”设置不需要再改动。

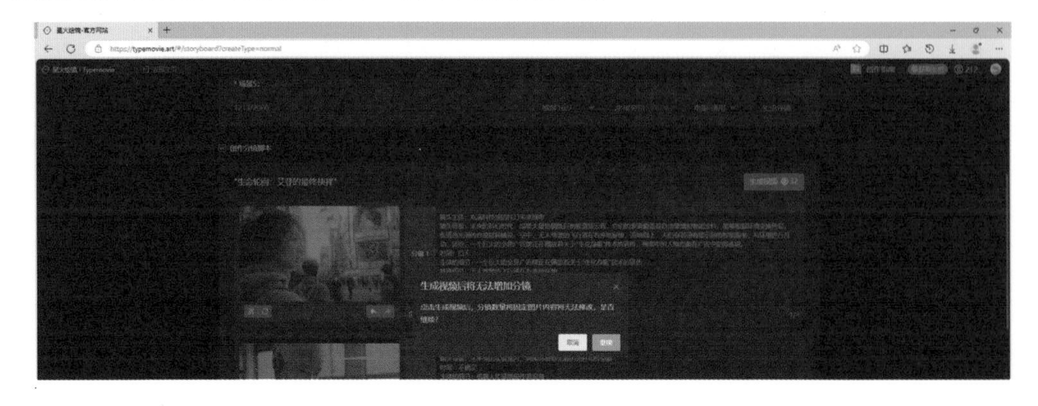

（15）点击“生成视频”按钮后，页面将会跳转到分镜视频的生成界面，如下图所示，每个分镜头会生成一段 4 秒的视频，在分镜头播放器的右侧，可以设置“创意种子”，通过滑动调整视频效果，不同区间会带来不同变化；选择“动作幅度”，来调整视频中画面的动作变化幅度；这里开发者推荐先调整创意种子，再设置动作幅度，效果更易控。

（16）如果对生成的视频效果满意，可以点击界面右上角的“合并素材预览”按钮，将会弹出合并完成后的视频播放窗口，在这里可以看到视频的最终效果，如下图所示。

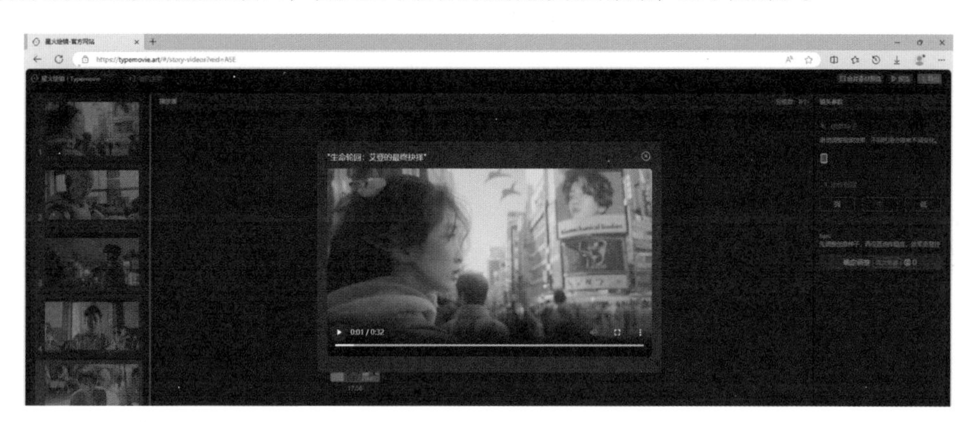

（17）看完最终效果如果没有什么问题以后，可以点击界面右上角的“导出”按钮，浏览器会自动下载该短视频的所有内容，包括每个分镜的起始帧、分镜视频、最终视频和旁白，如下图所示。

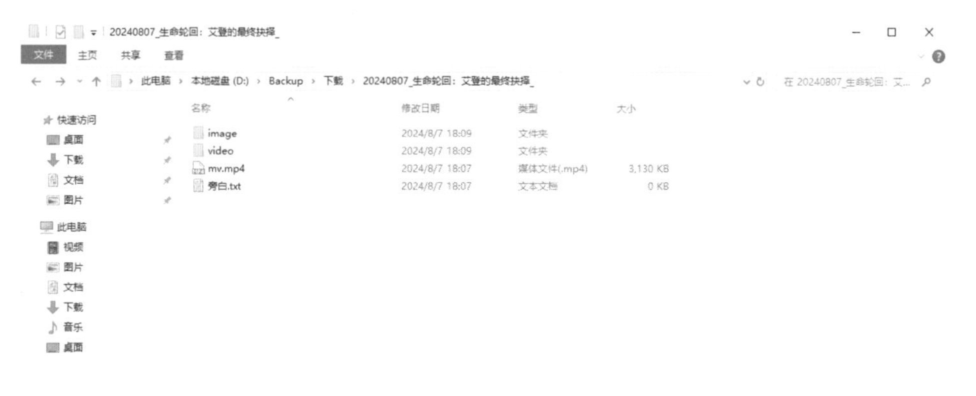

（18）这样，“星火绘镜”AI 平台创作短视频就完成了，生成效果如下组图所示。

（19）把视频导入剪映平台。在剪映中添加旁白、音乐 、转场等相关素材，进一步完善视频。

第 6 章
使用 Deforum 生成穿越视频

Deforum 制作视频

Deforum 是一个基于 Stable Diffusion 技术来制作动画的开源免费软件插件，它利用 Stable Diffusion 的图生图功能，通过生成一系列图像并将它们拼接在一起以创建视频。由于 Deforum 对各图像帧应用小的变换模式，使图像上一帧与下一帧很相似，因此生成的视频连续且流畅。

前段时间央视的《爱我中华》AI 宣传短片火爆全网，其中的穿越转场效果非常惊艳。这个转场效果就是用扩展插件 Deforum 制作的；用它制作的视频同时也在短视频平台掀起了不小的风波，并获得了“无限穿越”“瞬息全宇宙”等别称，国内外的视频博主也是使用它做出的视频获得了不小的流量，并拓展了视频的创作空间，让它成为今天讨论 AI 视频创作时绕不开的一个工具。

Deforum 的安装

目前使用 Deforum 比较方便的方法就是在 SD WebUI 中使用，在 SD WebUI 中，Deforum 以插件的形式存在，安装方法自然就与其他插件一样了，具体操作如下。

（1）进入 SD 扩展界面，选择“可下载”选项，点击“加载扩展列表”按钮，显示扩展列表，如下图所示。

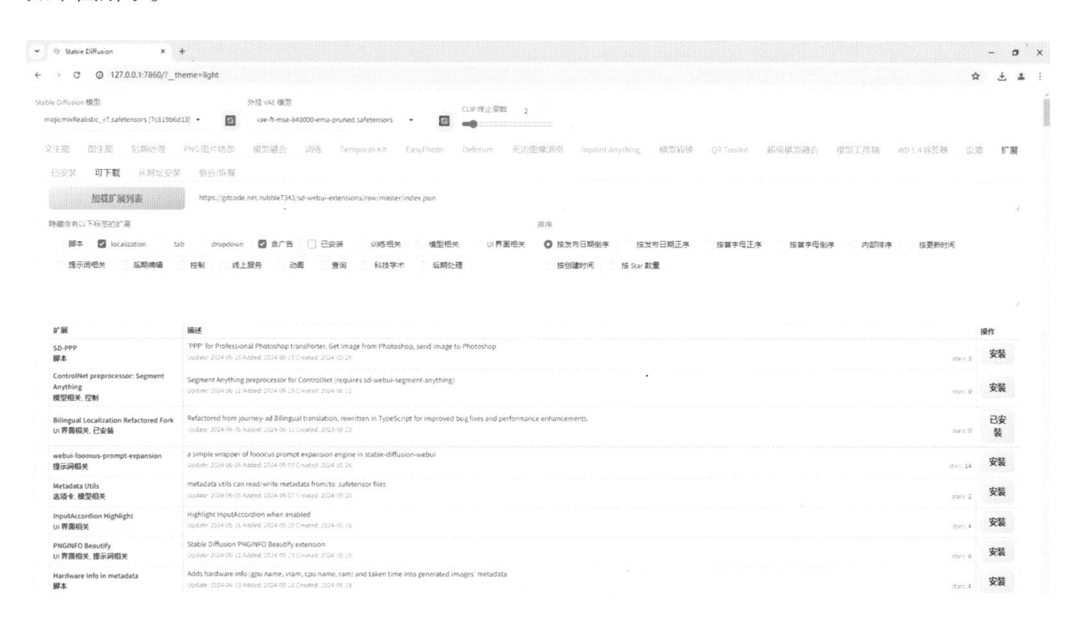

（2）在扩展搜索框中输入 Deforum，扩展列表中就会显示 Deforum 的相关信息，点击右侧“安装”按钮，因为笔者已经提前安装，所以这里显示的是“已安装”，如下页上图所示。

（3）等待安装完毕后，选择“已安装”选项，点击“应用更改并开启”按钮，等待SD重启完成后，功能栏中就会多出Deforum标签，点击Deforum标签进入Deforum界面，如下图所示。

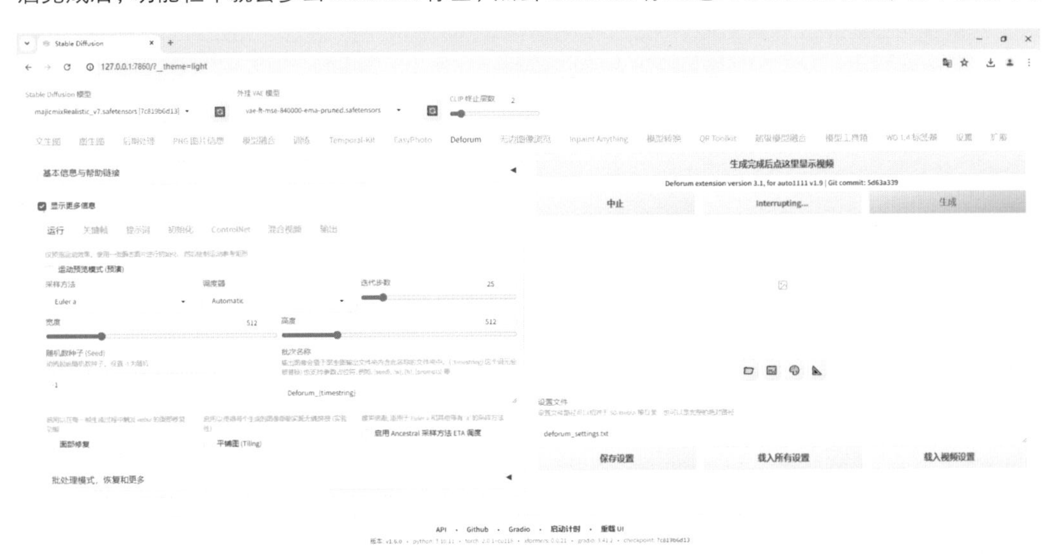

（4）此时Deforum插件已经安装完毕，但如果要生成3D视频，还需要用到3D专用模型，Deforum插件安装是没有安装模型的，所以还需要手动安装模型，下载dpt_large-midas-2f21e586.pt模型文件，将其移动到D:\Stable Diffusion\sd-webui-aki-v4.4\models\Deforum中，如下图所示。这样使用Deforum制作视频时就不会报错了。

“运行”选项

Deforum 插件安装完成后，可以发现，Deforum 界面十分复杂，参数设置众多，所以想要使用 Deforum 生成炫酷的视频，首先要了解每个参数的作用和设置，这样才能创作出独特的视频。所以针对 Deforum 的参数设置，笔者做了详细的讲解，具体讲解如下。

进入 Deforum 界面后，首先在选项栏上方显示的是“显示更多信息”功能，勾选此功能后，除了常见的参数设置，在其他的参数设置名称附近都会显示修改参数设置的介绍和设置方式，如下图所示。

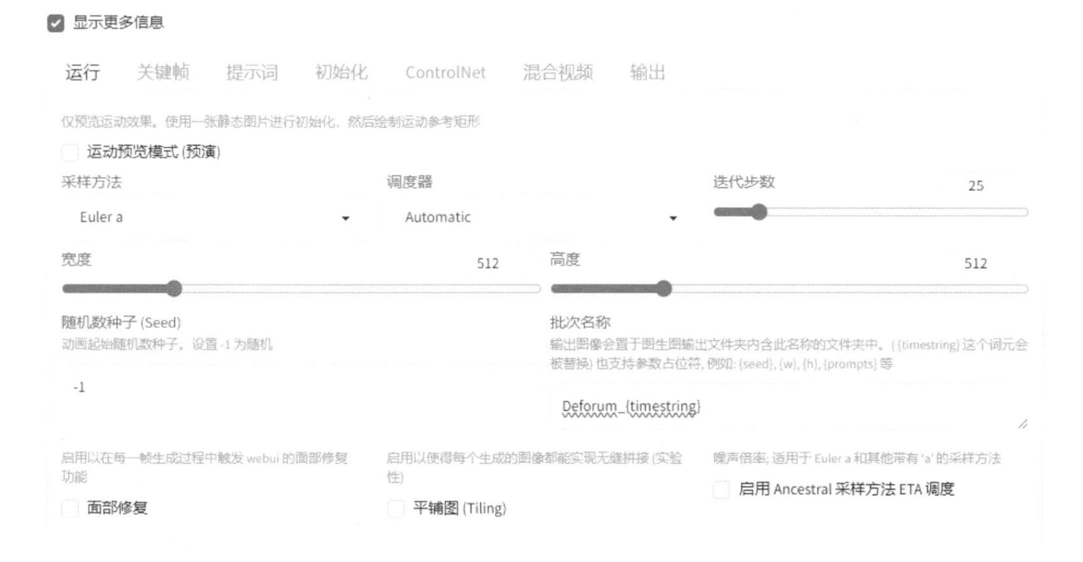

在“运行”选项中，“运动预览模式 (预演)”的作用主要是帮助用户在使用 Deforum 进行视频生成时，能够预先查看和调整视频中的运动效果，可以在正式生成视频之前使用来测试视频，正式生成视频时不建议勾选；这里的“采样方法”和“调度器”合起来就是文生图中的“采样方法”，作用也是一样的；“迭代步数”与文生图一样，根据情况设置即可，如下图所示。

“宽度”和“高度”就是生成视频的宽高度，这里不建议设置太大，因为 Deforum 在视频生成后可以直接对视频放大，这样就提高了生成视频的速度；“随机种子”就是视频起始随机数种子，设置 -1 为随机；“批次名称”就是输出图像会置于图生图输出文件夹内含此名称的文件夹中，如果不想每次设置名称，可以在“批次名称中”设置变量，比如 {timestring}，{seed}, {w}, {h}, {prompts}，如下页上图所示。

宽度 512
高度 768
随机数种子 (Seed)
动画起始随机数种子。设置 -1 为随机
-1
批次名称
输出图像会置于图生图输出文件夹内含此名称的文件夹中。({timestring} 这个词元会被替换) 也支持参数占位符, 例如: {seed}, {w}, {h}, {prompts} 等
Deforum_{timestring}

“面部修复”启用以在每一帧生成过程中触发 WbeUI 的面部修复功能，当视频中有人像时建议勾选，没有时可以不勾选以节约时间；“平铺图 (Tiling)”启用以使得每个生成的图像都能实现无缝拼接 (实验性)，该功能还在试验阶段，效果并不理想；“启用 Ancestral 采样方法 ETA 调度”可以调整噪声倍率，适用于 Euler a 和其他带有‘a’的采样方法，根据情况勾选即可；在“运行”选项的底部还有一个“批处理模式，恢复和更多”选项，它的主要作用是用来批量生成视频的，也可以将保存好的预设文件直接上传，点击“生成”按钮，即可按预设生成视频，如下图所示。

启用以在每一帧生成过程中触发 webui 的面部修复功能
面部修复
启用以使得每个生成的图像都能实现无缝拼接 (实验性)
平铺图 (Tiling)
噪声倍率; 适用于 Euler a 和其他带有 'a' 的采样方法
启用 Ancestral 采样方法 ETA 调度
批处理模式，恢复和更多
批处理模式 / 从设置文件中加载
恢复制作动画过程
从 TXT 设置文件列表加载。上传它们到右侧框内 (启用后可见)
启用批处理模式
设置文件
20240709224002_settings.txt 10.0 KB

“关键帧”选项

在“关键帧”选项中，第 1 部分主要是对整体参数的设置。“动漫模式”包含“2D”“3D”“视频输入”“插值”4 种模式，其中最常用的是“3D”模式，它也是参数最多的模式，所以在“关键帧”选项中主要以“3D”模式为主；“边缘处理模式”是指，当画面发生移动时，对空白边缘的处理模式，这里有“复制”和“覆盖”两种模式，“复制”是重复并延长像素的边缘，“覆盖”是从图像的相对边缘提取像素，这里根据情况选择即可，如下图所示。

这里笔者使用了同样的参数，但是将“边界处理模式”分别选择“复制”和“覆盖”生成了两个视频，从保存的图片中可以看出，使用“复制”模式生成的图片在画面发生移动后，边缘的像素重复并被延长，如下页左图所示，使用“覆盖”模式生成的图片在画面发生移动后，空白的部分是从图像的相对边缘提取像素，如下页右图所示。

“生成间隔”就是每隔多少帧生成 1 帧，一方面它会影响生成图像的数量，所以实际需要生成的图像数量就等于帧数除以间隔，比如“生成间隔”设置为 2，总帧数为 90 帧，生成图像 =90 ÷ 2，也就是 45 张，另一方面它也会在一定程度上影响视频观感，太低了闪动会很频繁，太高了会有迟滞感，笔者推荐设置数值在 2 ～ 3 即可；“最大帧数”就是达成此帧数后停止生成，除了关系到生成的图像数量，还关系到视频的总时长，用“最大帧数”除以“频率”就是视频的总时长，“频率”会在后面中讲到，这里就不详细讲解了，“最大帧数”根据情况设置即可，如下图所示。

生成间隔
不会被直接扩散的中间帧的 # 数
2
最大帧数
达成此帧数后停止生成
90

引导图像

“引导图像”选项可以更进一步地控制视频画面的走向，如果剪辑过视频，可以把它理解为视频中的关键帧，这样更容易理解；如果要使用“引导图像”选项，需要勾选“启用图像引导模式”，想要添加用于关键帧引导的图像，需要在输入框中输入某一帧想要出现的图像路径，比如在第 0 帧想使用桌面 Deforum 文件夹中 0001.png 图片来引导图像，具体输入格式为 "0": "C:\\Users\\Administrator\\Desktop\\Deforum\\0001.png", 这里的书写格式与后面要讲解的提示词书写格式相似，后面会详细讲解，这里需要注意的是，路径的输入需要将 \ 修改为 \\，其他与提示词书写格式一致，这里笔者使用了 3 张图片引导图像，具体输入如下图所示。

除了给固定的帧设置引导图像，还可以给变量的帧设置引导图像，在引导图像的输入框中作者给的格式事例中就使用了变量的帧，比如 "max_f/4-5": "https://deforum.github.io/a1/Gi2.png"，max_f 代表视频的整体长度，用帧数来统计，也就是最大帧数，如果这里的最大帧数为 120，则 max_f/4-5 代表第 25 帧，也就是在第 25 帧时使用 Gi2.png 作为引导图像，同样的 3*max_f/4-15 则代表第 75 帧，如下图所示，在后面遇到 max_f 也是同样的作用。

引导图像

请在使用前认真阅读

启用图像引导模式

用于关键帧引导的图像

```
{
  "0": "https://deforum.github.io/a1/Gi1.png",
  "max_f/4-5": "https://deforum.github.io/a1/Gi2.png",
  "max_f/2-10": "https://deforum.github.io/a1/Gi3.png",
  "3*max_f/4-15": "https://deforum.github.io/a1/Gi4.jpg",
  "max_f-20": "https://deforum.github.io/a1/Gi1.png"
}
```

强度

第 2 部分主要是对画面参数的设置。“强度”选项中的“强度调度计划”是指，前一帧影响下一帧的存在量，它类似于图生图功能中的“重绘幅度”，但它的数值作用是反过来的，影响强度越大，下一帧就越像上一帧，反之，则越不像，如果想追求画面的流畅度建议设置在 0.7 ~ 0.8 之间，如果想追求画面变化多样的建议设置在 0.3 ~ 05 之间，书写格式是前面为帧数，加上英文冒号，再加上括号并在括号中输入强度数值即可，想要控制多个帧，在两个帧之间使用英文逗号隔开即可，如下图所示。

CFG

CFG 选项中的“CFG 系数调度计划”是指图像与提示词的相符程度，它的作用与文生图中的 CFG 作用一样，书写格式与“强度调度计划”一致，推荐范围为 5 ~ 15；“启用 CLIP 终止层数调度”就是设置 CLIP 终止层，一般不需要启用，如下图所示。

强度　CFG　随机数种子 (Seed)　第二种子　迭代步数　采样方法　模型

CFG 系数调度计划

图像与提示词的相符程度。较低的数值会产生更有创意的结果 (推荐范围: 5-15)

0: (7)

启用 CLIP 终止层数调度

CLIP 终止层数调度计划

0: (2)

随机种子

“随机数种子”选项中的“种子行为”控制用于制作视频的随机数种子行为，一共有 6 种行为，比较常用的是“迭代”和“随机”，“迭代”就是视频每完成一帧，种子值都将以 1 递增，追求画面流畅的可以使用“迭代”，“随机”就是种子会随机生成并被应用于视频中的每一帧，追求画面变化多样的可以使用“随机”；“种子迭代量 N”是指在迭代到下一个新种子之前该种子应使用多少帧，这个参数只在“种子行为”为“迭代”时起作用，也就是设置递增的值，默认为 1 即可，如下图所示。

强度 CFG 随机数种子 (Seed) 第二种子 迭代步数 采样方法 模型

种子行为

控制用于制作动画的随机数种子行为。悬浮鼠标指针在不同选项上查看更多信息。

迭代 固定 随机 阶梯式 交替 参数表

种子迭代量 N

在迭代到下一个新种子之前该种子应使用多少帧

1

第二种子

“第二种子”选项主要是用来固定画面中的主体，可以在保证整体画面大体一致的情况下，引入一定的随机性，使得生成的每一帧画面在细节上有所不同，但这个功能还在测试阶段。“迭代步数”选项中的“迭代步数调度计划”主要为了允许使用超过 200 的迭代步数，没有这个需求的不建议开启，否则的话它的作用 与“强度调度计划”的作用重复了。“采样方法”选项中的“采样方法调度计划”允许为不同关键帧使用不一样的采样方法，它的书写格式与“强度调度计划”一样，如下图所示。

模型

“模型”选项中的“模型调度计划”允许关键帧使用不同的文生图模型，它的书写格式与“强度调度计划”一样，需要注意的是，模型的名称必须输入完整，如下图所示。爆款视频中的从现实穿越到动漫的效果就是使用该功能完成的。

强度 CFG 随机数种子 (Seed) 第二种子 迭代步数 采样方法 模型

启用模型调度计划

允许关键帧使用不同的 SD 模型。使用出现在 UI 中 Stable Diffusion 模型下拉选项的模型 "完整" 名称

允许关键帧使用不同的 SD 模型。使用出现在 UI 中 Stable Diffusion 模型下拉选项的模型 "完整" 名称

0: ("majicmixRealistic_v7.safetensors "), 60: ("counterfeitV30_v30.safetensors")

运动

第 3 部分主要是对画面效果的设置。“运动”选项中的“缩放”用来控制缩放画布大小，这里设置的值就是下一帧相较于上一帧放大的倍数，它的默认值为 1，也就是设置为 1 时图像不会缩放，大于 1 会放大，小于 1 会缩小，这里笔者给了一个公式 0: (1.0025+0.002*sin(1.25*3.14*t/30))，它表达的是随机数的数学公式，没必要完全理解，建议使用常量即可，如下图所示。

运动　噪声(点)　一致性　模糊抑制　深度变形 & 视场角

缩放

缩放画布大小，系数倍乘 [static = 1.0]

0: (1.0025+0.002*sin(1.25*3.14*t/30)),30: (1.03)

这里笔者将“缩放”的值设置为 0: (1.03)，生成了一段视频，可以看到在第 0 帧时画面中的山还在远处，如下左图所示，帧数越大放大效果越明显，如下图所示。这里需要注意的是，不要认为 1.03 数值很小，它是每帧都在按照 1.03 数值在缩放。

“角度”可以以顺时针方向或逆时针方向旋转画布，也就是填入的值等于每帧旋转的度数，正值为逆时针，负值为顺时针，数值为几就代表每帧转几度，0 为不旋转，书写格式与“缩放”相同，如下图所示。

角度
以每帧多少度数顺时针/逆时针旋转画布
0: (1)

这里笔者将“角度”的值分别设置为 0: (1) 和 0: (-1)，在其他参数不变的情况下，生成了两段视频，可以看到用值 0: (1) 生成视频的画面开始向逆时针旋转了，如下图所示。

可以看到用值 0: (-1) 生成视频的画面开始向顺时针旋转了，如下图所示。这里的默认的旋转中心在画面的中央，同时也可以手动调节旋转中心点，也就是下方的“旋转中心点 X 轴”和“旋转中心点 Y 轴”参数。

“旋转中心点 X 轴”和“旋转中心点 Y 轴”就是用于确定 2D 角度或缩放 的 X 轴中心和 Y 轴的中心，这两个选项的默认值都为 0: (0.5)，也就是画面的中心，如果数值增大中心点的位置就会向右和向下移动，最大为 1，如下图所示。

旋转中心点 X 轴
用于 2D 角度/缩放 的 X 轴中心

0: (0.5)

旋转中心点 Y 轴
用于 2D 角度/缩放的 Y 轴中心

0: (0.5)

这里笔者将“旋转中心点 X 轴”和“旋转中心点 Y 轴”的数值都设置为 0: (1)，也就是中心点移动到了画面的右下角，生成了一段视频，可以看到，整个画面都以右下角为中心进行旋转了，如下图所示。

“平移 X”可以向左或向右移动画布，即控制下一帧画面在水平方向上的位移，数值为正则向右移动，数值为负则向左移动；“平移 Y”可以向上或向下移动画布，也就是控制下一帧画面在垂直方向上的位移，数值为正则向下移动，数值为负则向上移动；“平移 Z”可以将画布靠近或者远离镜头，也就是控制下一帧画面在前后方向上的画面距离，数值为正则往前移动，数值为负则往后移动，如下图所示。

平移 X
以每帧多少像素左/右移动画布
0: (0)
平移 Y
以每帧多少像素上/下移动画布
0: (0)
平移 Z
将画布靠近/远离镜头 [速度由视场角设置决定]
0: (1.75)

这里笔者将“平移 X”“平移 Y”和“平移 Z”的值分别设置为 0: (1)、0: (1)、0: ((1) 75)，生成了一段视频，可以看到，在第 0 帧时画面中的山还在画面中心的位置，如下左图所示，帧数越大，画面中的山越向右下角移动并向镜头靠近了，如下图所示。

“3D 翻转 X”可以以每帧为单位向上或向下倾斜画布，也就是画面绕 X 轴翻转，正值向下翻转，负值向上翻转；同样“3D 翻转 Y”可以以每帧为单位向左或向右倾斜画布，即画面绕 Y 轴翻转，正值向左翻转，负值向右翻转；“3D 翻转 Z”可以顺时针或逆时针滚动画布，即画面绕 Z 轴翻转，正值向逆时针翻转，负值向顺时针翻转，如下图所示。

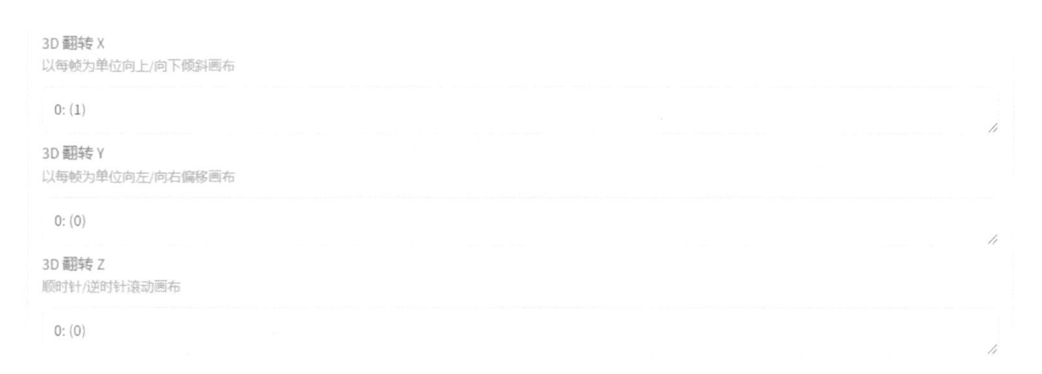

这里笔者将“3D 翻转 X”设置为 0: (2)，生成了一段视频，可以看到在第 0 帧时画面中的人物还在画面的中心位置，如下左图所示，随着帧数变大，画面中的人物开始向下移动，并最终消失在了画面中，如下图所示。

这里笔者将“3D 翻转 Y”设置为 0: (2)，生成了一段视频，可以看到在第 0 帧时画面中的人物还在画面的中心位置，如下左图所示。随着帧数变大，画面中的人物开始向左移动，如下图所示。

这里笔者将“3D 翻转 Z”设置为 0: (2)，生成了一段视频，可以看到，在第 0 帧时画面中的人物还在画面的中心位置，如下左图所示，随着帧数变大，画面中的人物已经发生了大幅度的逆时针翻转，如下图所示。

在“运动”选项的最下方还有“透视翻转”功能，它是利用 2D 的变形手段来模拟 3D 的视角变化，效果上肯定还是不如 3D 效果好，比 3D 效果会僵硬一些，因此笔者建议直接使用 3D 模式实现 3D 效果更好；除了“透视翻转角度（水平）”“透视翻转角度（垂直）”“透视翻转伽马值”来控制“透视翻转”，它的呈现方式还受到下面的“透视翻转消失点”数值的影响，如下图所示。

启用透视翻转

透视翻转角度（水平）

0: (0)

透视翻转角度（垂直）

0: (0)

透视翻转伽马值

0: (0)

透视翻转消失点

2D 透视消失点 (rec. 范围: 30-160)

0: (53)

噪声

“噪声”选项主要影响图像生成的质量和多样性。“噪声类型”有两种类型，“均匀”类型变换稳定，随机性小，“柏林”类型随机性大，变化丰富；“噪声调度计划”的数值越高，会给动画带来更多的细节变化；在“柏林”类型下，“柏林噪声倍频”数值越高变化越柔和，数值越低，它的变化就越锐，“柏林噪声递增幅度”数值越高越锐，数值越低越平滑；“噪声倍率调度计划”可以让噪声的变化以倍数的形式逐渐递增，从而得到多样化，如下图所示。

一致性

在“一致性”选项中的“颜色一致性”可以选择一种算法来保持整个动画颜色的一致性，它总共包含 5 种算法，如下图所示。

运动　噪声(点)　一致性　模糊抑制　深度变形 & 视场角

颜色一致性

选择一种算法/方法来保持整个动画的颜色一致性

LAB

无

HSV

✓ LAB

RGB

视频输入

图像

强制所有帧图像为灰度

强制颜色空间为灰度

HSV 有利于平衡画面的鲜艳色彩，但在使用这个算法时容易出现颜色不准的情况，可能会出现红色的草地，绿色的大海等，它的效果如下左图所示；LAB 的效果是目前最好的，它是以更线性的方法去模拟人类对色彩空间的感知，也就是颜色过渡会变得更平滑，基本上不会出现颜色不准的情况，通常默认都是选择这个算法，它的效果如下中图所示；RGB 可以对红绿蓝进行色彩平衡，如果它的采样率太低，一些画面会产生偏色或者彩色的尾影，它的效果如下右图所示；“视频输入”通过视频的序列帧去匹配颜色；“图像”匹配单个图像的颜色。

“强制颜色空间为灰度”如果勾选，就会强制所有帧图像为灰度，如下图所示；“经典颜色匹配”是在添加噪声前应用颜色匹配，需要和 ControlNet 的 Tile 模型一起使用；“光流生成”也是增加平滑过渡的选项，该选项需要两倍生成时间，因为它会生成两次图像，以捕获从上一幅图像到第一次生成的光流，接着变形上一幅图像并重新生成，可以理解为补帧，和剪辑里的光流法差不多，如下右图所示；“对比度调度计划”用来调整每帧图像的整体对比度，保持默认数值即可，不建议改动。

模糊抑制

“模糊抑制”选项中的“强度计划”可以防止图像发生模糊，可以增加锐度，默认值 0.1 是比较适中的数值，如果数值过高会出现线条状的现象，在其他参数都相同的情况下，笔者分别将强度计划设置为 0: (0.1)、0: (1)、0: (2) 各生成了一段视频，它们的画面效果分别如下左、中、右图所示。

需要注意的是，如果在运动速度过高时，同时“强度计划”的数值过高时，还会出现画面拉丝的现象，如下图所示。

“Kernel 调度计划”是应用防模糊的小矩阵形式，保持默认即可；“Sigma 调度计划”是控制防模糊像素的宽度，保持默认即可；“阈值调度计划”用来锐化边缘，同时保持边缘的细节不变，让画面的中心不会受到锐化的影响，如果要使用这个功能，需要将“强度计划”的数值设置为 0，一般不会用到，保持默认即可；防模糊的参数设置使用较少，基本保持默认即可，如下图所示。

运动 噪声(点) 一致性 模糊抑制 深度变形 & 视场角

强度计划

0: (0.1)

Kernel 调度计划

0: (5)

Sigma 调度计划

0: (1)

阈值调度计划

0: (0)

深度变形 & 视场角

“深度变形 & 视场角”选项中，“填充模式”可以选择视场外像素进入场景时的处理方式，“边框”模式边缘会获得丰富的新元素进行填充，“反射”模式使用重复边缘像素进行填充，“空”模式不进行任何信息填充，一般建议使用边框模式，如下图所示。需要注意的是，该选项在 3D 模式下才会起作用。

在所有参数都相同的情况下，笔者将填充模式分别设置为“边框”“反射”“空”各生成一段视频，它们的画面效果分别如下左、中、右图所示。

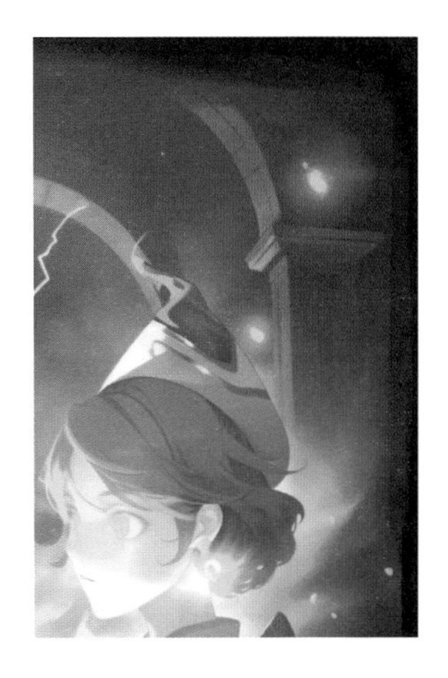

“填充模式”保持默认的 bicubic 即可，它会使变化变得平滑；“视场角 (FOV) 调度计划”的数值范围在 -180 到 180，0 表示未定义，接近 180 的值将使图像具有较小的深度，而接近 0 的值将允许更大的深度，这里的推荐数值为 100，这样过渡会变得平滑缓慢，如下图所示。

视场角(FOV)调度计划

adjusts the scale at which the canvas is moved in 3D by the translation_z value. [Range -180 to +180, with 0 being undefined. Values closer to 180 will make the image have less depth, while values closer to 0 will allow more depth]

0: (100)

这里笔者将“视场角 (FOV) 调度计划”设置为 0:(10) 生成了一段视频，可以看到，画面深度较大，画面效果如下图所示。

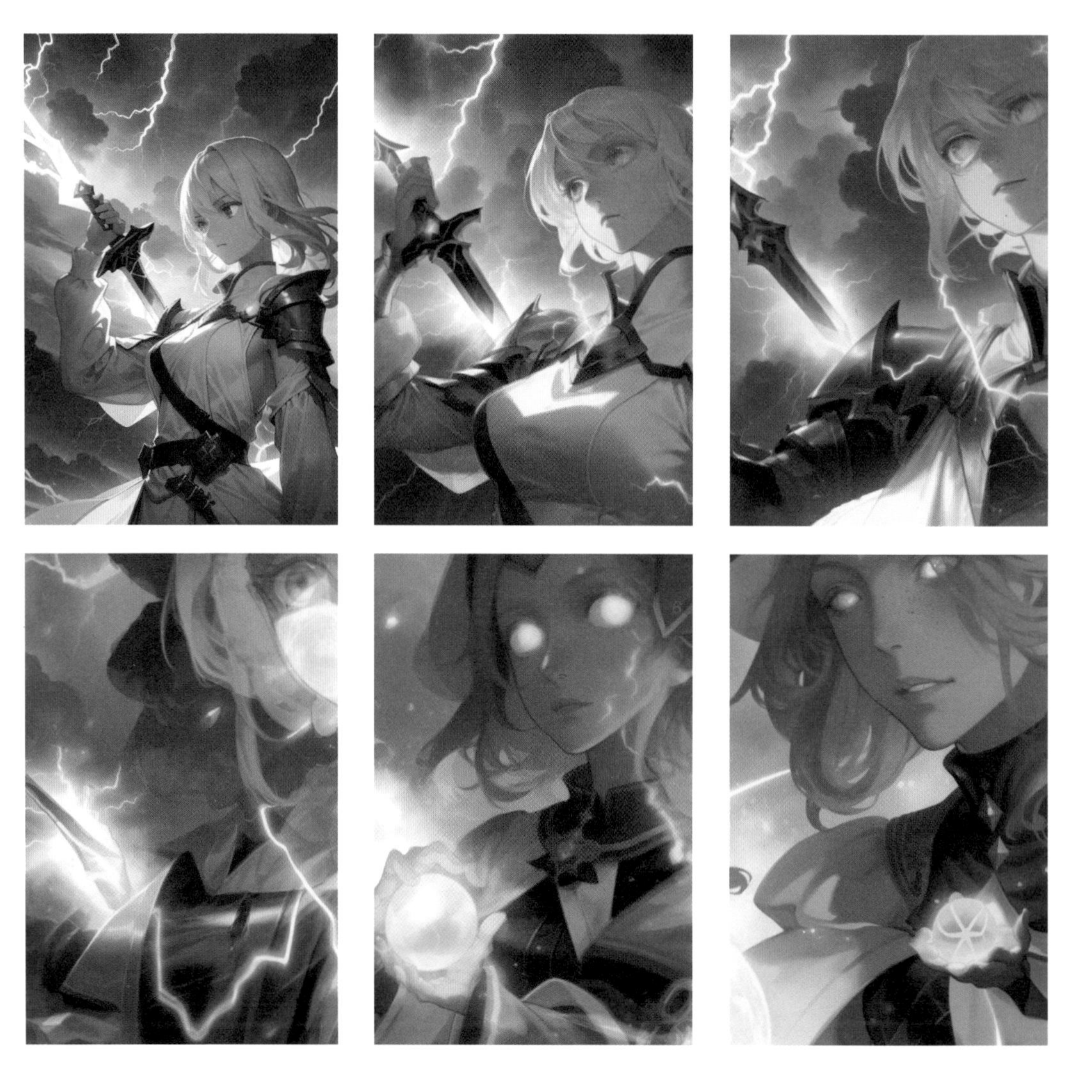

这里笔者又将“视场角 (FOV) 调度计划”设置为 0:(170) 生成了一段视频，可以看到，画面深度较小，画面效果如下图所示。

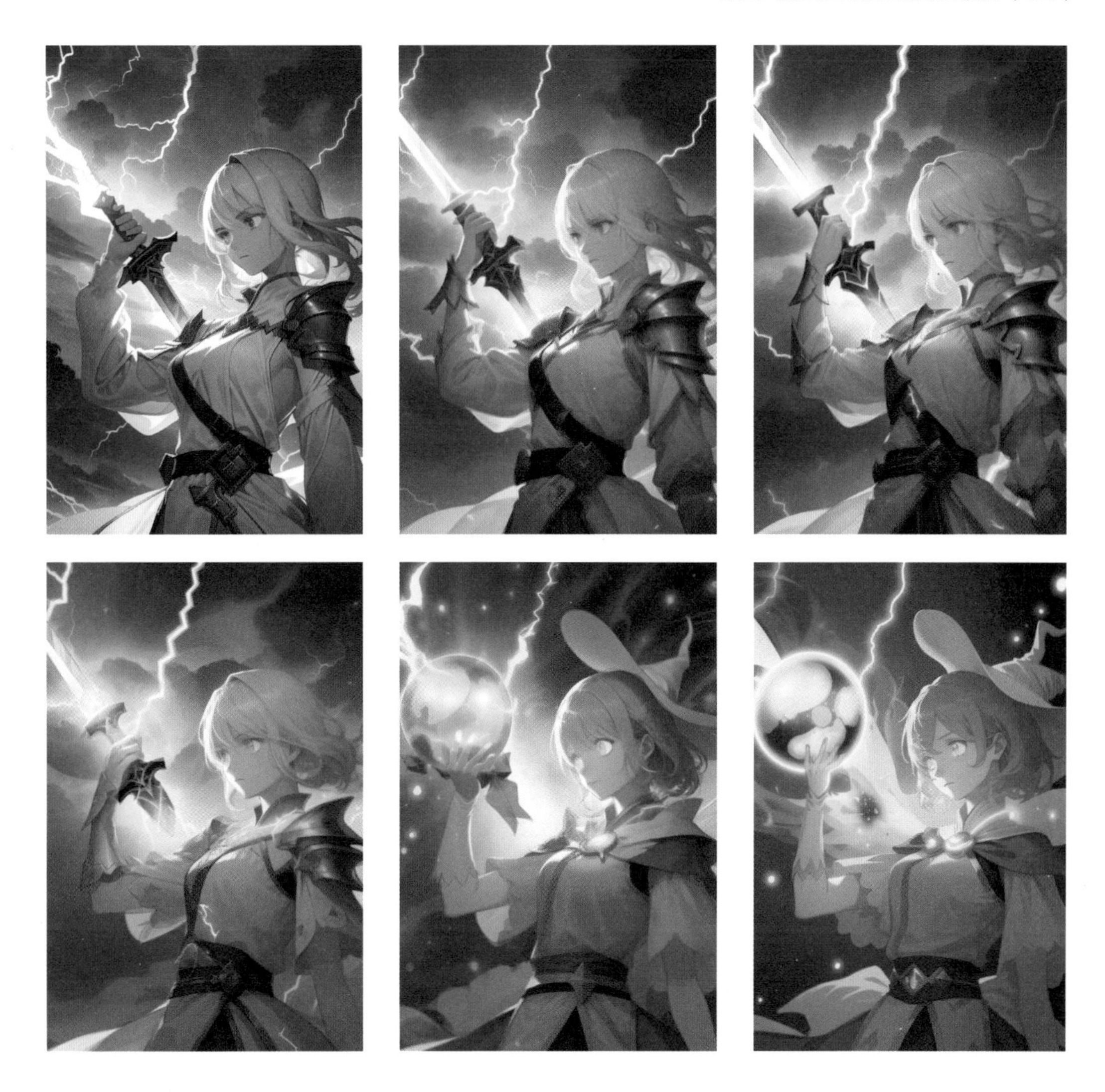

“提示词”选项

提示词中“帧”的书写

在“提示词”选项的输入框中，开发者给出了提示词的示例，每段最前面的数字代表了本段提示词从多少帧开始生效，比如 “30”就是从第 30 帧开始生效，直到下一段开头的帧数结束，最后一段的效果是到总帧数的最后一帧结束，如下图所示。

提示词

JSON 格式的完整提示词列表, 左边的值是帧序号

```
{
    "0": "tiny cute bunny, vibrant diffraction, highly detailed, intricate, ultra hd, sharp photo, crepuscular rays, in focus",
    "30": "anthropomorphic clean cat, surrounded by fractals, epic angle and pose, symmetrical, 3d, depth of field",
    "60": "a beautiful coconut --neg photo, realistic",
    "90": "a beautiful durian, award winning photography"
}
```

所以示例中的提示词第 0 帧到第 30 帧时，是生成一只可爱的兔子，第 30 帧到第 60 帧时，是生成一只拟人化的猫，第 60 帧到第 90 帧时，是生成一个漂亮的椰子，第 90 帧到结束，是生成一个漂亮的榴莲，这个提示词所制作的效果就是每 30 帧切换一个画面，把 120 帧的视频分成了 4 段，完成了从动物到植物变化的过程，生成的视频效果图如下图所示。

提示词中“格式”的书写

这里的提示词除了格式与文生图填写的提示词格式不一样外，其他的撰写方法几乎没有太大差别，需要注意的一点是，在 Deforum 中撰写提示词时不能出现任何中文，在添加带有中文名称的 Lora 时，需要提前将 Lora 名称中的中文更改成英文，再复制英文名称添加，这里笔者撰写了一份带有 Lora 的提示词，如下图所示。

```
{
    "0": "masterpiece,best quality,(highly detailed), no humans, scenery, cloud, outdoors, sky, nature, mountain, landscape, tree, cloudy sky, forest, fog, sunset, above clouds,masterpiece,best quality,<lora:hjyawardphoto2--000011:0.8>, ",
    "30": "masterpiece,best quality,(highly detailed), no humans, scenery, cloud, mountain, water, sky, outdoors, , landscape, sunset, waterfall, cloudy sky,masterpiece,best quality,<lora:hjyawardphoto2--000011:0.8>,",
    "40": "masterpiece,best quality,(highly detailed), scenery, no humans, cloud, outdoors, sky, mountain, sun, tree, cloudy sky, sunset, landscape, nature, fog, water,masterpiece,best quality,<lora:hjyawardphoto2--000011:0.8>,"
  }
```

笔者使用这份带有 Lora 模型的提示词生成了一段风景变化的视频，从生成后的视频可以看到，画面中出现了与 Lora 模型相关的风景效果，具体画面效果如下图所示。

快速添加正反向提示词

在这份提示词中，可以看到每段的开头都有 masterpiece,best quality,(highly detailed), no humans, 质量提示词，段落少的话每一段加起来还不算麻烦，如果段落多，在每段添加就很浪费时间，所以在提示词输入框的下方有一个“正向提示词”输入框，在这里输入的提示词将被添加到所有正向提示词的开头，即直接把 masterpiece,best quality,(highly detailed), no humans, 填入输入框中，就会自动为的开头每一段添加这些提示词，如下图所示。

正向提示词

masterpiece,best quality,(highly detailed), no humans,

除了“正向提示词”输入框，这里还有“反向提示词”的输入框，在讲解完“正向提示词”后，那“反向提示词”就更容易理解了，在这里输入的提示词将被添加到所有反向提示词的结尾，但是需要注意的是，有些画面中不想出现的内容需要在段落中手动添加负面提示词，所以在提示词框中添加负面提示词的格式为在正向提示词的后面输入 --neg 再加反向提示词，如下图所示。

提示词

JSON 格式的完整提示词列表，左边的值是帧序号

{
"0": "masterpiece,best quality,(highly detailed), no humans, scenery, cloud, outdoors, sky, nature, mountain, landscape, tree, cloudy sky, forest, fog, sunset, above clouds,masterpiece,best quality,<lora:hjyawardphoto2--000011:0.8>, ",
"30": "masterpiece,best quality,(highly detailed), no humans, scenery, cloud, mountain, water, sky, outdoors, , landscape, sunset, waterfall, cloudy sky,masterpiece,best quality,<lora:hjyawardphoto2--000011:0.8>,",
"40": "masterpiece,best quality,(highly detailed), scenery, no humans, cloud, outdoors, sky, mountain, sun, tree, cloudy sky, sunset, landscape, nature, fog, water,masterpiece,best quality,<lora:hjyawardphoto2--000011:0.8>, --neg nsfw, nude"
}

正向提示词

masterpiece,best quality,(highly detailed), no humans,

反向提示词

nsfw, nude

提示词的校验

在笔者使用 deforum 生图时，经常会遇到“Please, check your prompts with a JSON validator. Full error message is in your terminal/ cli.”这个报错，这个错误基本上就是提示词书写不规范、格式不正确造成的，这个时候就需要去提示词中查错；这里需要注意的一点是，在提示词最后一段的结尾是没有英文逗号的，如果添加了就会报错；如果错误不明显，也可以将提示词复制到 https://odu.github.io/slingjsonlint/ 网站中进行校验，它可以快速地帮助定位错误的位置，如下图所示。

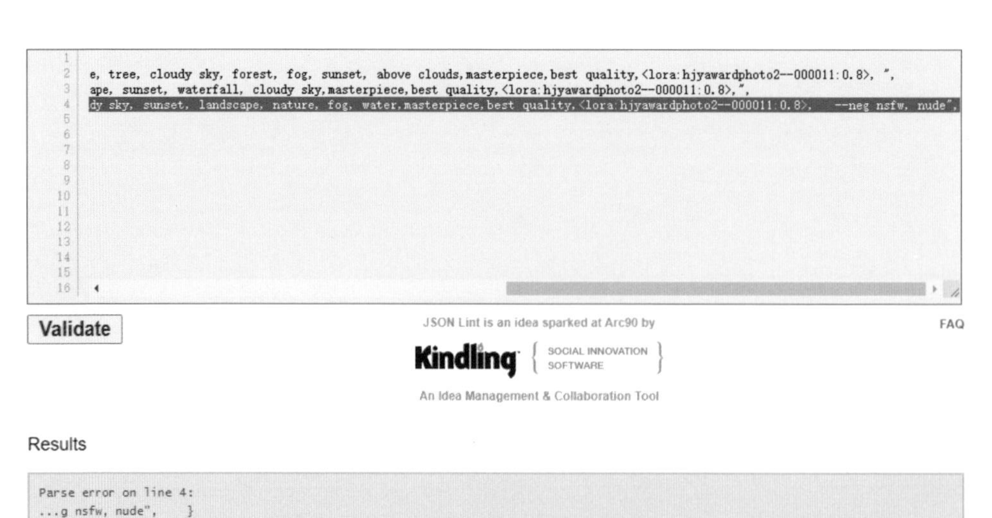

“初始化”选项

图像初始化

“初始化”选项最常用的功能是“图像初始化”，它的作用就是，可以上传一张图片，把它作为视频开始的第 1 帧，也是以上传的图片作为开头开始演化后面视频；在“图像初始化”可以使用“初始化图像链接”，使用网页地址或者本地路径地址，需要注意的是，如果要使用下方的图像输入框这里则不起作用，所以还可以使用“图像输入框”上传图片，点击选择图片上传或者直接将上传的图片拖入到图像输入框中即可上传，如下图所示。

需要注意的是，如果使用了“图像初始化”，还需要将“运行”选项中的尺寸修改为与上传图像尺寸一致，如下图所示，这样生成的视频就不会显示不全。

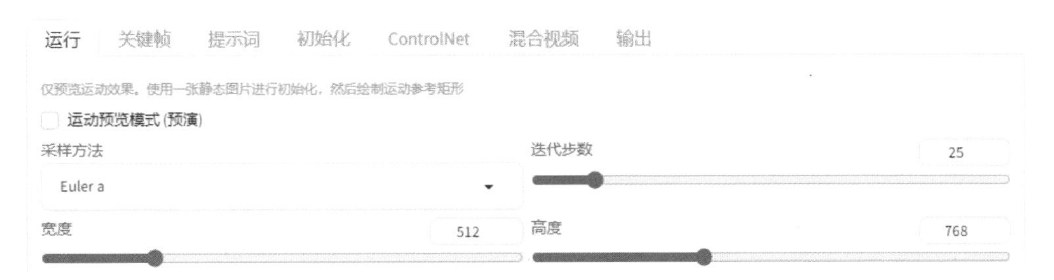

这里的“强度”设置影响的是在第一次重绘时改变这张初始图像的程度，较低的值会对初始化图像影响改变较大，较高的值对其影响较小，推荐数值在 0.6 ~ 0.8 之间；“强度为 0 时停用初始化”功能顾名思义就是当强度为 0 时，便和上传的图像关联不大了，此时再使用“图像初始化”也就没意义了，如下图所示。

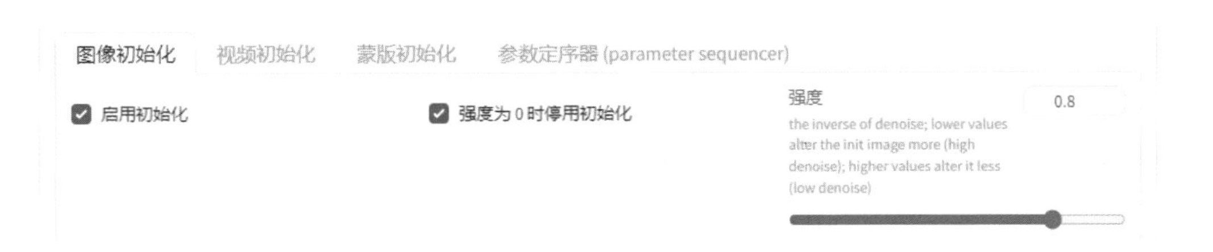

这里笔者使用刚上传的初始化图像配合合适的关键词生成了一段视频，具体画面效果如下图所示。可以看到，生成视频的画风都与上传的图像画风相似，这就是“图像初始化”的作用。

视频初始化

“视频初始化”它可以在 Deforum 里实现另一种形式的视频转绘，要使用“视频初始化”需要在“关键帧”选项下的“视频输入”动画模式使用，否则就会报错。“视频输入”模式下没有任何参数，如下图所示，所以生成视频的时长、运动都是根据原视频生成。

在“视频初始化路径 / 链接”输入框中填入视频的路径；“提取开始帧”和“提取结束帧”分别指从视频的第几帧开始提取，到第几帧结束，如果一整段视频都要，可以分别设置为 0 和 -1；“每 N 帧提取一次”对视频的影响类似于前面提到的“生成间隔”，这里建议设置为 2，可以加快生成速度；“覆盖已有帧”是对视频再次生成时是否还提取帧，默认不勾选即可，如下图所示。

运行　关键帧　提示词　初始化　ControlNet　混合视频　输出

图像初始化　视频初始化　蒙版初始化　参数定序器 (parameter sequencer)

视频初始化路径/链接

C:\Users\Administrator\Desktop\1.mp4

提取开始帧　0

提取结束帧　-1

每 N 帧提取一次　2

覆盖已有帧

这里笔者将一段城市视频上传到“视频初始化”，并通过提示词将画面改成一个火星上的未来城市，原视频画面如下左图所示，具体画面效果如下图所示。

蒙版初始化

“蒙版初始化”可以借助一个蒙版严格限定画面中需要使用 deforum 生成视频的范围；要使用“蒙版初始化”选项，首先在“图像初始化”选项上传蒙版的原图作为初始化图像，如下图所示。

再将原图通过 PS 等软件修改为蒙版图片，以笔者上传的图像为例，这里笔者想保持人物不变，让人物的背景发生变化，那就需要将人像的部分设置为白色，背景区域设置为黑色，如下图所示。

在“蒙版初始化选项”勾选“启用蒙版”，如果图像蒙版颜色与笔者相反，可以勾选“反转蒙版”，在“蒙版文件”输入框填写蒙版图像的路径，并设定与蒙版重绘相关的各项参数基本保持不变即可，如下图所示。

图像初始化 视频初始化 蒙版初始化 参数定序器 (parameter sequencer)
启用蒙版 启用透明度蒙版 反转蒙版 覆盖蒙版
蒙版文件
C:\Users\Administrator\Desktop\4.png
蒙版覆盖模糊度 4
蒙版填充
填充 原版 潜空间噪声 空白潜空间
全分辨率蒙版 全分辨率蒙版的填充预留像素宽度 4
蒙版对比度调整 1
蒙版亮度调整 1

这里笔者使用刚上传的蒙版图像配合合适的关键词生成了一段视频，具体画面效果如下图所示，可以看到，生成视频的画面只有背景在变，人物没有发生变化。

ControlNet 选项

ControlNet 参数设置

在 ControlNet 选项中，最多可以使用 5 个 ControlNet，用到的 ControlNet“预处理器”和“模型”与文生图中 ControlNet 相同，如下图所示。

运行 关键帧 提示词 初始化 ControlNet 混合视频 输出

需要安装 ControlNet 插件

如果 Deforum 由于 ControlNet 版本更新而崩溃，请前往这里反馈遇到的问题

CN Model 1 CN Model 2 CN Model 3 CN Model 4 CN Model 5

启用 完美像素模式 低显存模式 覆盖输入帧

预处理器 depth

模型 control_v11f1p_sd15_depth_fp16 [4b72d323]

ControlNet 选项的使用也与文生图中 ControlNet 没有太大差别，都是需要先勾选“启用”“完美像素模式”，再选择“预处理器”和“模型”，“权重调度计划”可以设置 ControlNet 从某 1 帧开始控制的权重，“引导介入时机调度计划”和“结束引导时机调度计划”的意思是，控制 ControlNet 从某 1 帧的介入和结束，格式上比文生图的 ControlNet 多了帧数的设置，如下图所示。

CN Model 1 CN Model 2 CN Model 3 CN Model 4 CN Model 5

启用 完美像素模式 低显存模式 覆盖输入帧

预处理器

canny

模型

control_v11p_sd15_canny [d14c016b]

权重调度计划

0:(0.8),30:(0.7),60:(0.5),90:(0.3)

引导介入时机调度计划

0:(0.0)

结束引导时机调度计划

0:(1.0)

ControlNet 控制图像

在 Deforum 的 ControlNet 中上传控制图像自然与其他图像的上传方式相同，在“ControlNet 输入 视频 / 图像的路径”输入框中填入控制图像的路径，“控制模式”和“缩放模式”无特殊要求保持默认即可，如下图所示。

这里笔者将“预处理器”设置为 canny，“模型”设置为 control_v11p_sd15_canny [d14c016b]，并将“权重调度计划”设置为 0:(1),30:(1),60:(1),90:(1)，上传一张黑白控制图像，如下图所示。其他 ControlNet 参数保持默认不变。

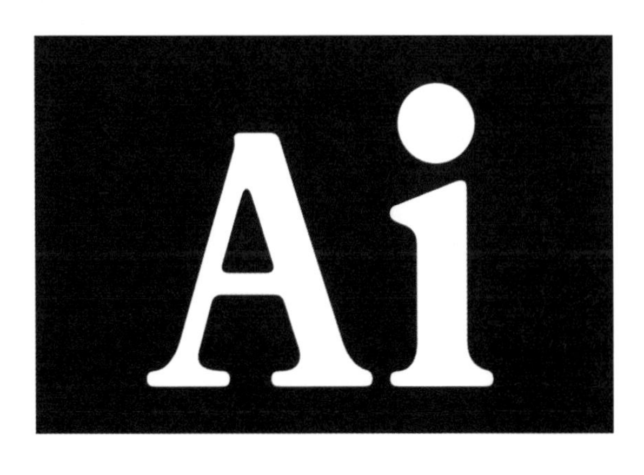

使用上述 ControlNet 选项设置并配合合适的提示词生成了一段帧数为 120 的视频，具体画面效果如下图所示，可以看到，生成视频的画面刚开始还有控制图像的形状，随着帧数的增加，控制图像的形状还在，但是画面已经变形了，说明 ControlNet 功能控制效果还不够完善。

ControlNet 控制视频

在 Deforum 的 ControlNet 中，并不是只能上传控制图像，同样可以上传控制视频，笔者将"ControlNet 输入 视频/图像的路径"中的图像路径替换为视频路径，其他参数保持不变，如下图所示。

ControlNet 输入 视频/图像 的路径

C:\Users\Administrator\Desktop\4540332-uhd_3840_2160_25fps.mp4

这里上传的是一段跳舞的视频，如下图所示。配合 ControlNet 选项设置和合适的提示词将视频的画风转换为未来科技风格，具体画面效果如下右图所示，可以看到，视频的内容和运动与上传的控制视频基本一致，画风也完成了转换。

“输出”选项

视频输出设置

“输出”选项就是对视频输出的参数设置，“帧率”也就是每秒多少帧，结合“最大帧数”可以控制视频的输出时间，根据个人情况设置即可；“添加音轨”可以选择从“文件”或“初始视频”中提取音频以完成添加，如果选择从“文件”中添加，需要在“音轨路径”输入框中填入音频文件的绝对路径或 URL，如下图所示。如果要添加音频，笔者建议可以等视频生成后在 Pr、剪映等软件中添加，使用 Pr、剪映等软件更为方便快捷，调整更简单。

如果勾选“跳过视频生成”则不会生成视频，仅保存图片；如果勾选“删除图像”则在视频完成后自动删除图像，需要注意的是会导致恢复制作动画过程选项失效，谨慎勾选；如果勾选“删除全部输入帧”，则当视频完成时自动删除输入帧，也包括 ControlNet 选项卡中的图像；如果勾选“保存 3D 深度图”，则会额外保存动画深度图文件；如果勾选“制作 GIF”，除了生成视频外还会生成 GIF 图像；如果勾选“图像放大”，则运行结束后放大输出图像，它使用的“超分模型”和在 WebUI 后期处理中使用的放大算法类似，但这里是为视频放大特别优化过的，“放大倍数”根据需求选择即可，“保留原图”建议勾选，如果不勾选则会删除放大前的图像，如下图所示。

启用时，仅保存图片
跳过视频生成
在视频完成后自动删除图像。会导致恢复制作动画过程选项失效!
删除图像
当视频完成时自动删除输入帧 (包括 ControlNet 选项卡中的)
删除全部输入帧
额外保存动画深度图文件
保存 3D 深度图
除视频外额外制作 GIF
制作 GIF
运行结束后放大输出图像
图像放大
超分模型
realesr-animevideov3
放大倍数
x2
不删除放大前的图像
保留原图

批量图像放大

除了“输出”选项中可以把图像放大，还可以将生成视频后的图像在图生图中批量放大，然后再将放大后的图像导入剪映软件中合成视频，具体操作如下。

（1）在 Deforum 中按照正确的提示词和参数设置生成尺寸为 768×512 的初始视频，并打开生成视频后保存图像的文件夹，将保存的图像单独放置在一个新的文件夹，如下图所示。

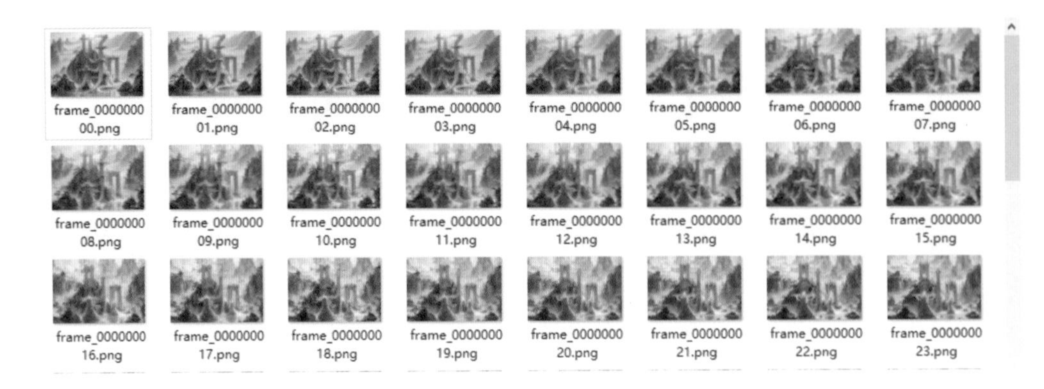

（2）进入 SD 图生图界面，选择“生成”选项下的“批量处理”功能，在“输入目录”输入框中填入 Deforum 生成视频图像的新文件夹路径，笔者这里为 C:\keling_Deforum\ 图生图转高清 \B，在“输出目录”输入框填入批量处理后的图像保存文件夹路径，笔者这里为 C:\keling_Deforum\ 图生图转高清 \A，如下图所示。

图生图 涂鸦 局部重绘 涂鸦重绘 上传重绘蒙版 批量处理

处理服务器主机上某一目录里的图像
输出图像到一个空目录，而非设置里指定的输出目录
添加重绘蒙版目录以启用重绘蒙版功能

输入目录
C:\keling_Deforum\图生图转高清\B

输出目录
C:\keling_Deforum\图生图转高清\A

（3）点击打开“PNG 图片信息”选项，勾选“将 PNG 信息添加到提示词中”，在“需要从 PNG 图片中提取的参数”中勾选“随机数种子 (Seed)”，如下图所示。

（4）将底模切换为 Deforum 生成视频时的模型，用到的是 majicmixRealistic_v7.safetensors，“外挂 VAE 模型”选择 vae-ft-mse-840000-ema-pruned.safetensors，在提示词中填入 Deforum 生成视频时用到的提示词和 Lora 模型，这里填入的是“(((brightness))),made of jade,scenery,tree,water,day,lake,nature,landscape,a mountain landscape with a river running through it,Ancient Chinese style,great wall,light,high key,(chinese palace background),(gem),<lora: 好机友珠宝_好机友珠宝 :0.2>,(small diamond),masterpiece,best quality,c4d rendering,waterfall,river,relief,carving,(metal relief light),(metal inlay, super gem),<lora: 科技感 IvoryGoldAI_[v2.0_PRUNED]:0.2>,<lora:GoldenTech-20:0.2>,<lora: 好机友国风写意山水 :0.5>,no humans,pine”，如下图所示。

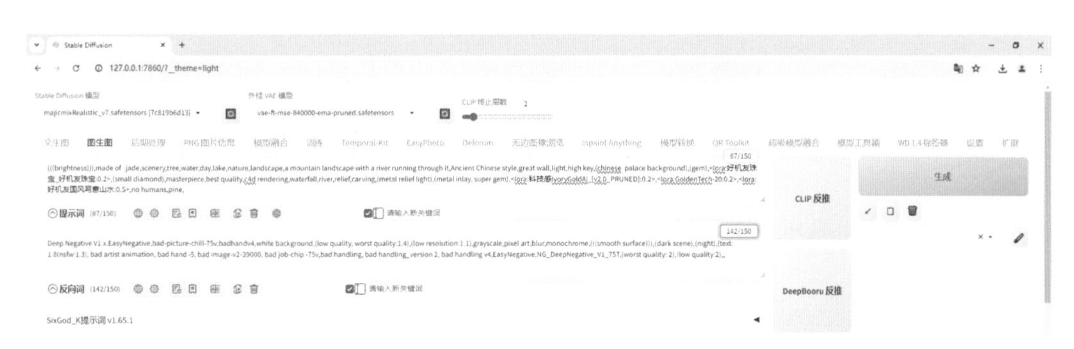

（5）“缩放模式”选择“仅调整大小”，“迭代步数”设置为 30，“采样方法”选择 DPM++ 2M Karras，“重绘尺寸”设置为 1024×768，“提示词引导系数”设置为 6.5，“重绘幅度”这里不要调太高，太高图片容易发生变化，设置为 0.41，其他设置默认不变，如下图所示。

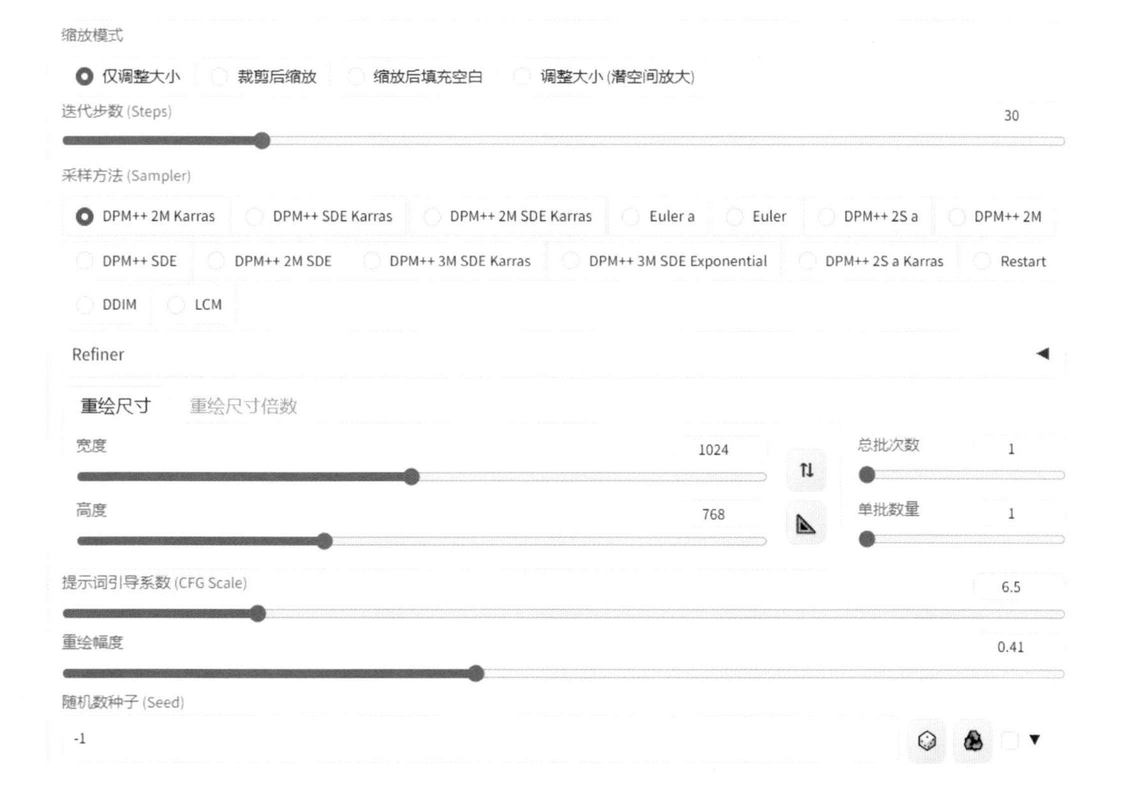

（6）点击打开 ControlNet 选项，进入 ControlNet 单元 0 界面，勾选“启用”“完美像素模式”，“控制类型”选择 Canny（硬边缘），“预处理器”选择 canny，“模型”选择 control_v11p_sd15_canny [d14c016b]，其他参数默认不变，如下左图所示。

（7）进入 ControlNet 单元 1 界面，勾选“启用”“完美像素模式”，“控制类型”选择 Tile/Blur（分块 / 模糊），“预处理器”选择 tile_resample，“模型”选择 control_v11f1e_sd15_tile，其他参数默认不变，如下右图所示。

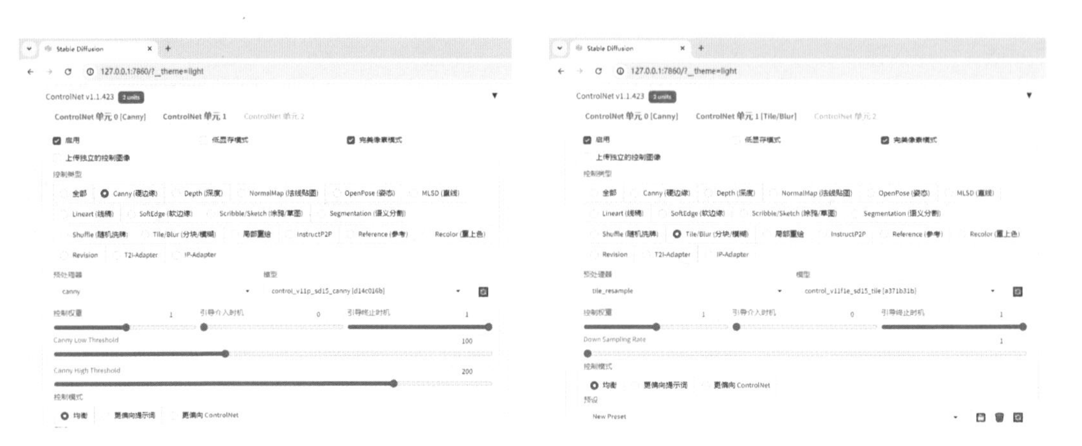

（8）在下方脚本列表选择“Ultimate SD upscale”，“目标大小类型”选择 From img2img2 settings，“放大类型”选择 R-ESRGAN 4x+，“分块宽度”和“分块高度”均设置为 2048，其他参数保持默认不变。

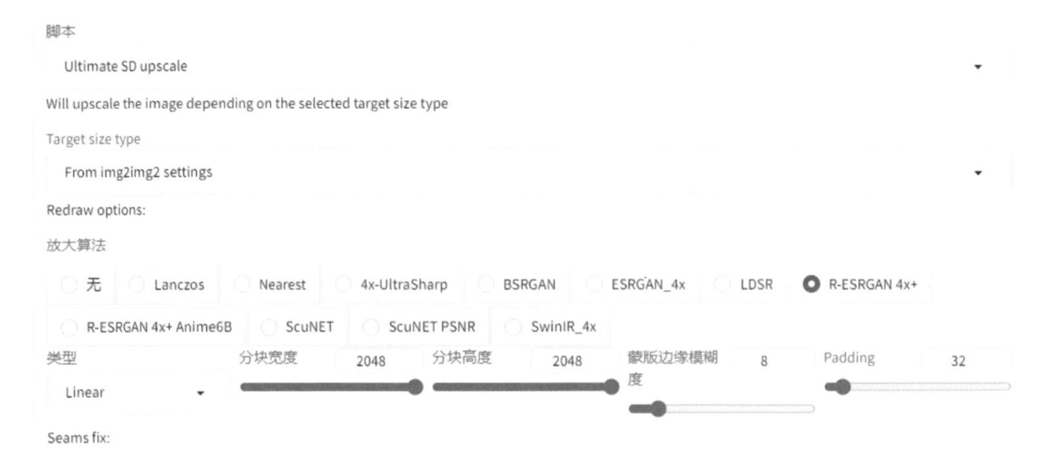

（9）点击“生成”按钮，等待图生图批量生成，因为图像数量较多，加上生成尺寸比较大，所以这一步的生成可能会需要花费很长时间，等待图生图结束后，生成的图像都会保存在“输出目录”的路径中，如下图所示。

（10）进入剪映剪辑界面，上传放大后的图像文件夹，将“图片默认时长”设置为 0.1 秒，将全部图像拖入主轨道，导出视频，这样放大后的视频就生成了，如下图所示。

帧插值

“帧插值”选项是使用 RIFE 或者 FILM 进行帧插值来让任何视频获得顺滑的切换效果，慢动作，如果启用“保存帧图像到内存”或“跳过视频生成”选项，则无法启用“帧插值”。在“引擎”选项中可以选择帧插值的引擎，如下图所示；RIFE 是一种实时中间流估计算法，它通过计算相邻帧之间的光流来预测并合成中间帧，该算法特别适用于分辨率较低的图像进行插帧，效果显著；FILM 采用了一种统一网络架构，通过多尺度的特征提取器来预测中间帧，它能够处理运动变化幅度较大的两张图片之间的帧插值，这个根据视频情况选择即可。

帧插值 视频放大 视频转深度 帧图片转视频

重要信息与帮助

引擎

选择帧插值引擎。悬停鼠标指针在选项上查看更多信息

无 RIFE v4.6 FILM

视频放大

“视频放大”选项与“视频输出设置”中的放大效果一样，只不过“视频输出设置”是对生成视频的放大，“视频放大”是放大已经生成好的视频，这里的视频参数会根据上传的视频自动填写，只需要修改放大设置即可，如下图所示。

“视频转深度”和“帧图片转视频”选项根据需求选择使用即可，一般情况下基本用不到。如果需要使用“帧图片转视频”选项，一定要注意帧图片的名称格式，按照要求更改帧图片格式，如下图所示，否则将无法生成视频。

帧插值 视频放大 视频转深度 帧图片转视频

重要事项：

- 输入相对于 webui 文件夹的路径或者绝对路径，并确保图片以这样的名称为后缀：'20230124234916_%09d.png'，用批次名称替换 20230124234916 即可。别忘了 %09d，它很重要！
- 在文件名中，'%09d' 代表9个计数数字，对于 '20230124234916_000000001.png'，使用 '20230124234916_%09d.png'
- 如果不是 Deforum 的帧图片，请使用正确的计数位数。对于像 'bunnies-0000.jpg' 这样的文件，需使用 'bunnies-%04d.jpg'

制作特效文字穿越视频实战

学习完 Deforum 后，通过调整提示词和运镜参数，创作者可以根据自己的创意需求，定制出独一无二的视频效果。这里笔者将个人的视频账号名称通过 Deforum 的初始图生视频功能做成名称到 AI 的转换，具体操步骤作如下。

（1）进入 SD 文生图界面，选择正确的大模型和 Lora 模型，撰写正确的提示词，在 Controlnet 选项中上传黑白控制图像，分别生成 2 张初始图生视频所需的初始图像，如下图所示。

（2）这里以 AI 初始图生视频为例，进入 SD Deforum 界面，选择“运行”选项，“采样方法”选择 DPM++ 2M，“迭代步数”设置为 25，“宽度”设置为 768，高度设置为 512，输入“批次名称”，这里输入的是 Deforum_{timestring}，如下图所示。

运行 关键帧 提示词 初始化 ControlNet 混合视频 输出

仅预览运动效果。使用一张静态图片进行初始化，然后绘制运动参考矩形

运动预览模式 (预演)

采样方法 DPM++ 2M

迭代步数 25

宽度 768

高度 512

随机数种子 (Seed)
动画起始随机数种子。设置 -1 为随机
-1

批次名称
输出图像会置于图生图输出文件夹内含此名称的文件夹中。({timestring} 这个词元会被替换) 也支持参数占位符, 例如: {seed}, {w}, {h}, {prompts} 等
Deforum_{timestring}

（3）选择“关键帧”选项，“动画模式”选择 3D，“生成间隔”设置为 2，“边界处理模式”选择“复制”，“最大帧数”设置为 160，如下图所示。

运行 关键帧 提示词 初始化 ControlNet 混合视频 输出

动画模式
动画控制模式，会在修改模式后自动隐藏不相关参数
2D 3D 视频输入 插值

边界处理模式
控制小于设定画布的图像的像素生成模式。鼠标指针悬停在选项上以查看更多信息
复制 覆盖

生成间隔
不会被直接扩散的中间帧的 # 数
2

最大帧数
达成此帧数后停止生成
160

（4）“强度调度计划”设置为 0: (0.65)，“CFG 系数调度计划”设置为 0: (6.5)，“种子行为”选择“参数表”，“种子调度计划”填入 0:(s), 1:(-1), "max_f-2":(-1), "max_f-1":(s)，如下图所示。

强度 CFG 随机数种子 (Seed) 第二种子 迭代步数 采样方法 模型
种子行为
控制用于制作动画的随机数种子行为。悬浮鼠标指针在不同选项上查看更多信息。
迭代 固定 随机 阶梯式 交替 参数表
种子调度计划
0:(s), 1:(-1), "max_f-2":(-1), "max_f-1":(s)

（5）在“运动”选项，“平移 X”填入 0:(0),30:(10),40:(5),80:(15),90:(5)，“平移 Y”填入 0:(0),30:(10),40:(5),80:(30),90:(5)，“平移 Z”填入 0:(0),30:(10),40:(5),80:(30),90:(5)，“3D 翻转 X”填入 0: (1)，“3D 翻转 Y”填入 0: (0)，“3D 翻转 Z”填入 0: (0.5)，如下图所示。

运动 噪声(点) 一致性 模糊抑制 深度变形 & 视场角
平移 X
以每帧多少像素左/右移动画布
0:(0),30:(10),40:(5),80:(15),90:(5)
平移 Y
以每帧多少像素上/下移动画布
0:(0),30:(10),40:(5),80:(30),90:(5)
平移 Z
将画布靠近/远离镜头 [速度由视场角设置决定]
0:(0),30:(10),40:(5),80:(30),90:(5)
3D 翻转 X
以每帧为单位向上/向下倾斜画布
0: (1)
3D 翻转 Y
以每帧为单位向左/向右偏移画布
0: (0)
3D 翻转 Z
顺时针/逆时针滚动画布
0: (0.5)
启用透视翻转

（6）在“噪声”选项，“噪声类型”选择“柏林 (perlin)”，“噪声调度计划”填入 0: (0.065)，“柏林噪声倍频”设置为 4，“柏林噪声递增幅度”设置为 0.5，勾选“启用噪声倍率调度”，“噪声倍率调度计划”填入 0: (1.05)，如下图所示。

运动 噪声(点) 一致性 模糊抑制 深度变形 & 视场角

噪声类型

均匀 (uniform) 柏林 (perlin)

噪声调度计划

0: (0.065)

柏林噪声倍频 4 柏林噪声递增幅度 0.5

启用噪声倍率调度

噪声倍率调度计划

0: (1.05)

（7）在“深度变形 & 视场角”选项，勾选“启用深度变形”，“填充模式”选择“边框”，“深度算法”选择 Midas-3-Hybrid，“填充模式”选择 bicubic，如下图所示。

运动 噪声(点) 一致性 模糊抑制 深度变形 & 视场角

启用深度变形

深度算法

选择一种算法/方法来保持整个动画的颜色一致性

Midas-3-Hybrid

填充模式

选择视场外像素进入场景时的处理方式

边框 反射 空

填充模式

bicubic bilinear nearest

（8）在“提示词”选项的提示词输入框中，分别在第 0 帧、第 30 帧、第 40 帧、第 80 帧和第 90 帧撰写正确的提示词，添加所需 Lora 模型，如下图所示。

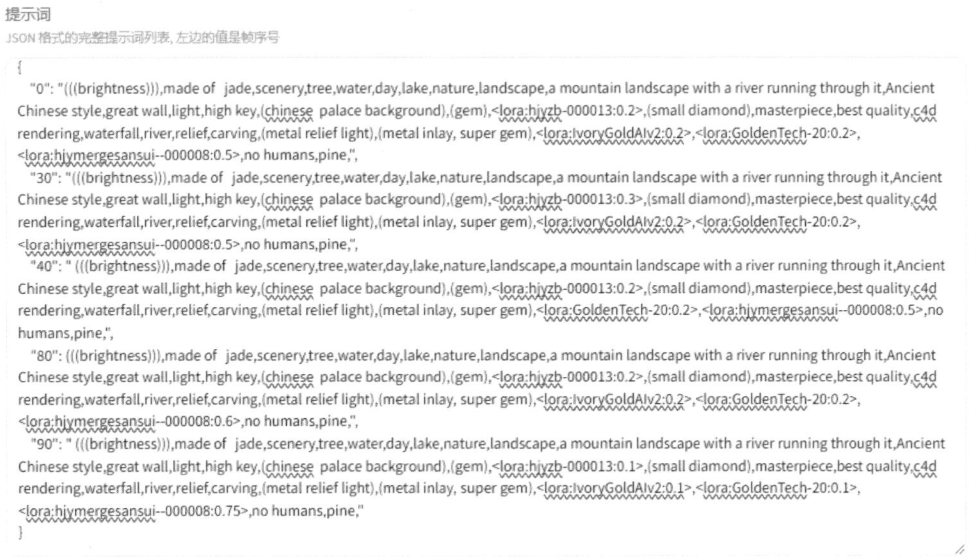

提示词

JSON 格式的完整提示词列表, 左边的值是帧序号

```
{
   "0": "(((brightness))),made of  jade,scenery,tree,water,day,lake,nature,landscape,a mountain landscape with a river running through it,Ancient Chinese style,great wall,light,high key,(chinese  palace background),(gem),<lora:hjyzb-000013:0.2>,(small diamond),masterpiece,best quality,c4d rendering,waterfall,river,relief,carving,(metal relief light),(metal inlay, super gem),<lora:IvoryGoldAIv2:0.2>,<lora:GoldenTech-20:0.2>,<lora:hjymergesansui--000008:0.5>,no humans,pine,",
   "30": "(((brightness))),made of  jade,scenery,tree,water,day,lake,nature,landscape,a mountain landscape with a river running through it,Ancient Chinese style,great wall,light,high key,(chinese  palace background),(gem),<lora:hjyzb-000013:0.3>,(small diamond),masterpiece,best quality,c4d rendering,waterfall,river,relief,carving,(metal relief light),(metal inlay, super gem),<lora:IvoryGoldAIv2:0.2>,<lora:GoldenTech-20:0.2>,<lora:hjymergesansui--000008:0.5>,no humans,pine,",
   "40": " (((brightness))),made of  jade,scenery,tree,water,day,lake,nature,landscape,a mountain landscape with a river running through it,Ancient Chinese style,great wall,light,high key,(chinese  palace background),(gem),<lora:hjyzb-000013:0.2>,(small diamond),masterpiece,best quality,c4d rendering,waterfall,river,relief,carving,(metal relief light),(metal inlay, super gem),<lora:GoldenTech-20:0.2>,<lora:hjymergesansui--000008:0.5>,no humans,pine,",
   "80": (((brightness))),made of  jade,scenery,tree,water,day,lake,nature,landscape,a mountain landscape with a river running through it,Ancient Chinese style,great wall,light,high key,(chinese  palace background),(gem),<lora:hjyzb-000013:0.2>,(small diamond),masterpiece,best quality,c4d rendering,waterfall,river,relief,carving,(metal relief light),(metal inlay, super gem),<lora:IvoryGoldAIv2:0.2>,<lora:GoldenTech-20:0.2>,<lora:hjymergesansui--000008:0.6>,no humans,pine,",
   "90": " (((brightness))),made of  jade,scenery,tree,water,day,lake,nature,landscape,a mountain landscape with a river running through it,Ancient Chinese style,great wall,light,high key,(chinese  palace background),(gem),<lora:hjyzb-000013:0.1>,(small diamond),masterpiece,best quality,c4d rendering,waterfall,river,relief,carving,(metal relief light),(metal inlay, super gem),<lora:IvoryGoldAIv2:0.1>,<lora:GoldenTech-20:0.1>,<lora:hjymergesansui--000008:0.75>,no humans,pine,"
}
```

（9）在“正向提示词”输入框中填入 masterpiece,best quality，在“反向提示词”输入框中填入 nsfw, nude,Deep Negative V（1）x,EasyNegative,bad-picture-chill-75v,badhandv4, white background,(low quality, worst quality:1.4),(low resolution:1.1),grayscale,pixel art,blur,monochrome,(((smooth surface))),(dark scene),(night),(text: 1.8(nsfw:1.3), bad artist animation, bad hand -5, bad image-v2-39000, bad job-chip -75v,bad handling, bad handling_version 2, bad handling v4,EasyNegative,NG_DeepNegative_V1_75T,(worst quality: 2),(low quality:2)，如下图如所示。

正向提示词

masterpiece,best quality,

反向提示词

nsfw, nude,Deep Negative V1.x,EasyNegative,bad-picture-chill-75v,badhandv4,white background,(low quality, worst quality:1.4),(low resolution:1.1),grayscale,pixel art,blur,monochrome,(((smooth surface))),(dark scene),(night),(text: 1.8(nsfw:1.3), bad artist animation, bad hand -5, bad image-v2-39000, bad job-chip -75v,bad handling, bad handling_version 2, bad handling v4,EasyNegative,NG_DeepNegative_V1_75T,(worst quality: 2),(low quality:2),

（10）在“初始化”选项，选择“图像初始化”功能，勾选“启用初始化”，“强度”设置为0.98，点击上传初始化图像，如下图所示。

（11）在 ControlNet 选项，选择 CN Model 1，勾选“启用”“完美像素模式”“覆盖输入帧”，“预处理器”选择 canny，“模型”选择 control_v11p_sd15_canny [d14c016b]，“权重调度计划”填入 0:(0.8),30:(0.7),60:(0.5),90:(0.3)，“ControlNet 输入 视频 / 图像 的路径”填入 C:\Users\Administrator\Desktop\Deforum\0.jpg，如下图所示。

CN Model 1　CN Model 2　CN Model 3　CN Model 4　CN Model 5

启用　完美像素模式　低显存模式　覆盖输入帧

预处理器

canny

模型

control_v11p_sd15_canny [d14c016b]

权重调度计划

0:(0.8),30:(0.7),60:(0.5),90:(0.3)

引导介入时机调度计划

0:(0.0)

结束引导时机调度计划

0:(1.0)

Canny Low Threshold　100

Canny High Threshold　200

（12）在“输出”选项，“帧率”设置为20，不添加音轨；在“帧插值”选项，“引擎”选择FILM，勾选“保留原图”，“插值次数X”设置为2，如下图所示。需要注意的是Deforum设置完成后，还需要选择与初始图像风格相近的大模型，这里选择的是majicmixRealistic_v7.safetensors。

（13）点击“生成”按钮，以AI为初始图生成的视频就制作完成了，如下图所示。

（14）笔者使用同样的方法，简单修改提示词，使用“好机友”初始图便生成了一段视频，如下图所示。

（15）为了实现 AI 到名称的丝滑转换，将生成的两段视频导入剪映，并将两段视频拼合在一起，生成效果如下方上图所示，从视频的顺序来看不符合 AI 到名称的转换，因此将使用 AI 图像作为初始图像生成的视频倒放，并将两段视频拼合在一起，裁剪掉视频中多余的部分，使两段视频的衔接顺畅，将拼合好的视频创建复合片段，并将符合片段的速度适当加快，让视频变得更加丝滑，视频效果如下方下图所示。

（16）将视频导出，一段从名称文字到 AI 英文的转换视频就制作完成了。将其发送到社交平台或者短视频平台，不仅可以获得关注还能增加流量。需要注意的是，初始图像在很大程度上决定了最终视频的整体视觉风格。无论是风景、人物还是抽象图案，初始图像的色彩、构图和氛围都会被保留并延续到整个视频中。

制作穿越不同风光视频实战

想要实现《爱我中华》AI 宣传短片中场景到场景的转换，必定要使用到 Deforum 的引导图像功能，引导图像功能也属于 Deforum 的核心功能，短视频中比较火的穿越效果也是使用引导图像功能实现的。这里笔者将使用引导图像实现 3 个风景的穿越转换，这 3 张图像如下图所示，具体操作步骤如下。

（1）进入 SD Deforum 界面，选择“运行”选项，“采样方法”选择 Euler a，“迭代步数”设置为 25，“宽度”设置为 768，高度设置为 512，输入“批次名称”，这里输入的是 Deforum_{timestring}，如下图所示。

运行 关键帧 提示词 初始化 ControlNet 混合视频 输出
仅预览运动效果。使用一张静态图片进行初始化，然后绘制运动参考矩形
运动预览模式 (预演)
采样方法
Euler a
迭代步数
25
宽度
768
高度
512
随机数种子 (Seed)
动画起始随机数种子。设置 -1 为随机
-1
批次名称
输出图像会置于图生图输出文件夹内含此名称的文件夹中。({timestring} 这个词元会被替换) 也支持参数占位符，例如：{seed}, {w}, {h}, {prompts} 等
Deforum_{timestring}

（2）选择“关键帧”选项，“动画模式”选择 3D，“生成间隔”设置为 2，“边界处理模式”选择“覆盖”，“最大帧数”设置为 60，如下图所示。

（3）准备 3 张风景素材图像，点击“引导图像”选项，勾选“启用图像引导模式”，在引导图像文本框中填入 3 张风景素材图像的文件地址，注意地址中的 \ 需要更换为 \\，如下图所示，否则生成视频时会报错。

☑ 启用图像引导模式

用于关键帧引导的图像

```
{
  "0": "C:\\keling_Deforum\\fg\\0001.png",
  "30": "C:\\keling_Deforum\\fg\\0003.png",
  "40": "C:\\keling_Deforum\\fg\\0002.png"
}
```

（4）“强度调度计划”设置为 0: (0.65)，“CFG 系数调度计划”设置为 0: ((6)5)，“种子行为”选择“参数表”，“种子调度计划”填入 0:(s), 35:(560375217)，如下图所示。

（5）在“运动”选项，“平移 X”填入 0: (2),10: (8),20: (16),35:(20)，“平移 Y”填入 0: (2),35:(0)，“平移 Z”填入 0: (3),35:(12)，“3D 翻转 X”填入 0: (2),35:(0)，“3D 翻转 Y”填入 0: (0)，“3D 翻转 Z”填入 0: (0)，如下图所示。

（6）在“噪声”选项，“噪声类型”选择“柏林 (perlin)”，“噪声调度计划”填入 0: (0.065)，“柏林噪声倍频”设置为 4，“柏林噪声递增幅度”设置为 0.5，勾选“启用噪声倍率调度”，“噪声倍率调度计划”填入 0: (1.05)，如下图所示。

运动 噪声(点) 一致性 模糊抑制 深度变形 & 视场角

噪声类型

均匀 (uniform) 柏林 (perlin)

噪声调度计划

0: (0.065)

柏林噪声倍频 4 柏林噪声递增幅度 0.5

启用噪声倍率调度

噪声倍率调度计划

0: (1.05)

（7）在“深度变形 & 视场角”选项，勾选“启用深度变形”，“填充模式”选择“边框”，“深度算法”选择 Midas-3-Hybrid，“填充模式”选择 bicubic，如下图所示。

运动 噪声(点) 一致性 模糊抑制 深度变形 & 视场角

启用深度变形

深度算法

选择一种算法/方法来保持整个动画的颜色一致性

Midas-3-Hybrid

填充模式

选择视场外像素进入场景时的处理方式

边框 反射 空

填充模式

bicubic bilinear nearest

（8）在“提示词”选项的提示词输入框中，分别在第 0 帧、第 30 帧和第 40 帧撰写正确的提示词，添加所需的 Lora 模型，如下图所示。

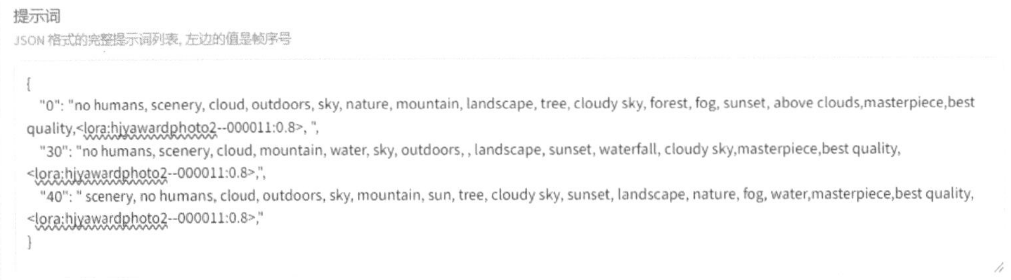

提示词

JSON 格式的完整提示词列表，左边的值是帧序号

```
{
  "0": "no humans, scenery, cloud, outdoors, sky, nature, mountain, landscape, tree, cloudy sky, forest, fog, sunset, above clouds,masterpiece,best quality,<lora:hjyawardphoto2--000011:0.8>, ",
  "30": "no humans, scenery, cloud, mountain, water, sky, outdoors, , landscape, sunset, waterfall, cloudy sky,masterpiece,best quality,
<lora:hjyawardphoto2--000011:0.8>,",
  "40": " scenery, no humans, cloud, outdoors, sky, mountain, sun, tree, cloudy sky, sunset, landscape, nature, fog, water,masterpiece,best quality,
<lora:hjyawardphoto2--000011:0.8>,"
}
```

（9）在“正向提示词”输入框中填入 masterpiece,best quality，在“反向提示词”输入框中填入 nsfw, nude，如下图所示。

正向提示词

masterpiece,best quality,(highly detailed),

反向提示词

nsfw, nude

（10）在“输出”选项，“帧率”设置为 15，不添加音轨，如下图所示。需要注意的是，Deforum 设置完以后，还需要选择与引导图像风格相近的大模型，这里选择的是 majicmixRealistic_v7.safetensors。

（11）点击“生成”按钮，3 个风景的转换视频就制作完成了，如下图所示。

制作海底穿越视频实战

在没有初始图像和引导图现要求时，可以直接根据提示词生成视频，通过提示词的书写可以生成一段故事的讲解，也可以生成场景到场景的穿越，没有了图像的限制，生成的效果随机性较大，所以可能需要多次尝试。笔者这里将使用一段提示词生成一段动漫视频，具体操作如下。

（1）进入 SD Deforum 界面，选择“运行”选项，“采样方法”选择 DPM++ 2M Karras，“迭代步数”设置为 25，“宽度”设置为 512，高度设置为 768，输入“批次名称”，这里输入的是 Deforum_{timestring}，如下图所示。

（2）选择“关键帧”选项，“动画模式”选择 3D，“生成间隔”设置为 2，“边界处理模式”选择“覆盖”，“最大帧数”设置为 200，如下图所示。

（3）“强度调度计划”设置为 0: (0.65)，“CFG 系数调度计划”设置为 0: (6.5)，“种子行为”选择“迭代”，“种子迭代量 N”填入 1，如下图所示。

（4）在“运动”选项，“平移 X”填入 0:(0),60:(1)，“平移 Y”填入 0:(0),60:(1)，“平移 Z”填入 0: (-0.5)，“3D 翻转 X”填入 0: (2),35:(0)，“3D 翻转 Y”填入 0: (0)，“3D 翻转 Z”填入 0: (0)，如下图所示。

运动 噪声(点) 一致性 模糊抑制 深度变形 & 视场角
平移 X
以每帧多少像素左/右移动画布
0:(0),60:(1)
平移 Y
以每帧多少像素上/下移动画布
0:(0),60:(1)
平移 Z
将画布靠近/远离镜头 [速度由视场角设置决定]
0:(-0.5)
3D 翻转 X
以每帧为单位向上/向下倾斜画布
0:(0.5)
3D 翻转 Y
以每帧为单位向左/向右偏移画布
0:(0.5)
3D 翻转 Z
顺时针/逆时针滚动画布
0:(0)

（5）在“噪声”选项，“噪声类型”选择“柏林 (perlin)”，“噪声调度计划”填入 0: (0.065)，“柏林噪声倍频”设置为 4，“柏林噪声递增幅度”设置为 0.5，勾选“启用噪声倍率调度”，“噪声倍率调度计划”填入 0: (1.05)，如下图所示。

（6）在“深度变形 & 视场角”选项，勾选“启用深度变形”，“填充模式”选择“边框”，“深度算法”选择 Midas-3-Hybrid，“填充模式”选择 bicubic，如下图所示。

运动　噪声(点)　一致性　模糊抑制　深度变形 & 视场角

☑ 启用深度变形

深度算法
选择一种算法/方法来保持整个动画的颜色一致性

Midas-3-Hybrid

填充模式
选择视场外像素进入场景时的处理方式

◉ 边框　○ 反射　○ 空

填充模式

◉ bicubic　○ bilinear　○ nearest

（7）在“提示词”选项的提示词输入框中，分别在第 0 帧、第 60 帧、第 120 帧、第 160 帧和第 180 帧撰写正确的提示词，如下图所示。

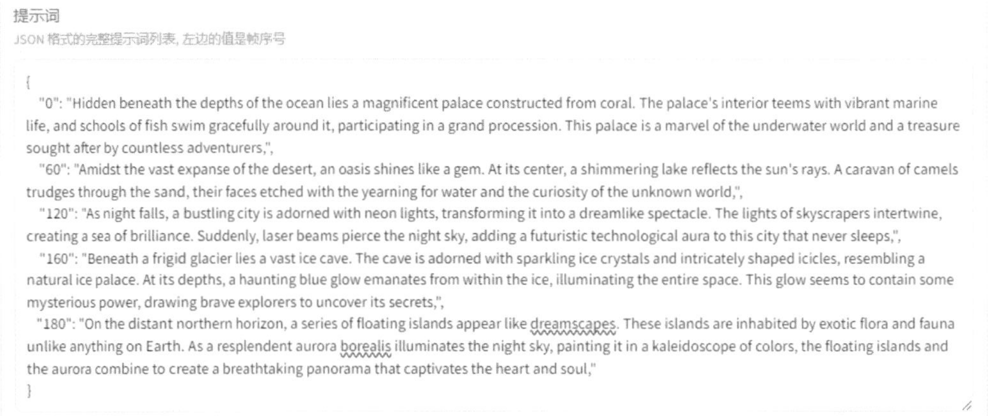

提示词
JSON 格式的完整提示词列表，左边的值是帧序号

```
{
  "0": "Hidden beneath the depths of the ocean lies a magnificent palace constructed from coral. The palace's interior teems with vibrant marine life, and schools of fish swim gracefully around it, participating in a grand procession. This palace is a marvel of the underwater world and a treasure sought after by countless adventurers,",
  "60": "Amidst the vast expanse of the desert, an oasis shines like a gem. At its center, a shimmering lake reflects the sun's rays. A caravan of camels trudges through the sand, their faces etched with the yearning for water and the curiosity of the unknown world,",
  "120": "As night falls, a bustling city is adorned with neon lights, transforming it into a dreamlike spectacle. The lights of skyscrapers intertwine, creating a sea of brilliance. Suddenly, laser beams pierce the night sky, adding a futuristic technological aura to this city that never sleeps,",
  "160": "Beneath a frigid glacier lies a vast ice cave. The cave is adorned with sparkling ice crystals and intricately shaped icicles, resembling a natural ice palace. At its depths, a haunting blue glow emanates from within the ice, illuminating the entire space. This glow seems to contain some mysterious power, drawing brave explorers to uncover its secrets,",
  "180": "On the distant northern horizon, a series of floating islands appear like dreamscapes. These islands are inhabited by exotic flora and fauna unlike anything on Earth. As a resplendent aurora borealis illuminates the night sky, painting it in a kaleidoscope of colors, the floating islands and the aurora combine to create a breathtaking panorama that captivates the heart and soul,"
}
```

（8）在“正向提示词”输入框中填入 (8k,RAW photo,best quality, masterpiece:1.2)，在“反向提示词”输入框中填入 NSFW, (worst quality:2), (low quality:2), (normal quality:2), lowres, normal quality, ((monochrome)), ((grayscale)), skin spots, acnes, skin blemishes, bad anatomy, girl, loli, young, large breasts, red eyes, muscular, badquality, badhandv4, bad artist, bad_prompt_version2, ng_deepnegative _v1_75t ,deformed, logo ,text nsfw, nude，如下图如所示。

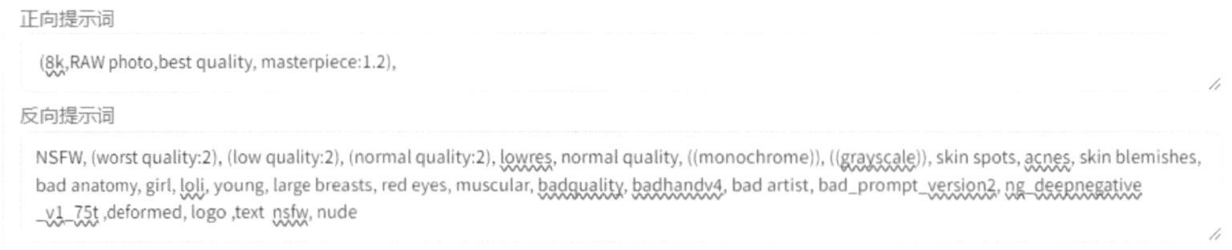

正向提示词

(8k,RAW photo,best quality, masterpiece:1.2),

反向提示词

NSFW, (worst quality:2), (low quality:2), (normal quality:2), lowres, normal quality, ((monochrome)), ((grayscale)), skin spots, acnes, skin blemishes, bad anatomy, girl, loli, young, large breasts, red eyes, muscular, badquality, badhandv4, bad artist, bad_prompt_version2, ng_deepnegative_v1_75t ,deformed, logo ,text nsfw, nude

（9）在“输出”选项，将“帧率”设置为 20，不添加音轨，如下图所示。选择文生视频风格的大模型，这里选择的是 meinamix_meinaV11.safetensors 。

（10）点击“生成”按钮，文生视频就制作完成了，如下图所示。

制作真人视频转绘动漫实战

Deforum不仅可以实现场景的变换和穿越，还可以通过视频生视频功能实现视频风格的转换，通过转绘视频风格可以让枯燥的视频变得更有趣，为创作者提供了更大的创作空间。笔者这里将一段写实人物化妆视频转换为动漫风格视频，写实人物化妆视频图片如下图所示，具体操作步骤如下。

（1）进入SD Deforum界面，选择“运行”选项，“采样方法”选择Euler a，“迭代步数”设置为25，“宽度”设置为540，高度设置为960，输入“批次名称”，这里输入的是Deforum_{timestring}，如下图所示。

运行 关键帧 提示词 初始化 ControlNet 混合视频 输出
仅预览运动效果。使用一张静态图片进行初始化，然后绘制运动参考矩形
运动预览模式(预演)
采样方法 Euler a
迭代步数 25
宽度 512
高度 768
随机数种子(Seed)
动画起始随机数种子。设置 -1 为随机
-1
批次名称
输出图像会置于图生图输出文件夹内含此名称的文件夹中。({timestring}这个词元会被替换)也支持参数占位符，例如：{seed}，{w}，{h}，{prompts}等
Deforum_{timestring}

（2）选择“关键帧”选项，“动画模式”选择“视频输入”，“边界处理模式”选择“覆盖”，如下图所示。

运行 关键帧 提示词 初始化 ControlNet 混合视频 输出
动画模式
动画控制模式，会在修改模式后自动隐藏不相关参数
2D 3D 视频输入 插值
边界处理模式
控制小于设定画布的图像的像素生成模式，鼠标指针悬停在选项上以查看更多信息
复制 覆盖

（3）“强度调度计划”设置为 0: (0.65)，“CFG 系数调度计划”设置为 0: (6.5)，“种子行为”选择“迭代”，“种子迭代量 N”填入 1，如下图所示。

强度 CFG 随机数种子 (Seed) 第二种子 迭代步数 采样方法 模型

种子行为

控制用于制作动画的随机数种子行为。悬浮鼠标指针在不同选项上查看更多信息。

迭代 固定 随机 阶梯式 交替 参数表

种子迭代量 N

在迭代到下一个新种子之前该种子应使用多少帧

1

（4）在“噪声”选项，“噪声类型”选择“柏林 (perlin)”，“噪声调度计划”填入 0: (0.065)，“柏林噪声倍频”设置为 4，“柏林噪声递增幅度”设置为 0.5，勾选“启用噪声倍率调度”，“噪声倍率调度计划”填入 0: (1.05)，如下图所示。

运动 噪声(点) 一致性 模糊抑制 深度变形 & 视场角

噪声类型

均匀 (uniform) 柏林 (perlin)

噪声调度计划

0: (0.065)

柏林噪声倍频 4 柏林噪声递增幅度 0.5

启用噪声倍率调度

噪声倍率调度计划

0: (1.05)

（5）在“提示词”选项的提示词输入框中，在第 0 帧撰写视频起始帧的提示词，如下图所示。

运行 关键帧 提示词 初始化 ControlNet 混合视频 输出

关于提示词模式的重要提示

提示词

JSON 格式的完整提示词列表，左边的值是帧序号

```
{
  "0": "anime,solo,1 girl,bathrobe,applying_makeup,puffphox,"
}
```

（6）在“正向提示词”输入框中填入 masterpiece,best quality，在“反向提示词”输入框中填入 nsfw, nude，如下图所示。

正向提示词

masterpiece,best quality

反向提示词

nsfw, nude

（7）在“初始化”选项选择“视频初始化”功能，在“视频初始化路径 / 链接”输入框中填入视频的路径这里填入的是 C:\Users\Administrator\Desktop\viedo.mp4，“提取开始帧”设置为 0，“提取结束帧”设置为 -1，“每 N 帧提取一次”设置为 1，如下图所示。

运行 关键帧 提示词 初始化 ControlNet 混合视频 输出
图像初始化 视频初始化 蒙版初始化 参数定序器 (parameter sequencer)
视频初始化路径/链接
C:\Users\Administrator\Desktop\viedo.mp4
提取开始帧 提取结束帧 每 N 帧提取一次 覆盖已有帧
0 -1 1

（8）在“输出”选项，“帧率”设置为 24，不添加音轨，如下图所示。这里想要把真人跳舞视频转换为动漫风格，所以选择动漫类型的大模型，这里选择的是 meinamix_meinaV11.safetensors。

（9）点击“生成”按钮，写实人物化妆视频就转变成为动漫风格视频了，如下图所示。

第7章
使用 ComfyUI 生成视频

ComfyUI 视频

相较于其他 AI 绘图和视频生成软件，ComfyUI 通过其节点式工作流设计，使得视频生成过程更加高效，特别是在处理复杂场景和长视频时，ComfyUI 能够显著缩短生成时间。对于 ComfyUI 的基础部分内容，由于本书内容有限，所以没有详细讲解，这一部分内容建议参考同一系列 ComfyUI 基础入门的图书。

植物跳舞视频工作流

在搭建工作流之前，先要有搭建的思路，想好可能用到的节点，规划每个节点在工作流中起到的作用以及在工作流中的位置。

笔者在搭建“植物跳舞视频工作流”时，首先使用“加载视频”节点上传视频，因为要将人物的动作提取出来，所以使用 SAM 语义分割部分节点将人物提取出来。

其次再使用遮罩部分节点将提取出来的人物变为遮罩传送给 IPAdapter 部分节点，这样 IPAdapter 部分节点将上传的图像内容与遮罩内容融合，就生成了植物人形，Controlnet 部分节点通过接受人物动作图像来控制生成图像的人物动作。

再通过 AnimateDiff 部分节点将生成的图像转换为动态图像，通过重绘放大图像以及帧插值部分节点来提升视频的清晰度和视频的稳定度。

最终通过“合并为视频”节点，将动态图像合成为连贯的视频，具体操作如下。

（1）准备一段真人跳舞视频，进入 ComfyUI 界面，新建“加载视频”节点，点击“选择视频上传”按钮，上传真人跳舞视频，其他参数设置保持默认不变，如右图所示。

（2）新建“G-DinoSAM 语义分割”“G-Dino 模型加载器”“SAM 加载器”“遮罩扩展”“遮罩到图像”节点。在“G-DinoSAM 语义分割”节点的“提示词”输入框中填入 boy,body,human,hair,shirt, clothes，“阈值”设置为 0.3；在“G-Dino 模型加载器”节点，“模型名称”选择 GroundingDINO_SwinT_OGC(694MB)；在“SAM 加载器”节点，“模型名称”选择 sam_vit_b_01ec64.pth，“设备模式”选择 Prefer GPU；在“遮罩扩展”节点，“扩展”设置为 5，开启“倒角”；如下图所示。

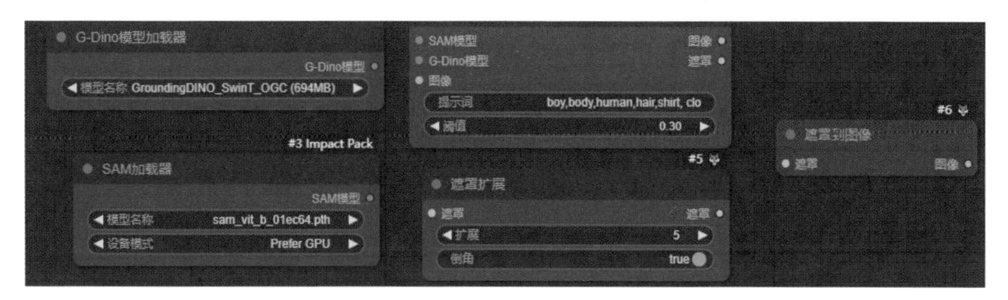

（3）将“加载视频”“G-DinoSAM 语义分割”“G-Dino 模型加载器”“SAM 加载器”“遮罩扩展”“遮罩到图像”节点的对应端口连接，这一部分的作用主要是，上传真人跳舞视频，并将真人跳舞视频每一帧的人物动作生成遮罩图像提供给后面的 Controlnet 使用，所以将这一部分的节点创建为“视频上传”组，如下图所示。

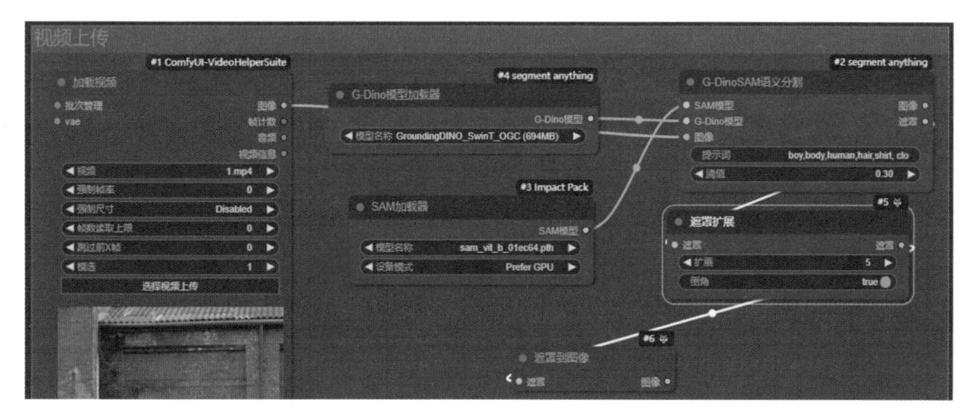

（4）准备一张植物素材图像，新建“应用 IPAdapter(高级)”“IPAdapter 加载器”“加载图像”节点；在“应用 IPAdapter(高级)”节点，“权重”设置为 2，“权重类型”设置为 ease in-out，其他参数默认不变；在“IPAdapter 加载器”节点，预设选择“PLUS(高强度)”；在“加载图像”节点，单击“选择图像”按钮上传植物素材图像，如下图所示。

（5）将“遮罩扩展”“应用 IPAdapter(高级)”“IPAdapter 加载器”“加载图像”节点的对应端口连接，这一部分主要是利用 IPAdapter 将植物素材图像替换到人物动作遮罩图像，让植物替代人物，从而达到植物跳舞的效果，所以将这一部分的节点创建为 IPAdapter 组，如下图所示。

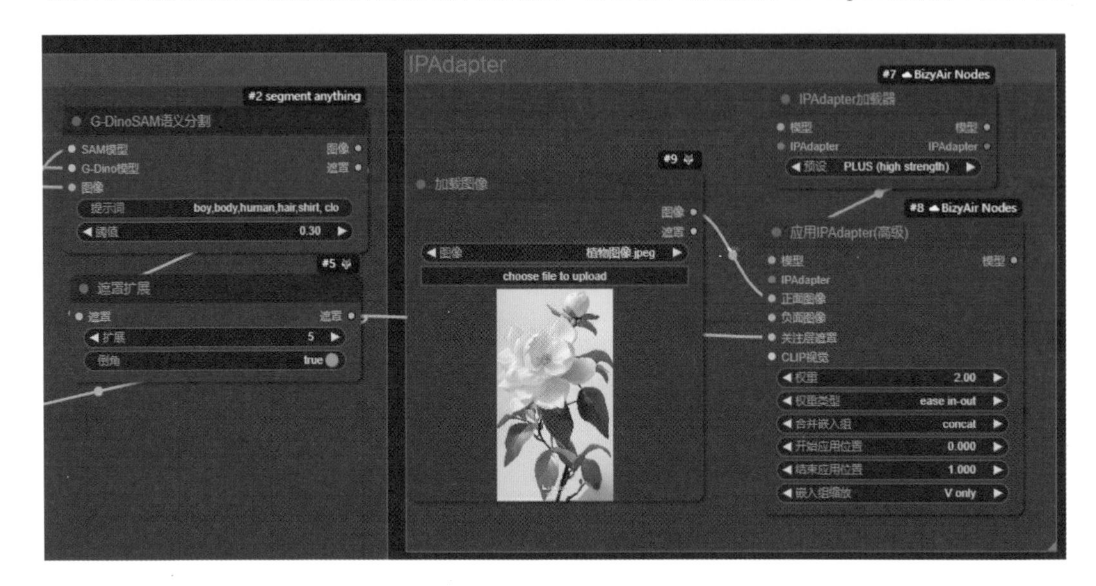

（6）新建“动态扩散加载器”和“上下文设置(循环统一)”节点；在“动态扩散加载器”节点，“模型名称”选择 AnimateLCM_sd15_t2v.ckpt，“调度器”选择 lcm >> sqrt_linear，“动态缩放”设置为 1，开启“使用 v2 模型”；在“上下文设置(循环统一)”节点设置“上下文长度”为 16，“上下文步长”为 1，“上下文重叠”为 4，“融合方法”选择 pyramid，其他参数保持默认不变，如下图所示。

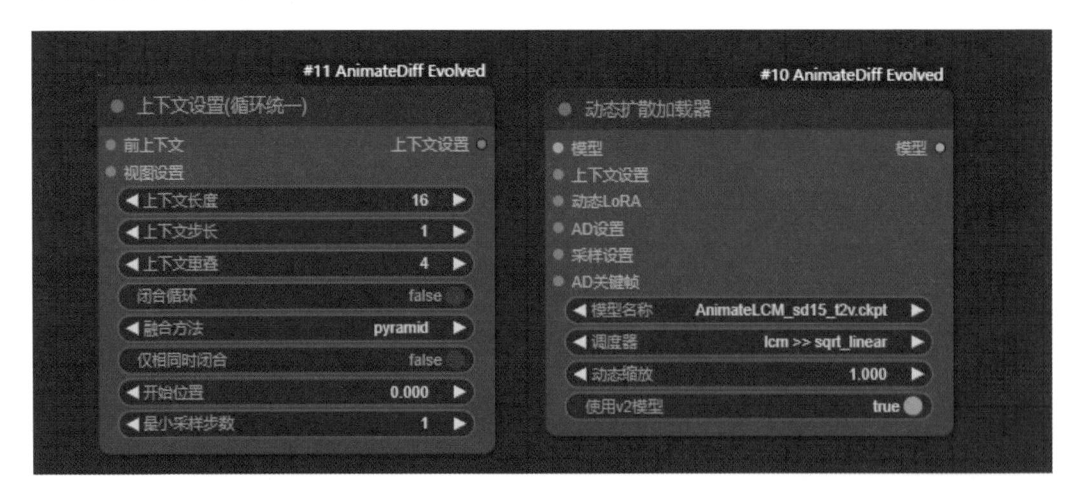

（7）将“应用 IPAdapter(高级)”“动态扩散加载器”和“上下文设置(循环统一)”节点的对应端口连接；这一部分主要是通过 AnimateDiff 将图像转换为动态图像，所以将这一部分的节点创建为 AnimateDiff 组，如下图所示。

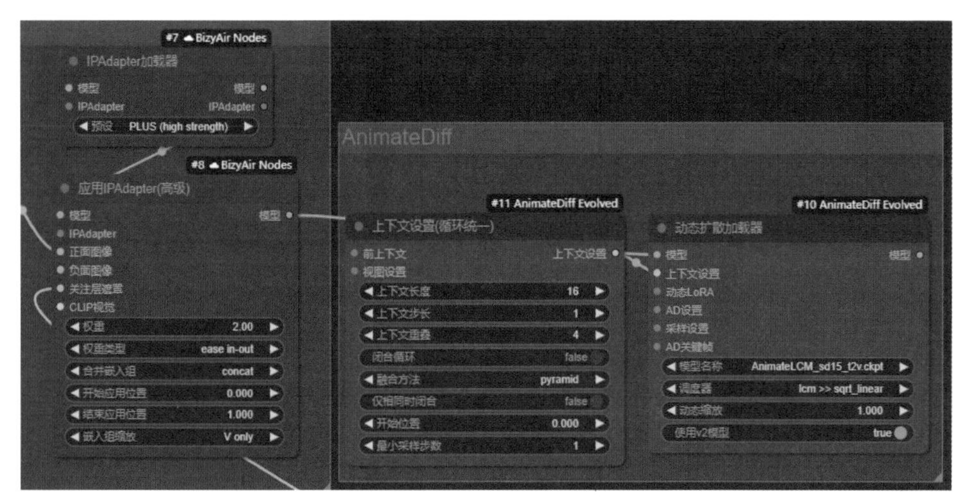

（8）新建“效率加载器”和“K 采样器 (效率)”节点；在“效率加载器”节点，“CKPT 模型名称”选择 dreamshaper_8LCM.safetensors，VAE 选择 vae-f-mse-840000-ema-pmned. safetensors，CLIP Skip 选择 -2，在正向提示词输入框中填入“(ultra high res:1.4), (masterpiece), (beautiful lighting:1.4) , Bright sunlight illuminates ,flower,raining”，在反向提示词输入框中填入“oversaturated, [deformed | disfigured], poorly drawn, [bad : wrong] anatomy, [extra | missing | floating | disconnected] limb, (mutated hands and fingers), blurry, text, watermark”，将“批次大小”转换为输入，如下左图所示。

（9）在“K 采样器 (效率)”节点，将“随机种”转换为输入，“步数”设置为 10，CFG 设置为（1）5，“采样器”选择 lcm，“调度器”选择 sgm_uniform，“降噪”设置为 1，“VAE 解码”选择“是”，如下右图所示。

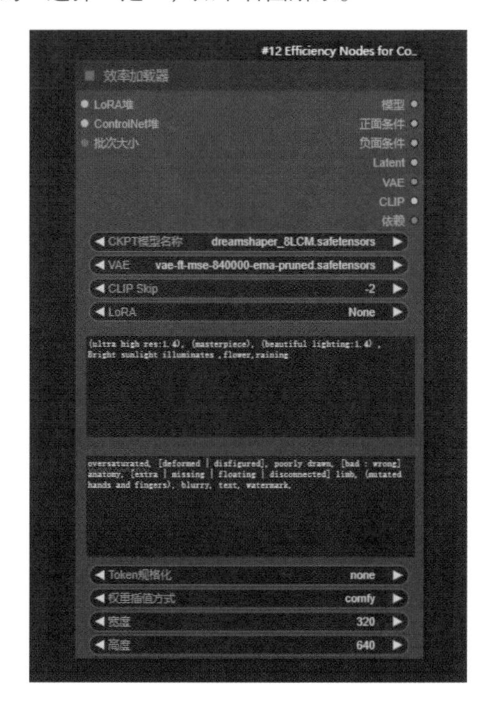

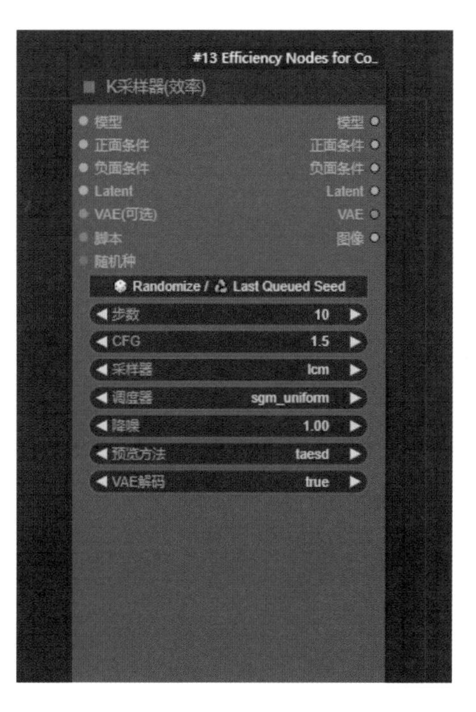

（10）新建“LoRA 堆”节点，“输入模式”选择 simple，“LoRA 数量”设置为 2，LoRA_1 选择 ghibli_style_offset.safetensors，“LoRA 权重 _1”设置为 0.5，LoRA_2 选择 add_detail.safetensors，“LoRA 权重 _2”设置为 0.6，如下左图所示。

（11）新建“ControlNet 堆”和“ControlNet 加载器（高级）”节点；在“ControlNet 加载器（高级）”节点，“ControlNet 名称”选择 control_v1p_sd15_qrcode_monster.safetensors；在“ControlNet 堆”节点，“强度”设置为 0.9，其他参数保持默认不变，如下右图所示。

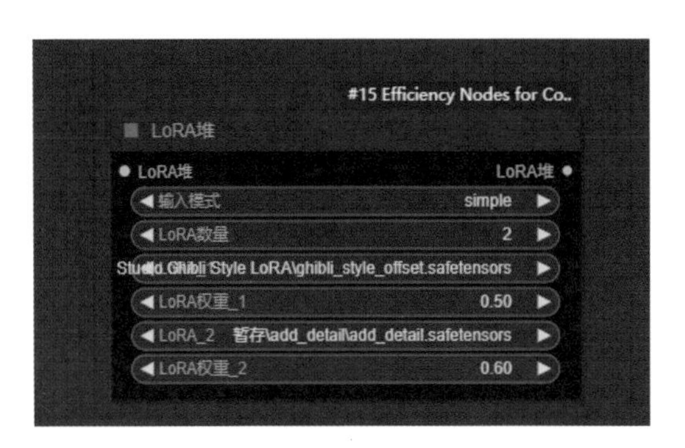

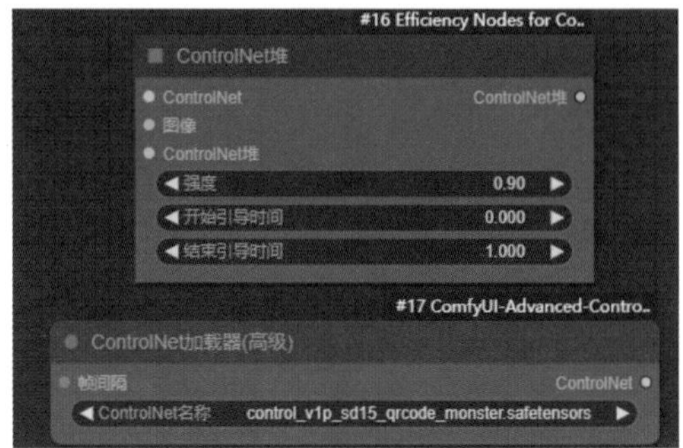

（12）新建“Primitive 元节点”和“空 Latent”节点；在“空 Latent”节点，将“批次大小”转换为输入，“宽度”设置为 288，“高度”设置为 512，这里将图像尺寸设置小一点是为了生图的速度更快一些，后面还会将生成的图像放大；将“Primitive 元节点”节点的“连接到组件输入”输出端口连接到“K 采样器（效率）”节点的“随机种”输入端口，将“值”设置为 880555907568232，“运行后操作”选择“固定”，如下图所示。

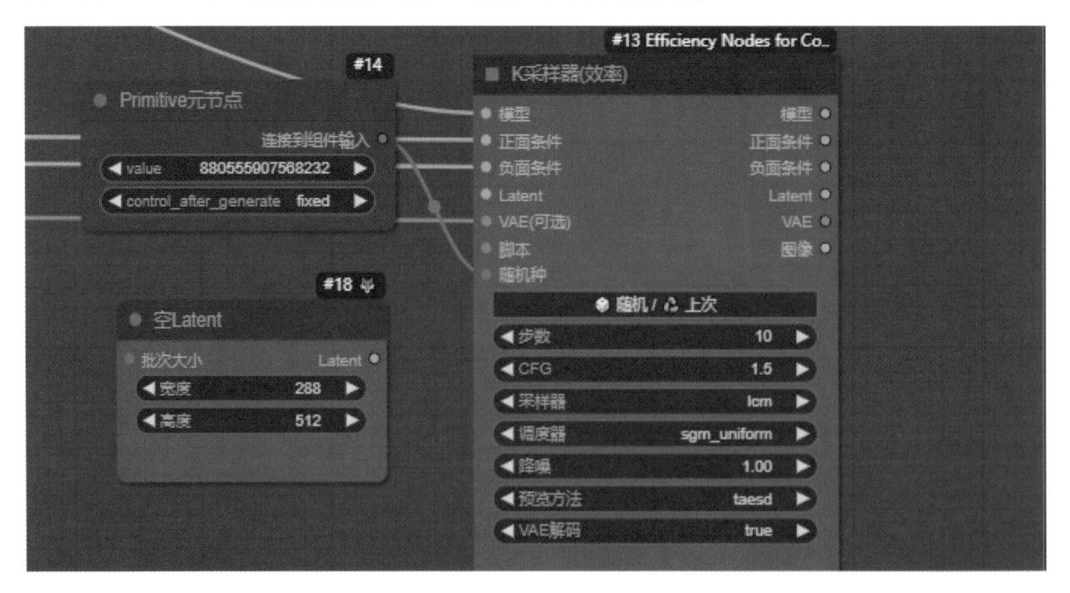

（13）将“加载视频”“IPAdapter 加载器”“效率加载器”“K 采样器（效率）”“LoRA 堆”“动态扩散加载器”“遮罩到图像”“ControlNet 堆”和“ControlNet 加载器（高级）”节点的对应端口连接；这一部分主要是根据人物遮罩生成植物图像，所以将这一部分的节点创建为“生图部分”组，如下图所示。

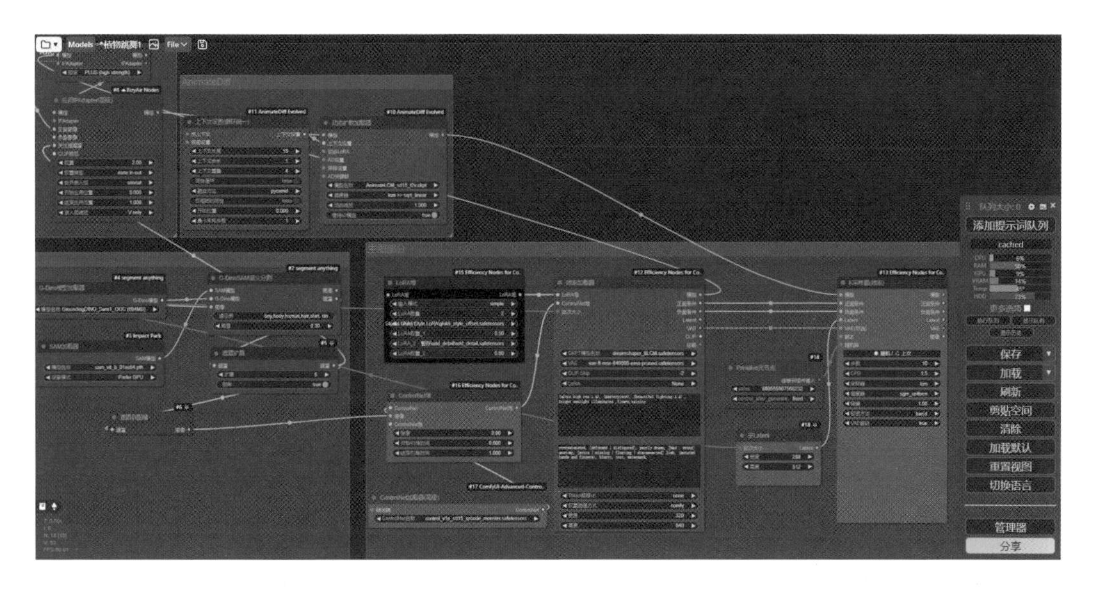

（14）新建“图像按系数缩放”“VAE 编码”和“K 采样器（效率）”节点；在“图像按系数缩放”节点，“缩放方法”选择 lanczos，“系数”设置为 1.75；在“K 采样器（效率）”节点，将“随机种”转换为输入，“步数”设置为 8，CFG 设置为 1，“采样器”选择 lcm，“调度器”选择 sgm_uniform，“降噪”设置为 0.5，“VAE 解码”选择“是”；如下图所示。

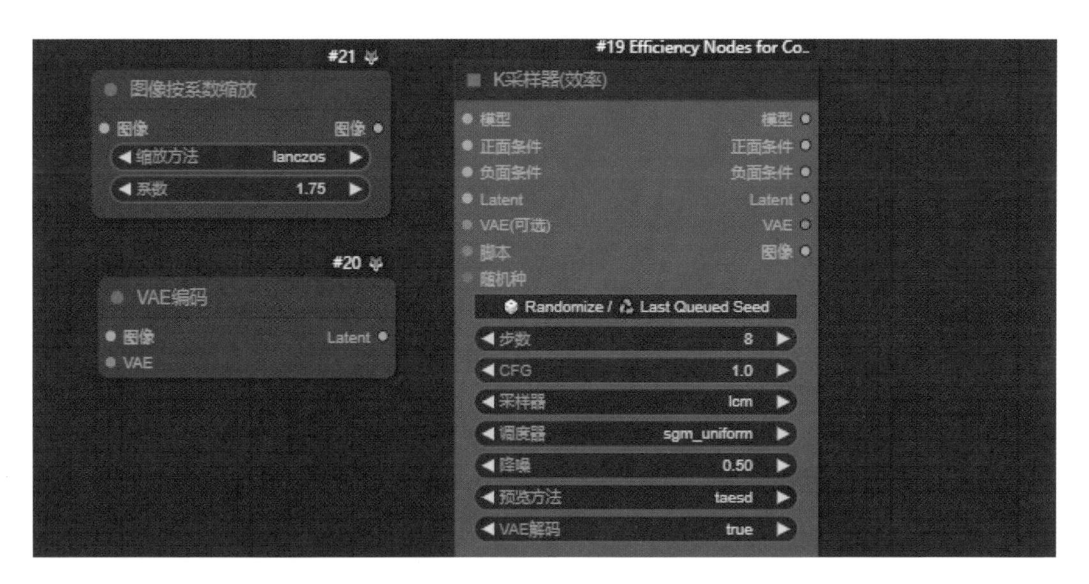

（15）将“效率加载器”“Primitive 元节点”“图像按系数缩放”“VAE 编码”、生图部分的“K 采样器（效率）”和刚创建的“K 采样器（效率）”节点的对应端口连接；这一部分主要是将生成植物图像进行重绘放大，所以将这一部分的节点创建为“重绘放大”组，如下图所示。

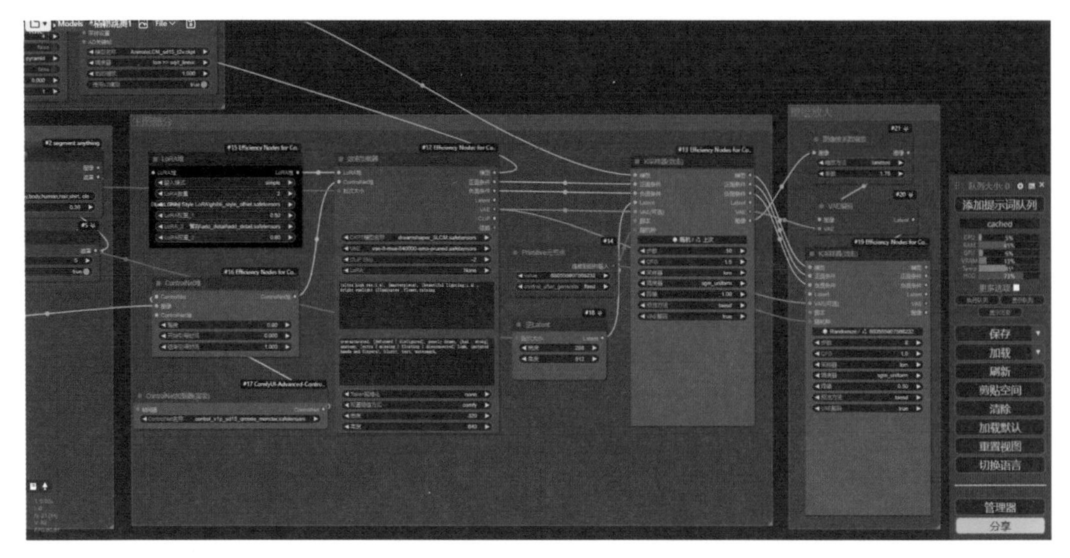

（16）新建“图像缩放”和RIFE VFI节点；在“图像缩放”节点，“缩放方法”选择“邻近-精确”，“宽度”设置为1080，“高度”设置为1920，禁用“裁剪”；在RIFE VFI节点，“ckpt名称”选择rife47.pth，“N帧后清除缓存”设置为10，“乘数”设置为2，开启“快速模式”和ensemble，“缩放系数”设置为1，如下图所示。

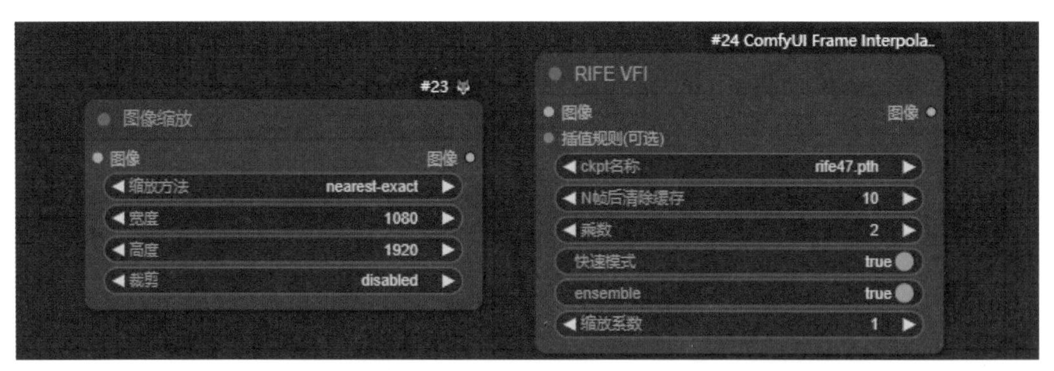

（17）将第2个“K采样器（效率）”“图像缩放”和RIFE VFI节点的对应端口连接；这一部分主要通过RIFE VFI节点在视频序列中插入额外的帧，以提高视频的帧率，所以将这一部分的节点创建为“帧插值”组，如下图所示。

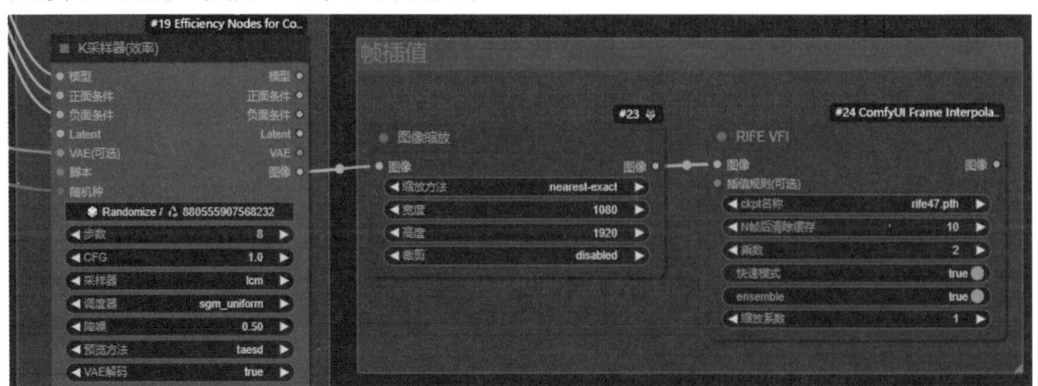

（18）新建“合并为视频”节点，将“帧率”设置为 30，“格式”选择 video/h264-mp4，pix_fmt 选择 yuv420p，crf 设置为 5，关闭 save_metadata 和 Ping-Pong，开启“保存到输出文件夹”，如下图所示。

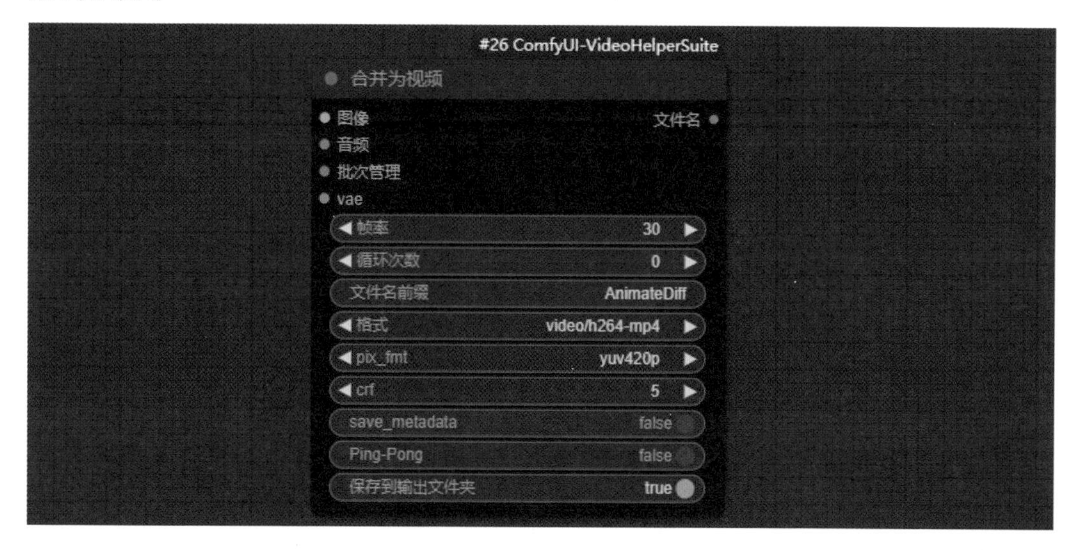

（19）将 RIFE VFI 节点和“合并为视频”节点的对应端口连接，如下图所示。到此制作植物跳舞视频的工作流就搭建完成了。

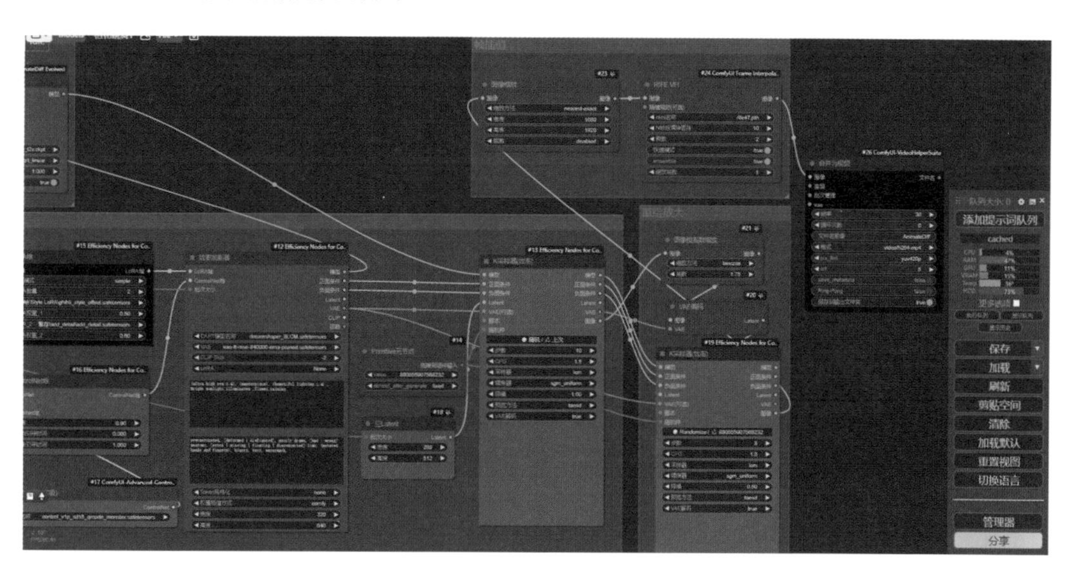

（20）点击“添加提示词队列”按钮，即可根据上传的真人跳舞动作视频和植物图像生成植物跳舞的视频，生成效果如下图所示。

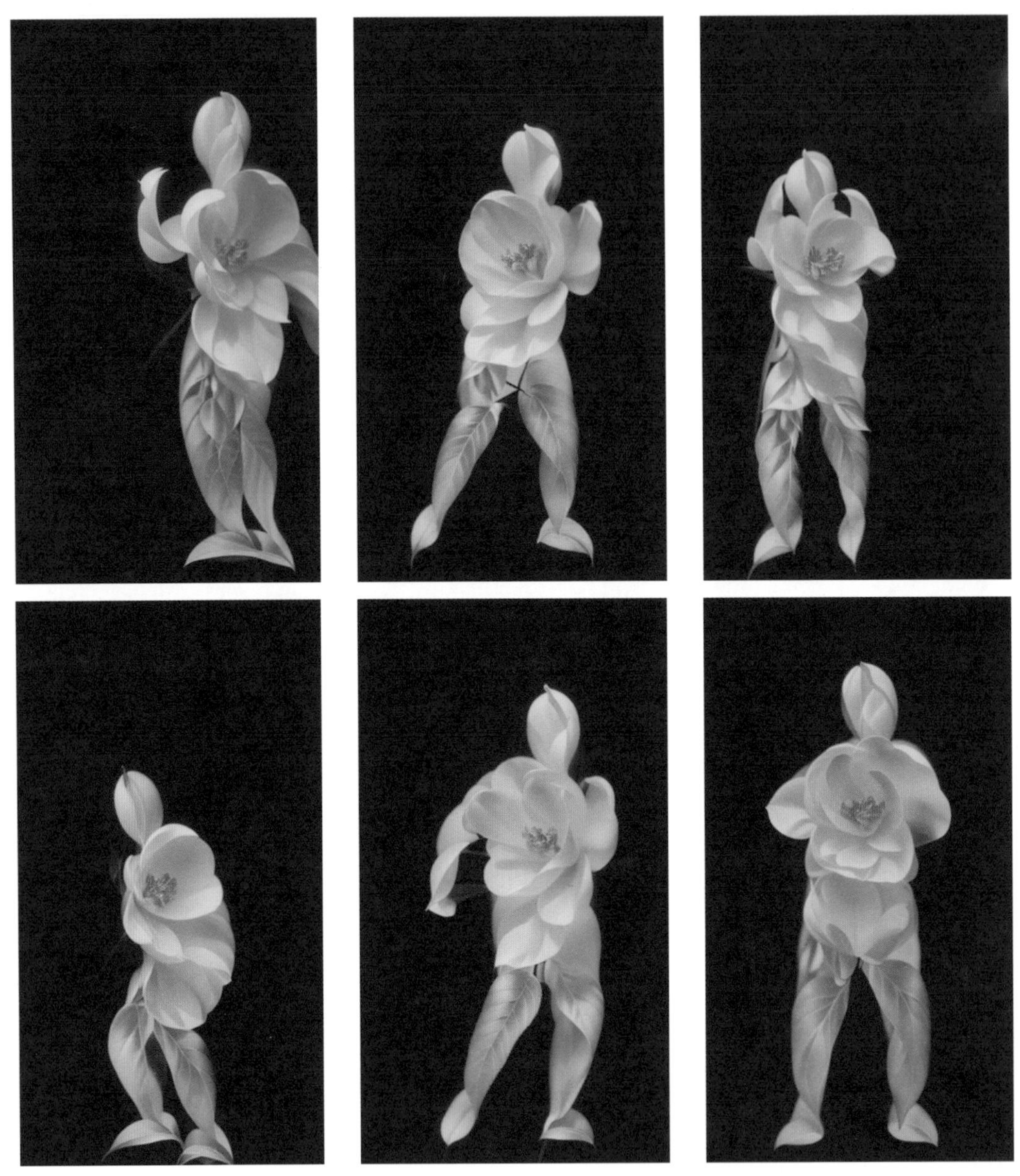

（21）可以发现，在这个植物跳舞视频的工作流生成的植物跳舞视频没有背景，原因是没有添加背景部分的节点，其实添加背景和添加植物图像的方法类似，都是通过使用IPAdapter添加，这里笔者准备为刚制作的植物跳舞视频添加火星的背景，具体操作如下。

（22）准备一张火星背景素材图像，在IPAdapter组内新建“应用IPAdapter(高级)”和“加载图像”节点；在“应用IPAdapter(高级)”节点，将“权重”设置为1.2，“权重类型”选择ease in-out，其他参数保持默认不变；在“加载图像”节点点击“上传图像”按钮，上传火星背景素材图像；将两个“应用IPAdapter(高级)”“加载图像”“IPAdaptem加载器”“动态扩散加载器”节点对应端口连接，如下图所示。

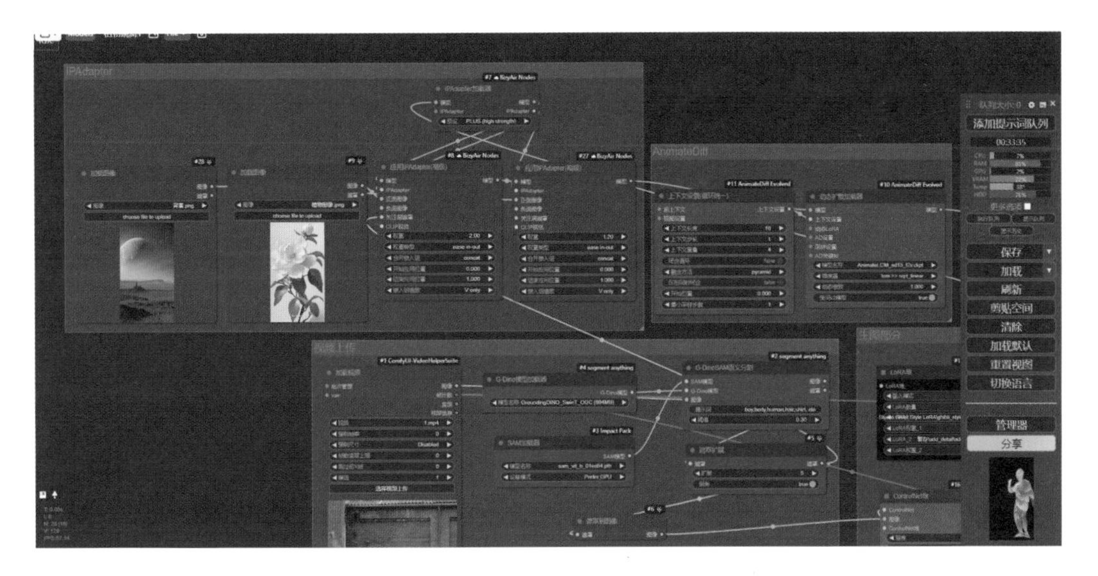

（23）在“视频上传”组内新建“遮罩反转”节点，将“遮罩扩展”节点的“遮罩”输出端口连接到“遮罩反转”的“遮罩”输入端口，将“遮罩反转”的“遮罩”输出端口连接到背景图像的“应用 IPAdapter(高级)”节点的“关注层遮罩”输入端口，如下图所示。这里将遮罩反转是为了将上传的背景图像替换到除了人物遮罩以外的区域，也就是为视频生成背景。

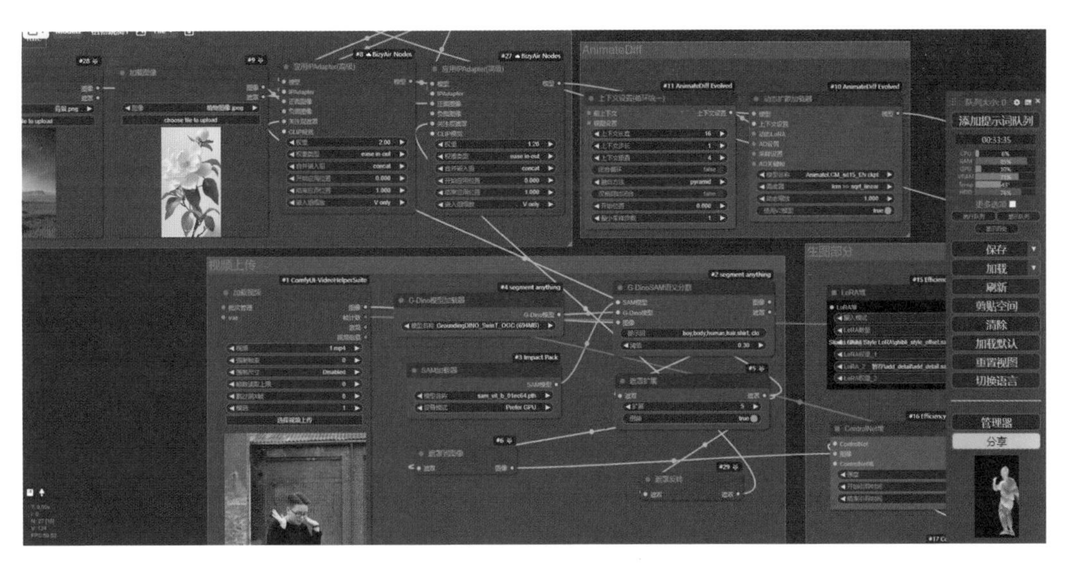

（24）点击“添加提示词队列”按钮，即可根据上传的真人跳舞动作视频、植物图像和背景图像生成植物在火星跳舞的视频，生成效果如下图所示。这里背景效果不太明显，可以在“应用 IPAdapter(高级)”节点调节“权重”数值，让背景效果更为明显。

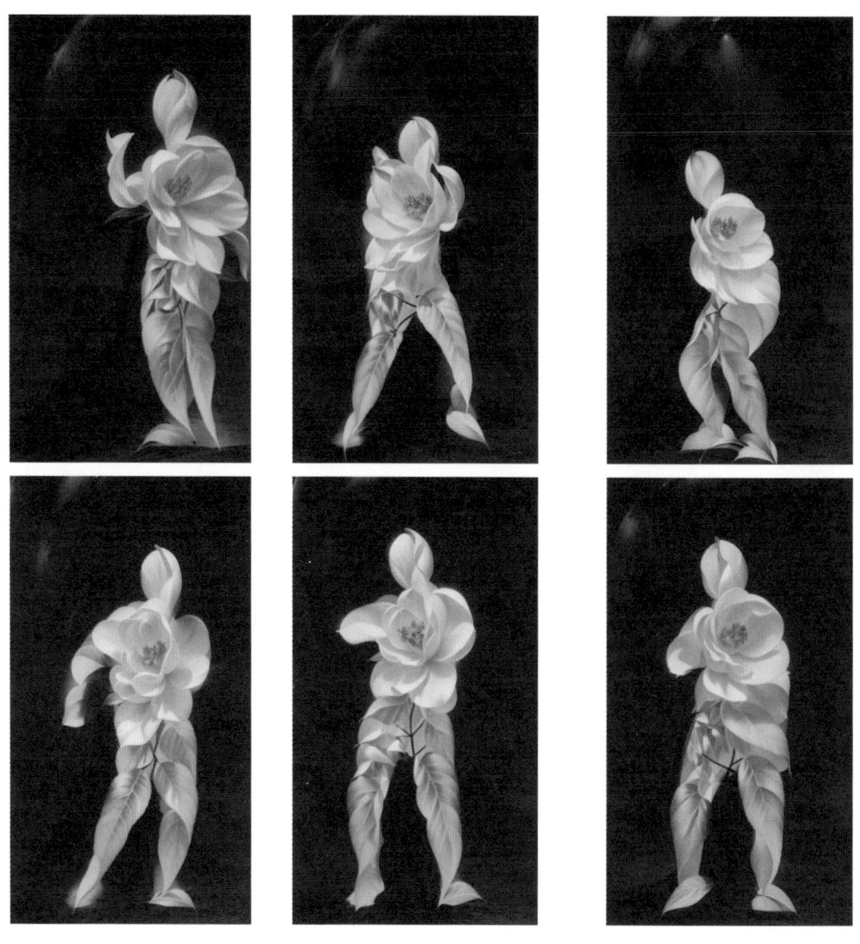

（25）除了可以生成植物跳舞的视频，运用同样的方法还可以制作任意物体的跳舞视频，基本操作不变，只需要更改上传图片即可，这里笔者又生成了水花跳舞的视频，如下图所示。

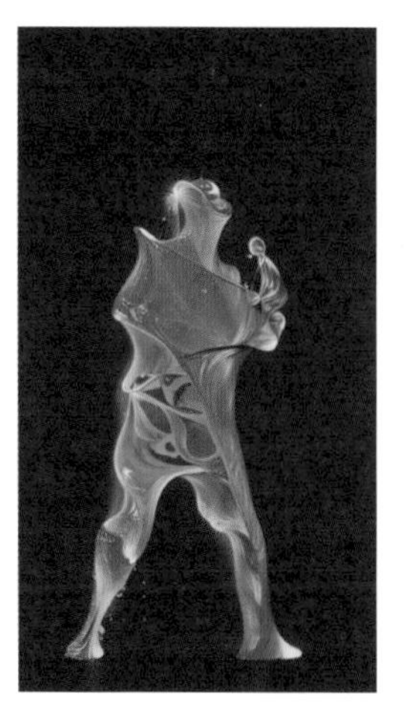
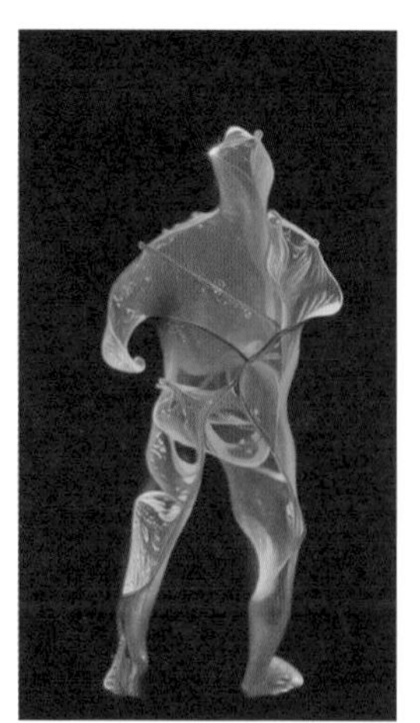
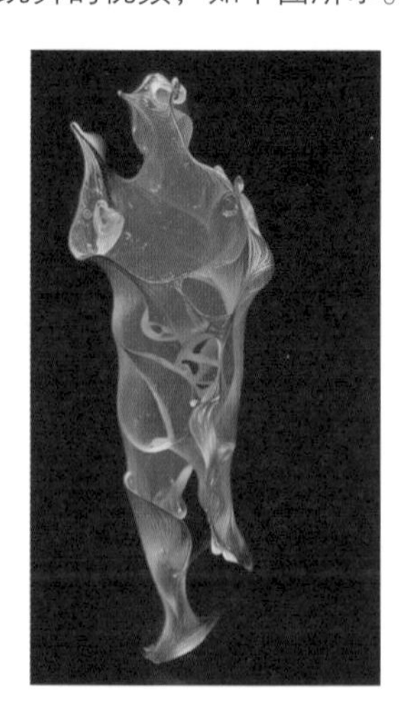

利用 ComfyUI 将真实视频转绘为漫画风格视频

相比于普通的真实视频，漫画风格视频往往具有更加鲜明、夸张的视觉元素，能够迅速吸引观众的注意力，在之前想要实现视频转绘会比较困难，但是 ComfyUI 的出现，使得视频转绘一键就能完成。

笔者首先使用“加载视频”节点上传视频，为了加快生成视频的速度，使用图像缩放部分节点将视频缩小，通过 Openpose 和 depth 控制上传视频中人物的动作和大体形态。

再通过使用动漫类型的大模型将图像的风格由写实转变为动漫，使用“提示词调度”节点保证视频中人的外貌和穿着不会发生太大变化，通过 AnimateDiff 部分节点将生成的图像转换为动态图像，通过放大图像部分节点来提升视频的清晰度。

最终通过“合并为视频”节点，将动态图像合成为连贯的视频，具体操作步骤如下。

（1）准备一段真人素材视频，进入 ComfyUI 界面，新建“加载视频”“图像缩放”节点以及 2 个“整数”节点；在“加载视频”节点，点击“选择视频上传”按钮，上传真人素材视频，其他参数设置保持默认不变；在“图像缩放”节点，将“宽度”和“高度”转换为输入，“缩放方法”选择“邻近 - 精确”，关闭“裁剪”；将 2 个“整数”节点的“值”分别设置为 512 和 768。如右图所示。

（2）将“值”为 512 的“整数”节点的“整数”输出端口连接到“图像缩放”节点的“宽度”输入端口，将“值”为 768 的“整数”节点的“整数”输出端口连接到“图像缩放”节点的“高度”输入端口，将“加载视频”节点的“图像”输出端口连接到“图像缩放”节点的“图像”输入端口；这一部分的作用主要是上传真人素材视频，并将真人素材视频修改为较小的尺寸，所以将这一部分的节点创建为“加载视频”组，如右图所示。

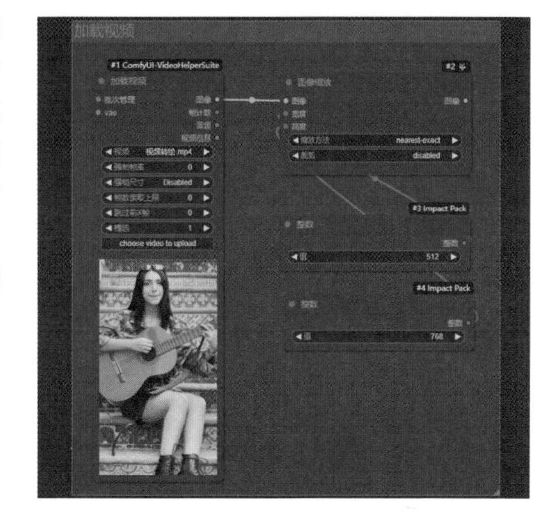

（3）新建“效率加载器”节点，因为笔者想把真人视频转绘为动漫视频，因此“CKPT模型名称”选择countereitV30_v30.safetensors，VAE选择vae-f-mse-840000-ema-pmned.safetensors，CLIP Skip选择-2，将“宽度”“高度”和“批次大小”转换为输入，如下图所示。

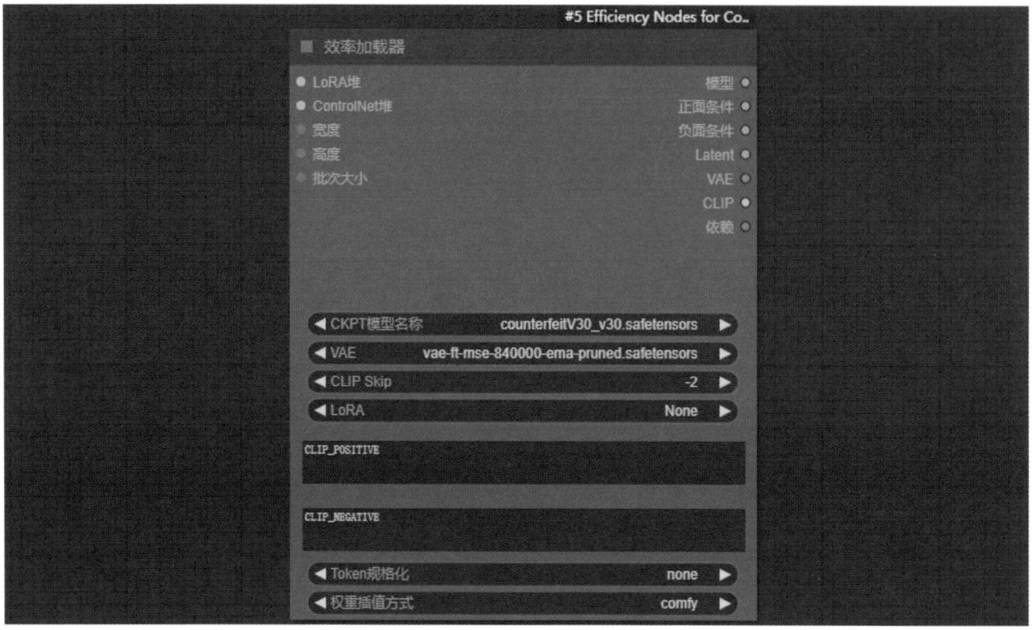

（4）新建“LoRA堆”节点，“输入模式”选择simple，“LoRA数量”设置为2，LoRA_1选择AnimateLCM_sd15_t2v_lora.safetensors，LoRA权重_1设置为1，LoRA_2选择add_detail.safetensors，LoRA权重_2设置为0.8，如下图所示。

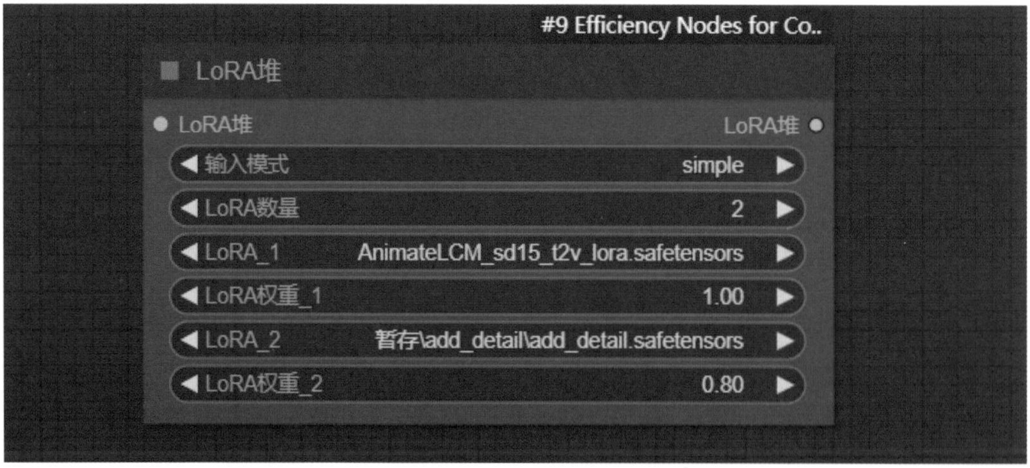

（5）将“效率加载器”“LoRA堆”“加载图像”“整数”节点的对应端口连接；这一部分的作用主要是为了生成图像加载模型，因此将这一部分的节点创建为“加载模型”组，如下图所示。

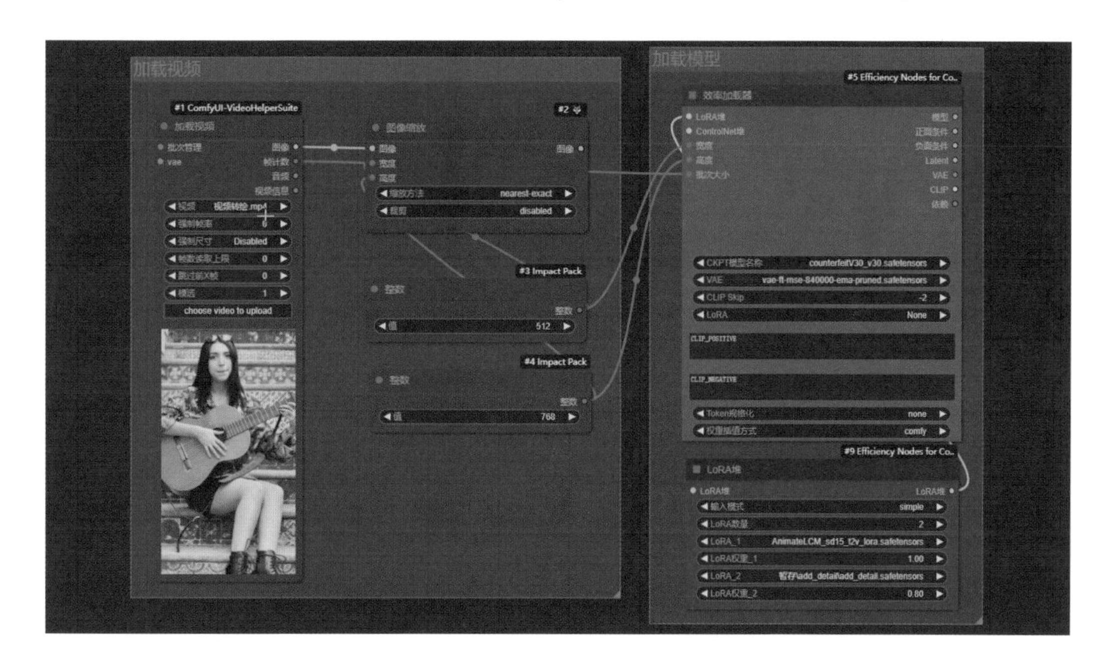

（6）新建“提示词调度（批次）”“字符串”和“CLIP 文本编码器”节点；在“提示词调度（批次）”节点，将“最大帧数”转换为输入，在文本框中输入 "0" :"1girl, instrument, solo, eyewear on head, black hair, guitar, sitting, long hair, boots, stairs, holding instrument, looking at viewer, black footwear, shirt, playing instrument, realistic, sunglasses, smile, holding, sitting on stairs, skirt, shorts, music, lips, glasses, brown eyes"，即对视频真实画面的描述，其他参数保持不变；在“字符串”节点文本框中输入 (masterpiece), (high quality), (best quality), (detailed), hd, detailed face, detailed body，这里文本框的作用是在提示词前面添加的内容，所以将“字符串”节点的“字符串”输出端口连接到“提示词调度（批次）”节点的“预置文本”输入端口；在“CLIP 文本编码器”节点的文本框中输入负面提示词，可以是输入嵌入式负面提示词或者负面提示词组，如下图所示。

（7）将“提示词调度（批次）”“CLIP 文本编码器”“效率加载器”“加载视频”节点的对应端口连接；这一部分的主要作用是为生成图像提供正反向提示词，所以将这一部分的节点创建为“提示词”组，如下图所示。

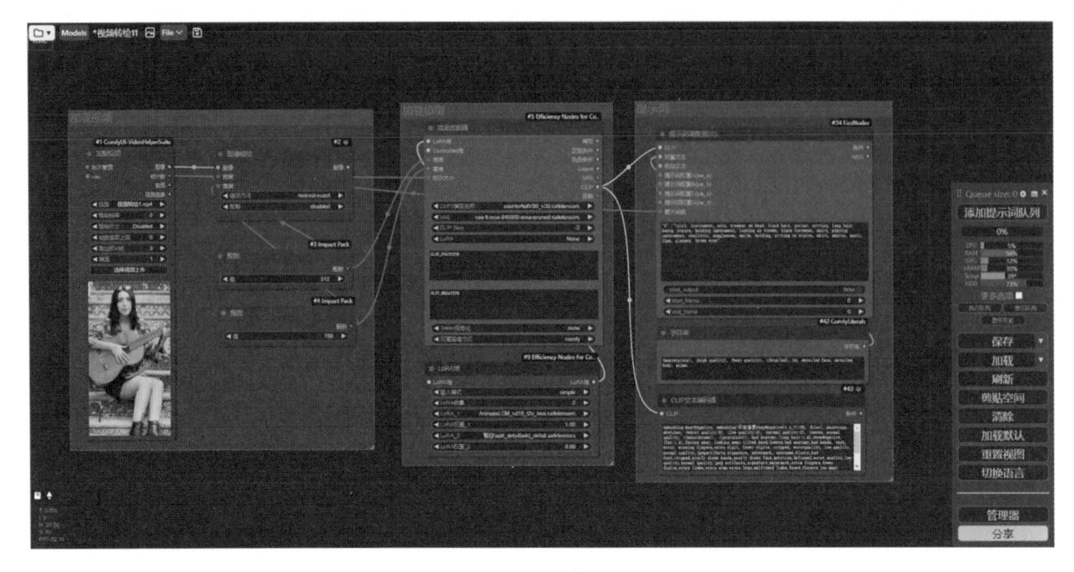

（8）新建“ControlNet 堆”“DW 姿态预处理器”和“ControlNet 加载器”节点；在“ControlNet 堆”节点，将“强度”设置为 0.8，其他参数保持默认不变；在“DW 姿态预处理器”节点，将“分辨率”转换为输入，开启“检测手部”“检测身体”“检测面部”，“BBox 检测”选择 yolox_l.onnx，“姿态预估”选择 dw-l_ucoco 384.onnx；在“ControlNet 加载器”节点，“ControlNet 名称”选择 control_v11p_sd15_openpose.pth；将“ControlNet 堆”“DW 姿态预处理器”和“ControlNet 加载器”节点的对应端口连接，如下图所示。

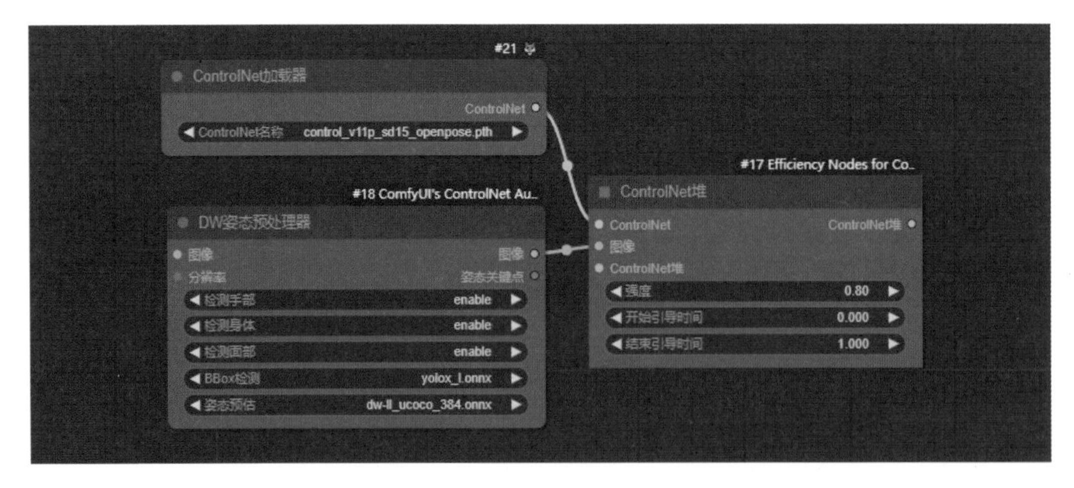

（9）上一步中创建的 openpose 主要负责提取人物的动作，除了需要控制人物的动作，还需要创建 depth 来控制人物的大体形态，所以还需要一组 ControlNet。新建“ControlNet 堆”“Zoe 深度预处理器”和“ControlNet 加载器”节点；在“ControlNet 堆”节点，将“强度”设置为 0.8，其他参数保持默认不变；在“Zoe 深度预处理器”节点，将“分辨率”转换为输入；在“ControlNet 加载器”节点，“ControlNet 名称”选择 control_v11f1p_sd15_depth.pth；将“ControlNet 堆”“Zoe 深度预处理器”和“ControlNet 加载器”节点的对应端口连接，如下图所示。

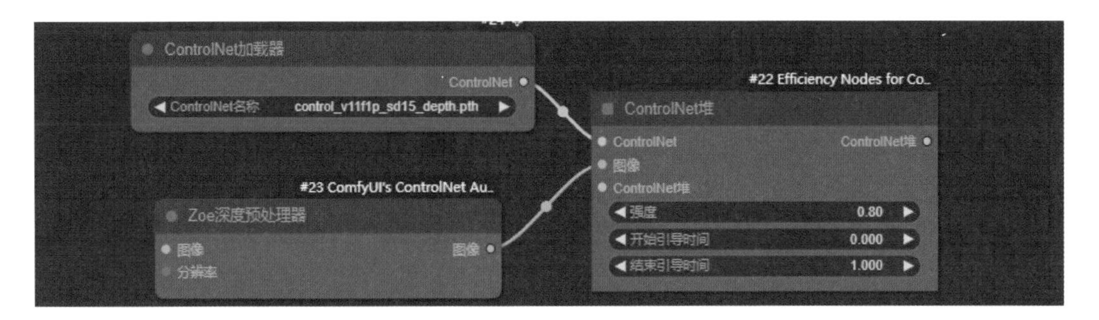

（10）将“图像缩放”节点、宽度“整数”节点、两组ControlNet节点的对应端口连接；分别为两组ControlNet节点创建相对应的组，以便控制和区分，如下图所示。

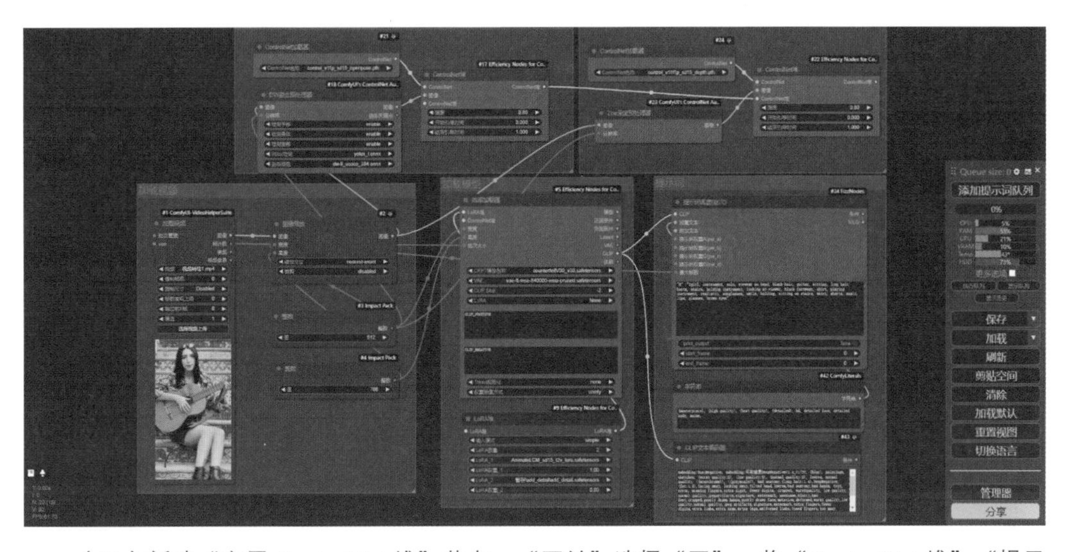

（11）新建“应用ControlNet堆”节点，“开关”选择“开”；将“ControlNet堆”“提示词调度(批次)”“CLIP文本编码器”节点的对应端口连接，如下图所示；这一部分主要是将ControlNet与提示词连接起来，使提示词参与ControlNet的控制。

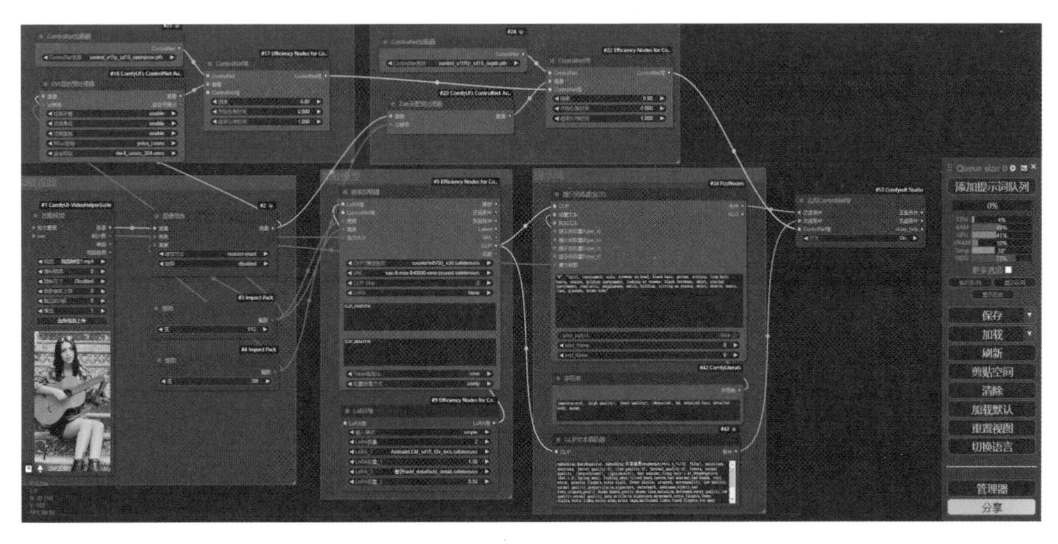

（12）新建“动态扩散加载器”和“上下文设置（循环统一）”节点；在“动态扩散加载器”节点，“模型名称”选择 AnimateLCM_sd15_t2v.ckpt，“调度器”选择 lcm >> sqrt_linear，“动态缩放”设置为 1，开启“使用 v2 模型”；在“上下文设置（循环统一）”节点设置“上下文长度”为 16，“上下文步长”为 1，“上下文重叠”为 4，“融合方法”选择 pyramid，其他参数保持默认不变，将“上下文设置”输出端口连接到“动态扩散加载器”节点的“上下文设置”输入端口；如下图所示。

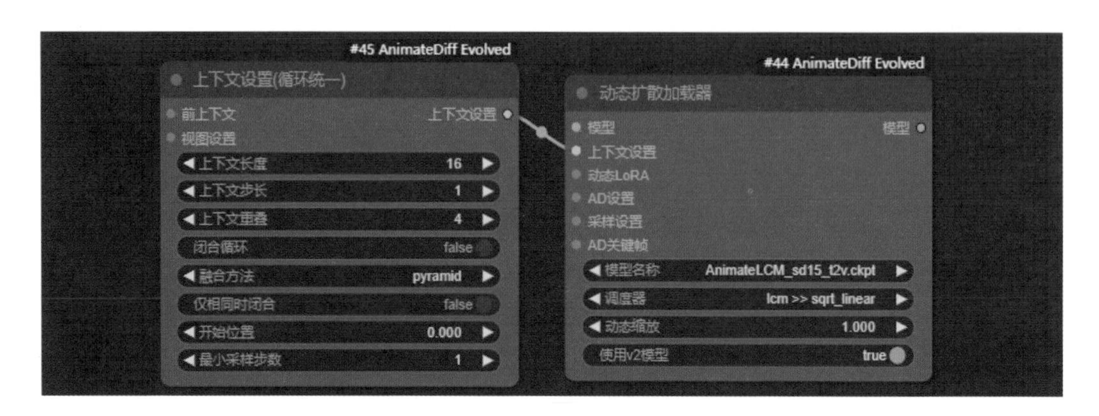

（13）将“动态扩散加载器”和“效率加载器”节点的对应端口连接；这一部分主要是通过 AnimateDiff 将图像转换为动态图像，所以将这一部分的节点创建为 AnimateDiff 组，如下图所示。

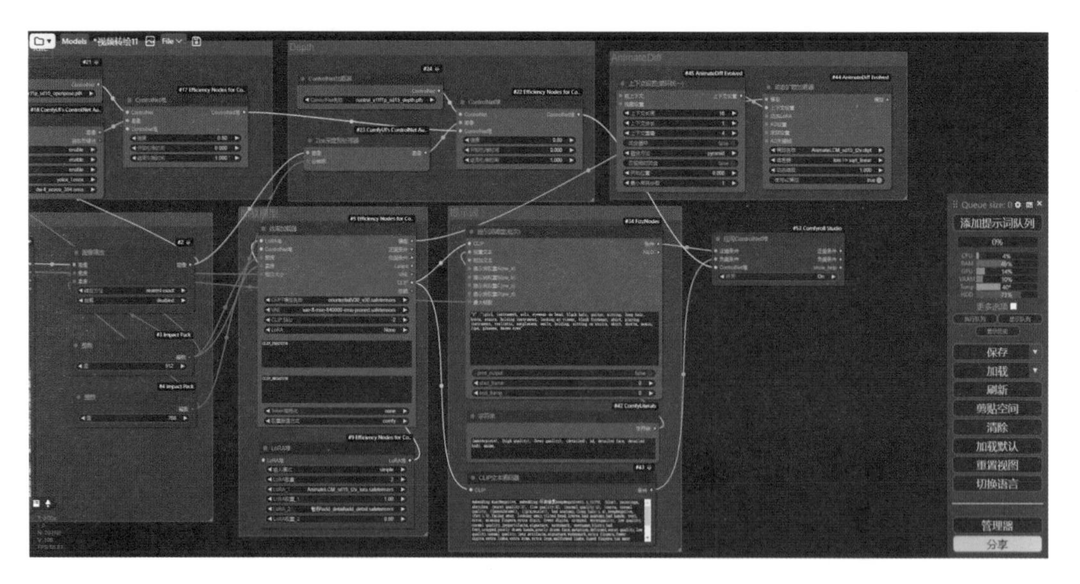

（14）新建“K 采样器（效率）”节点，将“随机种”设置为 -1，“步数”设置为 10，CFG 设置为 2，“采样器”选择 lcm，“调度器”选择 sgm_uniform，“降噪”设置为 1，“VAE 解码”选择“是”，将该节点与“动态扩散加载器”“提示词调度（批次）”“CLIP 文本编码器”“效率加载器”“应用 ControlNet 堆”节点对应端口链接，如下图所示。

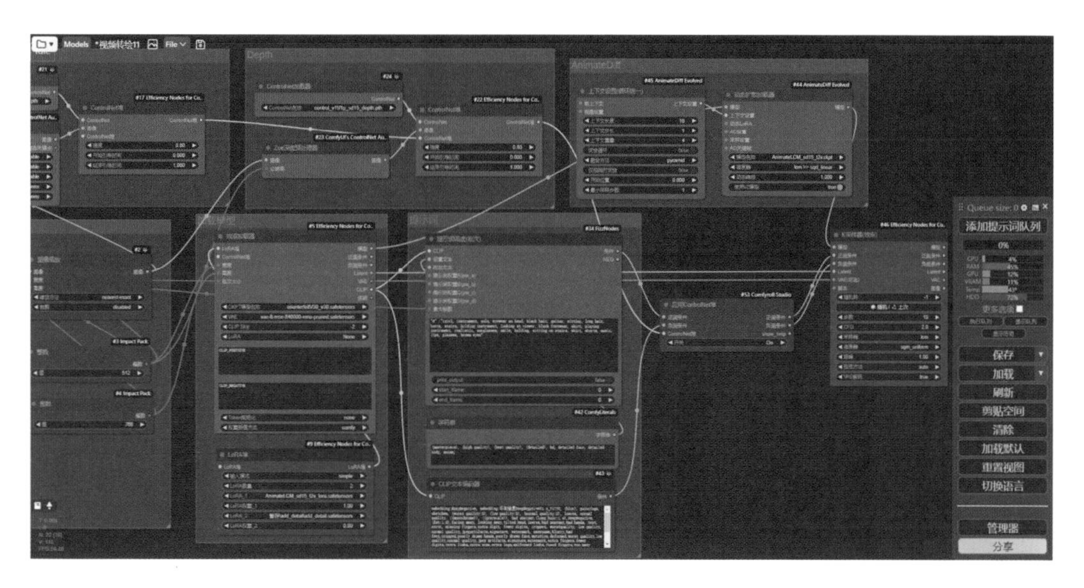

（15）新建“合并为视频”节点，将“帧率”设置为 24，“循环次数”设置为 0，“格式”选择 video/h264-mp4，pix_fmt 选择 yuv420p，crf 设置为 10，关闭 save_metadata 和 Ping-Pong，开启“保存到输出文件夹”，将“K 采样器（效率）”节点的“图像”输出端口连接到该节点的“图像”输入端口，如下图所示。这样视频转绘的工作流就搭建完成了。

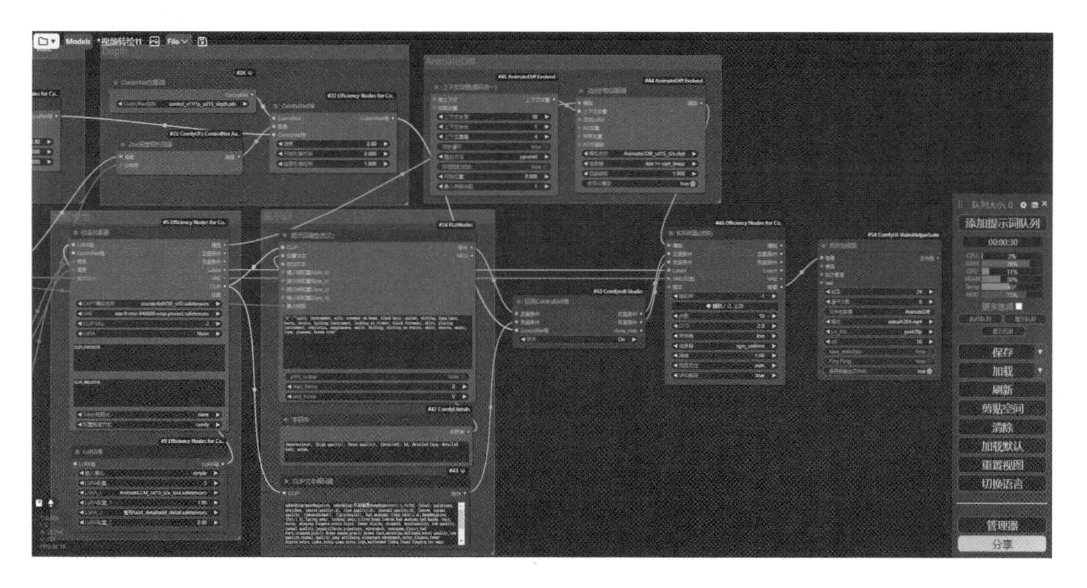

（16）点击“添加提示词队列”按钮，上传的真人素材视频就被转绘成动漫风格，生成效果如下图所示。

（17）为了加快生图的速度，将上传的视频的尺寸进行了修改，因此输出的视频尺寸就是修改后的尺寸，即 512×768，为了使视频效果更好，可以将生成的图像放大后再合成视频，具体操作如下。

（18）新建“图像通过模型放大”“放大模型加载器”“图像缩放”节点；在“放大模型加载器”节点，“放大模型名称”选择 RealESRGAN_x4plus_anime_6B.pth；在“图像缩放”节点，“缩放方法”选择“邻近-精确”，“宽度”设置为 1024，“高度”设置为 1536，关闭“裁剪”。如下图所示。

（19）将“图像通过模型放大”“放大模型加载器”“图像缩放”“K 采样器（效率）”“合并为视频”节点的对应端口连接；这一部分主要是放大图像，因此将这一部分的节点创建为放大图像组，如下图所示。

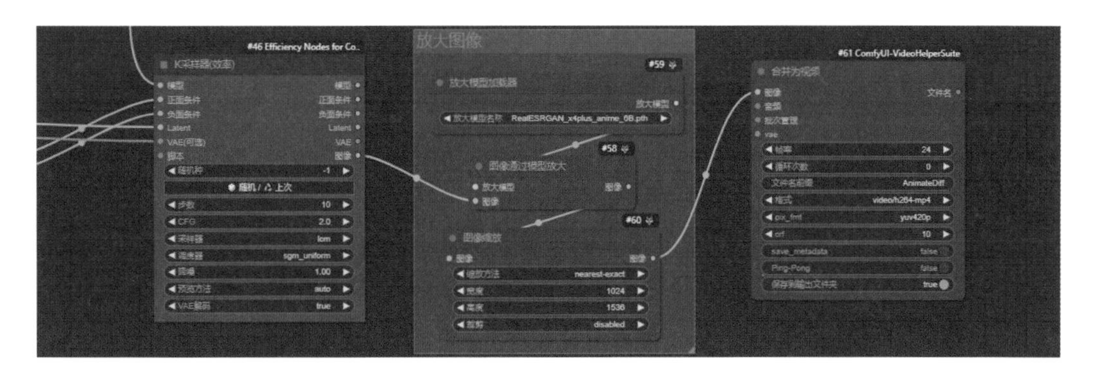

（20）点击“添加提示词队列”按钮，放大后的转绘视频就生成了，如下图所示。

第 8 章
Topaz Video AI 使用讲解

Topaz Video AI 是一款由 Topaz Labs 开发的专业视频处理软件，它利用深度学习技术，为视频处理提供了多种高效、智能的工具。它在快速、轻松地改善和修复视频质量方面提供了很大的帮助，使其更具专业性和观赏性，它的主要功能有提升视频分辨率、视频增强、视频稳定和视频增强。

由于使用前面所讲述的各种 AI 生成视频的技术获得的视频存在分辨率较小、帧率较低、画质较模糊的问题，因此，在常规流程中，通常需要使用此软件对成品视频进行处理，以获得高质量视频。

硬件要求

作为一款基于深度学习技术的视频处理软件，Topaz Video AI 对硬件的要求相对较高。Topaz Video AI 的硬件要求主要包括处理器、内存、磁盘空间以及显卡等方面。以下是针对 Mac 和 Windows 系统的具体硬件要求。

Mac 系统方面，操作系统需要 macOS10.14 及以上版本，处理器需要 Intel 64 位处理器，内存需要 8GB 或更大内存，磁盘空间至少需要 2GB 可用磁盘空间，显示卡需要支持 OpenGL3.3 或更高版本。

Windows 系统方面，操作系统需要 Windows 10（64 位）操作系统，处理器需要 Intel 或 AMD 64 位处理器，且需要支持 AVX 指令的 Intel i3 或 AMD Ryzen 3 及更高版本（3.0GHz+），内存需要 8GB 或更大内存，磁盘空间至少需要 2GB 可用磁盘空间，显卡需要支持 OpenGL3.3 或更高版本的 Nvidia GTX 740 或 AMD 5870。

需要注意的是，这些只是最低系统要求，建议根据实际使用情况，选择更高配置的计算机以获得更好的性能和体验。

软件安装

Topaz Video AI 软件需要在 Topaz Labs 的官方网站下载，但由于需要使用特殊的网络环境和软件没有汉化的问题，在国内的一些软件网站上已经提供了汉化版的 Topaz Video AI 供使用者下载，但并不是最新版本，其实版本问题对软件的使用影响并不明显，笔者建议使用 3.5 版本即可，接下来的讲解也是用 3.5 版本讲解，软件安装的具体操作步骤如下。

（1）下载“Topaz Video AI v3.5.0 绿色免安装汉化版”压缩包到本地，将其解压到文件夹目录下，打开解压后的文件夹，因为下载的是免安装版本，所以文件夹中直接就有了 VideoAIportable.exe 启动程序，如下图所示。

（2）因为是免安装版本，需要使用鼠标右键单击 VideoAIportable.exe 文件，在弹出的选项列表中，选择“以管理员身份运行”选项，如下图所示。这样 Topaz Video AI 软件就可以正常启动了。

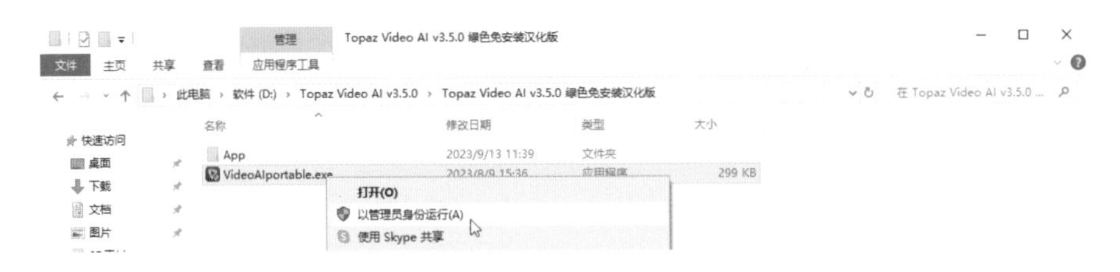

（3）软件正常启动后会进入主界面窗口，此时还不能直接使用，因为它是需要使用 AI 去工作的，所以必然要使用 AI 模型，如果没有提前下载好模型，在使用过程中，开始运行时会先下载模型，因为是国外的软件，下载模型肯定也需要特殊的网络环境，如果没有特殊的网络环境，一般刚开始运行过一会儿就会报错，还有一种方法是，先将需要的模型下载到本地，如下图所示。

（4）复制保存模型文件夹的路径，在软件主界面窗口左上角选择“文件 F”选项，在选项列表中选择“首选项”选项，在弹出的“首选项”窗口中选择“目录”选项，在“模型文件夹”输入框中填入模型文件夹的路径，笔者这里的路径为 D:\SD\Topaz Video AI\models，如下图所示，点击“保存 & 重启”按钮。

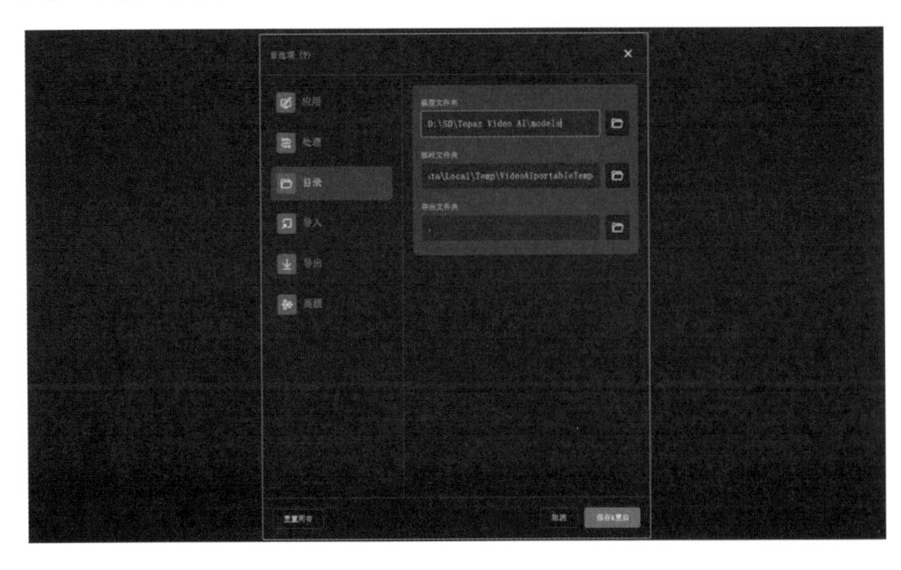

（5）重启完成后在主界面点击上传需要处理的视频，就会进入视频处理与设置界面，使用过 PR 或者剪映的创作者对这个界面应该不会太陌生，界面的左侧主要是处理和预览视频的部分，界面的右侧则是设置视频参数和调整优化视频的部分，如下图所示。

（6）在视频时间轴下方的左侧，点击“修剪”按钮，即可通过拖拽时间轴上的区间或者在视频时间输入框中填入视频起止时间调整视频的长短，如下图所示。

（7）点击“裁剪”按钮，即可通过在视频预览画面中拖拽裁剪区域或者自定义裁剪尺寸、比例调整输出视频的尺寸，如下图所示。

（8）在视频时间轴下方的右侧，最左边的选项是控制预览画面大小的，一般选择“适合”即可，中间的时间选项是选择预览视频的时间，当所有参数都调整好以后，为了避免修改后的视频效果达不到要求，可以先选择预览时间看一下效果，一般选择 2s 即可，最右边的 preview 按钮就是预览效果的按钮了，点击该按钮，在预览视频的右侧会出现调整过后的视频效果，这样就可以更直观地对比，如下图所示。

（9）在右侧参数部分，最上面是“预设”选项，它可以将每个设置保存在预设选项列表中，可以一次将同一预设应用于多个输入视频；点击右上角的加号按钮即可创建预设，除了创建的预设，点击预设选项列表可以看到，开发者内置了一些常用的预设，如下页上左图所示，选择预设后，相应的参数设置便会自动调节。

（10）“视频”选项分为“输入”和“输出”部分，“输入”部分显示的是上传视频的分辨率和帧率，例如，笔者上传的视频分辨率为 1024×576，帧率为 24FPS；“输出”部分的“分辨率控制”可以在下拉列表中选择预设的分辨率，也可以设置自定义分辨率，同样，“帧速率”可以在下拉列表中选择预设的帧率，如下右图所示。

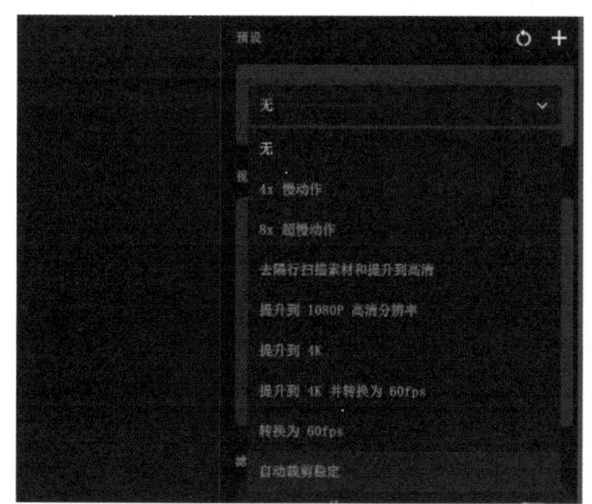

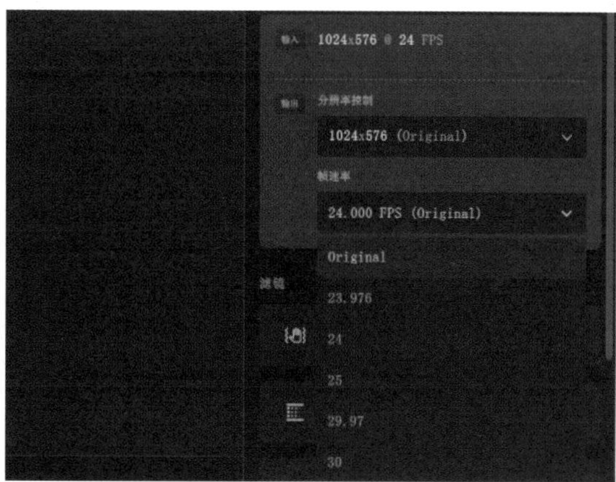

（11）“稳定”选项可以减少上传视频中的镜头抖动，因为有了 AI 的辅助，所以它的防抖效果要比一些视频剪辑软件的传统防抖要好。“模式”选项有两种可以选择，“完整帧”不会裁剪画面，但在某些情况下，会导致画面边缘模糊，“自动裁剪”可以让画面始终清晰，但输出的视频会小于原始分辨率；“强度”控制防抖的效果，建议不要超过 80，否则会产生负面效果，“卷帘快门校正”选项可以减少相机移动过快时引起的晃动失真，“减少抖动”选项可以校正视差变形或倾斜运动，为每个插值通道快速运行 Chronos，所以勾选它可能会显著增加处理的时间。如下图所示。另外需要注意的是：应用稳定功能后，输入和输出将不匹配像素。

（12）“消除运动模糊”选项可以消除相机移动造成的运动模糊，“AI模型”选项目前只有Themis，它可以减少由平移、旋转或缩放引起的运动模糊，如右图所示。

（13）“帧插值”选项为FPS转换或慢动作创建新帧，Topaz Video AI将生成适当数量的新帧与显示的输出FPS匹配。“慢动作”选项可以放慢输入视频的播放速度以获得慢动作效果；这里的“AI模型”选项提供4个模型，Apollo模型专门研究非线性运动和略微模糊的输入；Apollo Fast模型适用于不模糊的小动作和纹理较少的输入；Chronos模型适用于FPS转换或慢动作；Chronos Fast专门从事帧之间变化较大的快速运动；勾选“替换重复帧”重复的帧将被新的插值帧替换；“灵敏度”用于删除重复帧或类似的框架，一般不用设置。选项如下左图所示。

（14）“增强”选项可以提高视频的视觉质量。“视频类型”选项分为3种类型，Progressive表示大多数现代相机将产生逐行视频，Interlaced表示大多数VHS、DVD和DV磁带格式的视频都是隔行扫描，Interlaced Progressive表示之前转码为逐行扫描的隔行扫描视频，一般选择Progressive类型即可。在Progressive类型下，“AI模型”提供了4个模型，“普罗透斯”通用增强模型，允许微调多个参数以获得最佳质量；“阿耳特弥斯”通用增强模型，在改进的细节和减少噪点伪像之间提供了良好的平衡；“盖亚”模型可以改进高质量的输入视频；“忒伊亚”模型可以锐化输入的视频并添加其他细节；建议使用“普罗透斯”通用增强模型即可。如下右图所示。

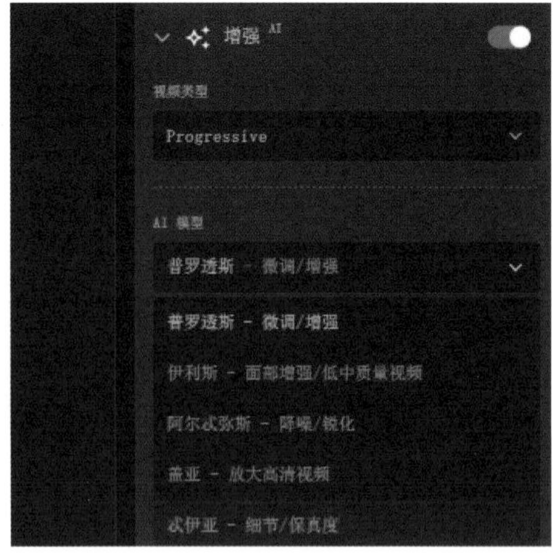

（15）“参数”选项包含了3种设置，Auto可以自动检测最佳设置基于参数估计模型；Relative to Auto主要用于调整，也可以自动检测最佳设置；Manual可以完全控制所有设置；这里的“参数”选项建议选Relative to Auto，选择Relative to Auto后，下方会出现调整视频画面的

选项，根据想要效果设置即可。“添加杂色”选项有助于降低降噪和纹理的效果，可以增强平滑效果。“恢复原始细节”选项可以将原细节重新引入输出帧。这部分选项如右图所示。

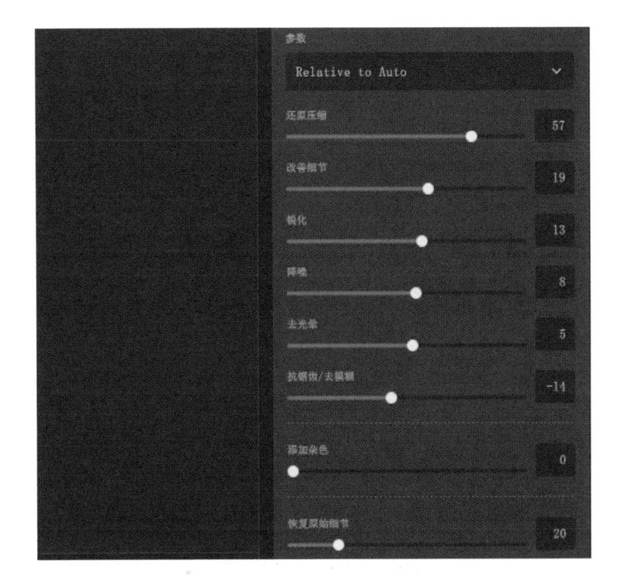

（16）“颗粒”选项可以为视频添加输出颗粒以获得更自然的感觉。“数量”选项用于调整引入输出的颗粒数量；“大小”用于调整引入输出的颗粒大小。选项如右图所示。

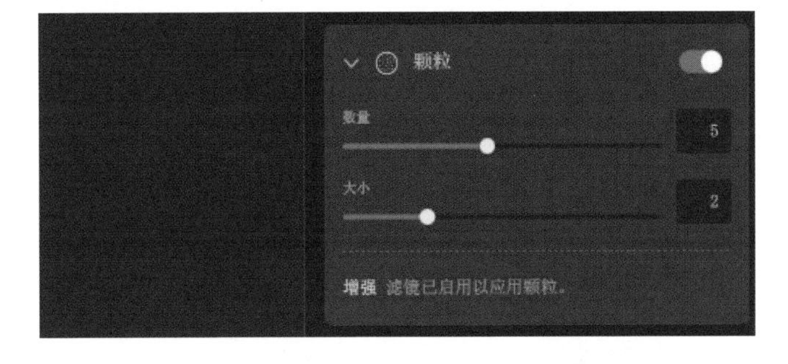

（17）“输出设置”选项分为“视频”和“图像序列”，“图像序列”一般用不到，因此这里只讲解“视频”。“编码”选项一般选择常用的H264和H265即可，“比特率”选择DYNAMIC即可，QUALITY LEVEL根据配置选择即可，质量越好，输出时间也就越长，“音频”的“模式”选择Copy即可，“容器”一般就选择常用的mp4，“包括实时预览”根据磁盘空间大小选择即可，如果勾选，会占用2倍视频的空间。选项如右图所示。

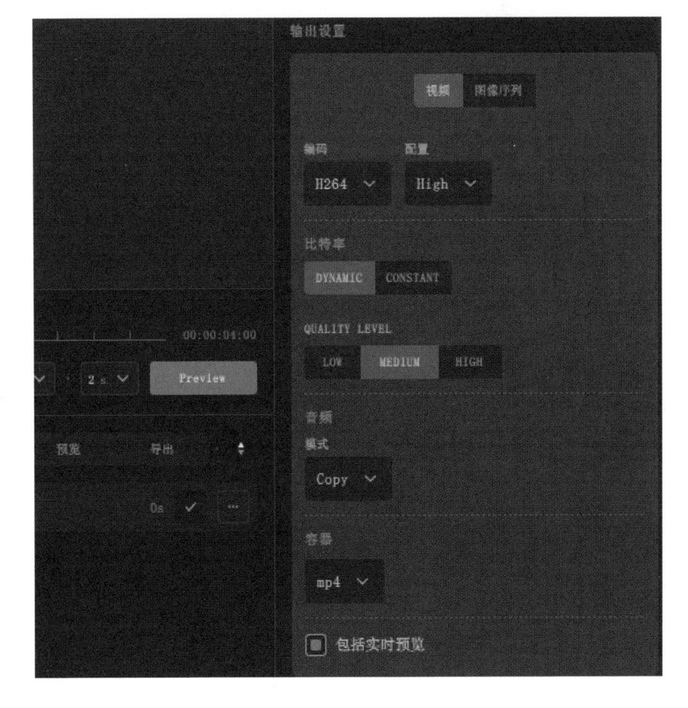

视频优化清晰案例

（1）进入 Topaz Video AI 主界面，点击上传需要处理的模糊视频素材，如下图所示。

（2）将右侧“视频”的“输出”选项的“帧速率”设置为 30FPS，开启“消除运动模糊”选项，“AI 模型”选择 Themis，如下图所示。

（3）在“帧插值”选项，“慢动作”选择“无”，“AI 模型”选择 Apollo，取消勾选“替换重复帧”，如右图所示。

(4)开启“增强”选项，“视频类型”选择 Progressive，“AI 模型”选择“普罗透斯”，“参数”选择 Relative to Auto，将“还原压缩”设置为 40，“锐化”设置为 20，“抗锯齿 / 去模糊”设置为 40，如下图所示。

(5)在“输出设置”的“视频”选项，“编码”选择 H264，QUALITY LEVEL 选择 MEDIUM，“容器”选择 mp4，如下图所示。

(6)点击 Export 按钮，视频优化开始运行，视频输出时间会根据视频的长短、优化的效果、视频放大的倍数以及硬件配置变化，越简单输出，时间越短，硬件配置越好，时间也越短，这里这个 4 秒的视频优化效果，笔者使用 3070ti 显卡用了 24 秒就输出完成了，如下图所示。

（7）输出后的视频对比原视频可以发现，视频清晰效果明显，原视频图片如下左图所示，输出后的视频图片如下右图所示。

第 9 章
AI 生成视频实战案例

制作商品展示环绕视频

传统的商品展示视频制作往往需要专业的设备和团队，成本较高。而使用可灵 AI，使用者只需输入简单的指令，就可以生成高质量的商品展示视频，这样就大大降低了制作成本。并且，使用可灵 AI 生成的商品展示环绕视频，可以显著提升商品的视觉吸引力，使商品在视觉上更加生动、真实，从而吸引消费者的注意力。具体操作步骤如下。

（1）进入图生视频界面，点击■按钮，上传图片素材，笔者上传的图片如下左图所示。

（2）在“图片创意描述”文本框中输入“旋转”的提示词，设置“创意想象力”为 1，“生成模式”为“高性能”，“生成时长”为 5s，如下右图所示。

（3）点击下方的“立即生成”按钮，即可生成一段 5s 的商品展示视频。如下组图所示。

制作老照片视频鲜活视频

可灵 AI 能让照片中的人物动起来，老照片也不例外，这一功能让老照片中的人物仿佛复活了一般，让他们跨越时空的限制，以一种前所未有的方式“活”在当下。也为创意产业、电影制作、教育以及文化遗产保护等领域带来了无限可能。设计师和艺术家可以利用这项技术为创作增添独特的视觉效果，电影制作人则能让历史人物在银幕上“重现”，教育者可以通过生动的方式讲述历史，而博物馆和档案馆则能以更加吸引人的形式展示其藏品，让历史变得更加触手可及。具体操作步骤如下。

（1）进入图生视频界面，点击按钮，上传老照片图片素材，需要注意的是，上传的老照片中的人物最好不要超过 3 个，否则会造成画面模糊，人物面部扭曲。笔者上传的图片如下左图所示。

（2）在“图片创意描述”文本框中输入提示词：“高清，HD，边缘锐利清晰，吃米饭的男人”，设置“创意想象力”为 0.5，“生成模式”为“高性能”，“生成时长”为 5s，如下右图所示。

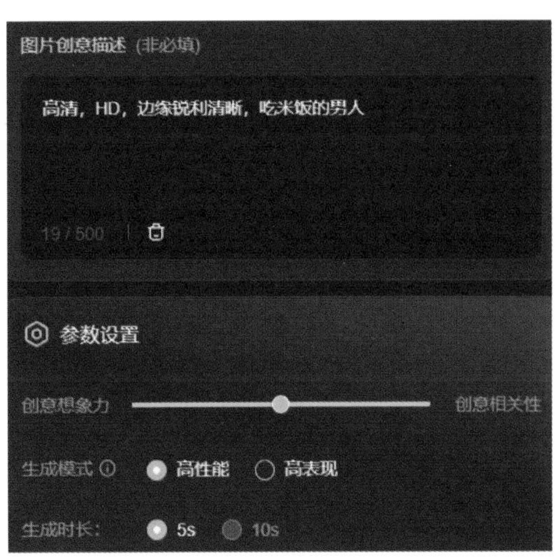

（3）点击下方的“立即生成”按钮，即可生成一段 5s 的老照片视频。如下组图所示。

制作亲友超时空相遇视频

使用可灵 AI 可以制作亲友超时空拥抱视频，通过 AI 技术，可以将过去的影像与现在的影像相结合，创造出一种前所未有的回忆体验。具体操作步骤如下。

（1）准备好两张照片素材，将两张照片拼接到一起，如下左图所示。需要注意的是，拼接完成后的照片的背景一定要相似，不能有太大的跳跃。笔者拼接的照片是一个老奶奶和小女孩的照片，背景图片为白色，如下右图所示。

（2）进入图生视频界面，点击按钮，上传拼接完成的图片素材。

（3）在“图片创意描述”文本框中输入提示词：“两个人转身对视，张开双手，拥抱在一起。”的，设置“创意想象力”为 1，“生成模式”为“高性能”，“生成时长”为 5s，如下图所示。

（4）点击下方的“立即生成”按钮，即可生成一段 5s 的亲友拥抱视频。如下组图所示。

制作搞笑创意视频

在快节奏的现代生活中，搞笑创意视频成为一种便捷的消遣方式，让人们能够在短时间内获得乐趣。而借助可灵 AI 这一强大的智能工具，创作者们可以更加轻松地生成各种脑洞大开的创意视频。可灵 AI 凭借其先进的人工智能技术，能够帮助创作者挖掘出无数独特且富有创意的视频点子，让搞笑视频的创作变得更加简单快捷。操作步骤如下。

（1）进入图生视频界面，点击按钮，上传准备好的图片素材，笔者上传的素材如下左图所示。

（2）在“图片创意描述”文本框中输入提示词：“图中的大熊猫正在拿着筷子在竹林里吃火锅，熊猫的面前是一锅冒热气的火锅。”设置“创意想象力”为 0.55，“生成模式”为“高性能”，“生成时长”为 5s，如下右图所示。

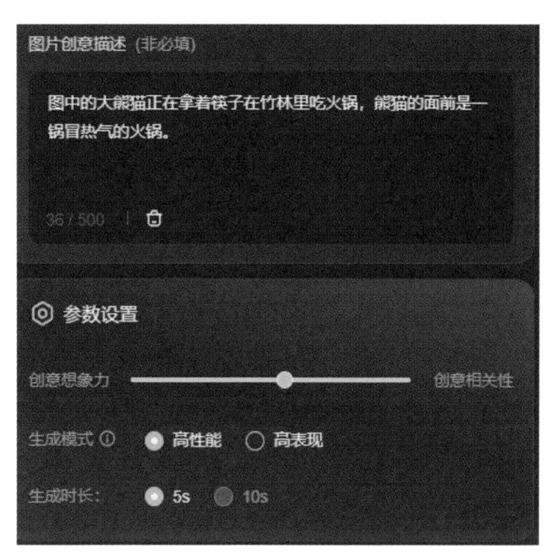

（3）点击下方的“立即生成”按钮，即可生成一段 5s 熊猫吃火锅的视频。如下组图所示。

制作绘本故事视频

利用可灵 AI，创作者可以轻松制作绘本故事视频。只需上传静态的绘本图片，AI 技术便能将其转化为生动的动态视频，让图片中的主体仿佛拥有了生命，栩栩如生，为观众带来沉浸式的视觉体验。具体操作步骤如下。

（1）进入图生视频界面，点击按钮，上传准备好的图片素材，笔者上传的素材如下左图所示。

（2）在“图片创意描述”文本框中输入“兔子动起来，雨滴落下”的提示词，设置“创意想象力”为 0.5，“生成模式”为“高性能”，“生成时长”为 5s，如下右图所示。

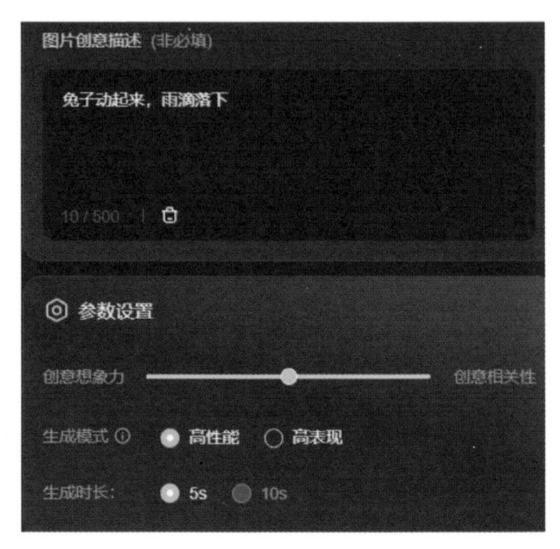

（3）点击下方的“立即生成”按钮，即可生成一段 5s 的绘本故事视频。如右组图所示。

制作室内外展示视频

可灵 AI 能够帮助用创作者和企业快速创建高质量的室内外展示视频，使得静态的画面变得动起来，并加以更广阔的视角。具体操作步骤如下。

（1）进入图生视频界面，点击按钮，上传准备好的图片素材，笔者上传的素材如下左图所示。

（2）在“图片创意描述”文本框中输入“室内巡游”的提示词，设置“创意想象力”为 0.95，“生成模式”为“高性能”，“生成时长”为 5s，如下右图所示。

（3）点击下方的“立即生成”按钮，即可生成一段 5s 的室内展示视频。如下组图所示。

（4）除了可以展示室内的场景外，也可以展示室外的场景。笔者上传了一张室外的图片，如下左图 1 所示，操作方法与上文一致，生成的视频效果如下剩余图所示。

制作表情迁移视频

LivePortrait 是一款由快手科技与中国科学技术大学和复旦大学合作开发的先进 AI 驱动的肖像动画框架。这项技术通过创新的图像处理技术，能够将静态的照片转换成动态的视频，为创作者提供更加生动有趣的视觉体验。

配置要求

相比其他 AI 软件，LivePortrait 软件在配置要求方面没有那么高。在操作系统面，推荐 Windows 11 系统，因为该软件可能在该系统上进行了优化和测试；显卡必须使用 N 卡，因为 LivePortrait 的官方启动包需要 N 卡支持，并且需要安装 CUDA 和 cuDNN，否则可能会运行失败，建议显卡的显存至少为 8GB 或更高，以应对可能的复杂场景和高清视频处理；内存容量建议配备 16GB 及以上的内存，足够的内存可以确保 LivePortrait 在运行过程中不会因为内存不足而出现卡顿或崩溃的情况；软件环境要求方面，需要安装 Python3.10 或官方指定的更高版本，在 Python 虚拟环境中，通过 pip 安装 LivePortrait 运行所需的所有 Python 库。

软件安装

LivePortrait 的安装过程比较复杂，需要先安装环境，再通过 Git 克隆 LivePortrait 的源代码仓库，还要安装依赖，下载 LivePortrait 所需的模型，整个过程相对烦琐，可能还没安装完软件就想放弃使用了。对此，有大佬为 LivePortrait 制作了整合包，将所有的命令、模型和环境都整合在一起，双击启动程序即可运行，具体操作步骤如下。

（1）下载 LivePortrait 整合包到本地，并将其解压到文件夹内，如下图所示，注意文件存放路径中不要出现中文，否则会报错。

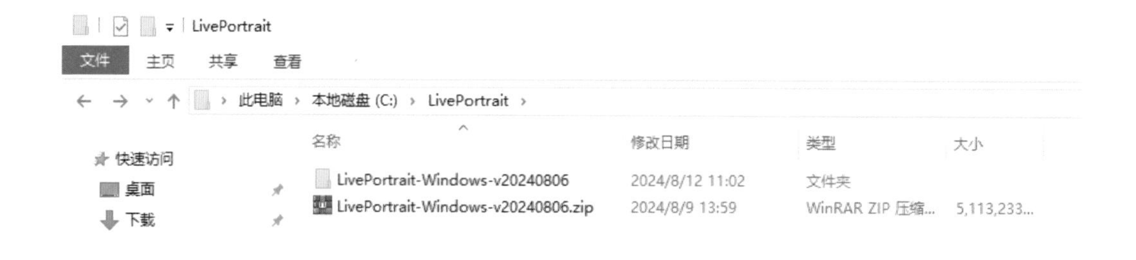

（2）使用鼠标左键双击打开解压后的 LivePortrait-Windows-v20240806 文件夹，在文件夹中找到 run_windows_animal.bat 和 run_windows_human.bat 两个文件，如下图所示，它们分别是动物模式，即把上传视频中人物或动物的面部动作以及表情迁移到动物脸上去，还有一个是人类模式，即把上传视频中人物或动物的面部动作以及表情迁移到人物脸上去。

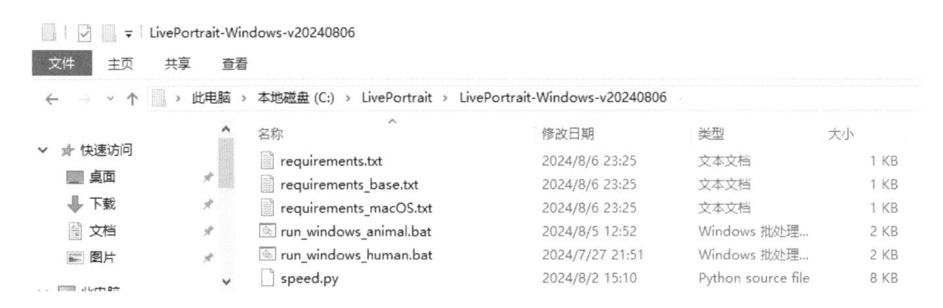

（3）使用鼠标左键双击 run_windows_animal.bat 启动文件，等待弹出的命令行窗口安装完环境，运行完命令后，浏览器便会弹出并加载动物模式迁移表情的 GUI 图形交互界面，如下图所示。

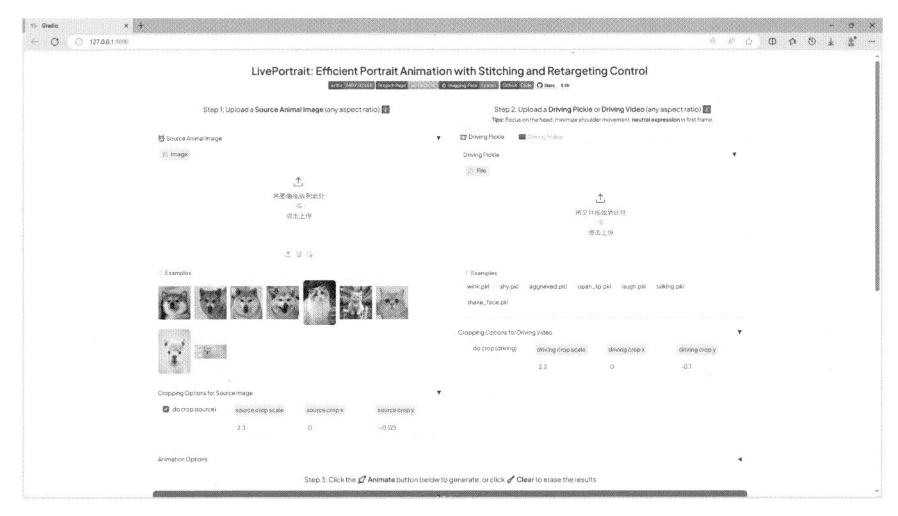

（4）使用鼠标左键双击 run_windows_human.bat 启动文件，等待弹出的命令行窗口安装完环境，运行完命令后，浏览器便会弹出并加载人物模式迁移表情的 GUI 图形交互界面，如下图所示。

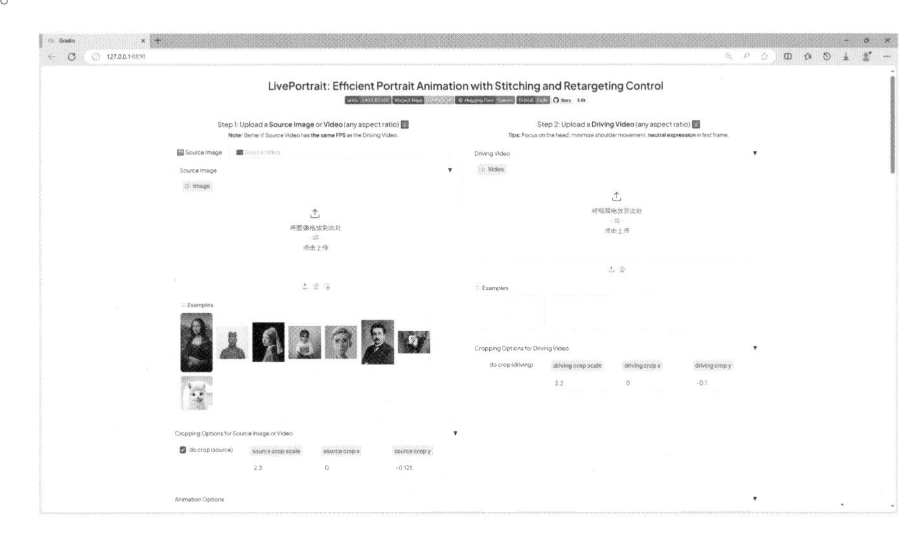

制作表情迁移至人物短视频

LivePortrait软件迁移表情后的视频同步性很好，同时也非常传神，因此可以用这个软件来制作一些搞怪的短视频，通过给一些经典的画作更换表情增加其趣味性发布出去增加流量，或者录制视频时不愿意出镜，也可以将录制好视频的面部动作表情换到虚拟人物的脸上，生成专属数字人。媒体平台上较火的同类视频如下左图所示。这里笔者将一段唱歌视频中人物面部的动作转移到兵马俑的脸上，制作一个让兵马俑开口唱歌的搞怪视频，具体操作步骤如下。

（1）进入人物模式页面，可以使用浏览器自带的翻译功能将页面中的英文翻译成为中文，操作起来更方便一些，如下图所示。

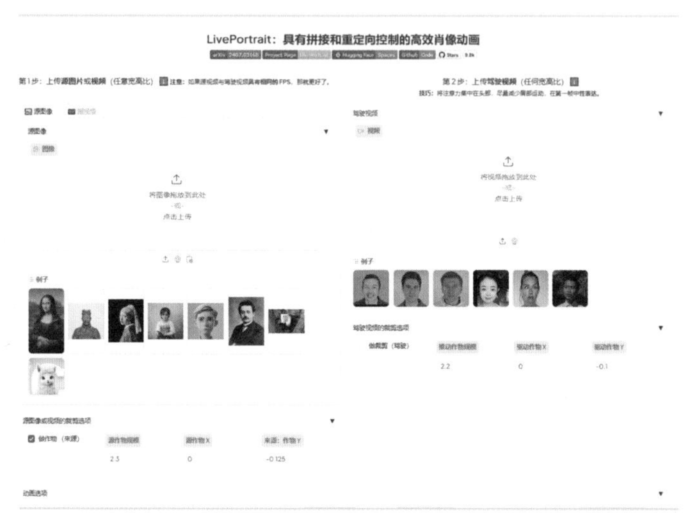

（2）页面的左侧是上传源图像和源视频地方，这个源图像就是最终生成视频中显示的图像，这里的图像可以上传任意尺寸的图像，也可以使用摄像头拍摄图像，还可以使用复制的图像，需要注意的是，上传的图像面部要清晰；同时开发者也准备了一些适合生成视频的图像，这里笔者要使用兵马俑作为源图像，因此点击兵马俑图像，图像就会自动上传，如下图所示。

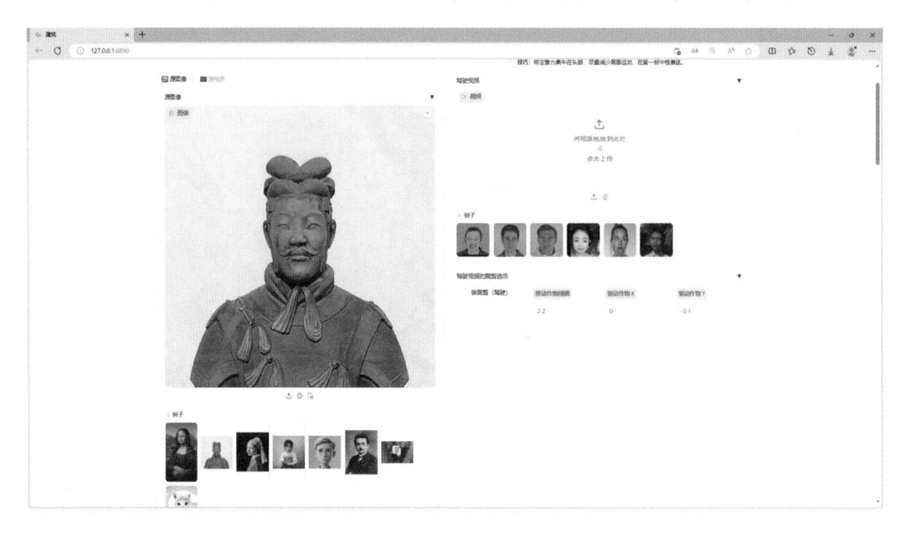

（3）页面的右侧是上传迁移表情的视频素材的地方，这里需要注意的是，上传的视频内容尽量集中在头部，尽量减少肩部运动，这里除了上传视频以外，也可以通过摄像头直接拍摄视频，同时作者也提供了示例视频，这里笔者上传了唱歌的视频，如下图所示。

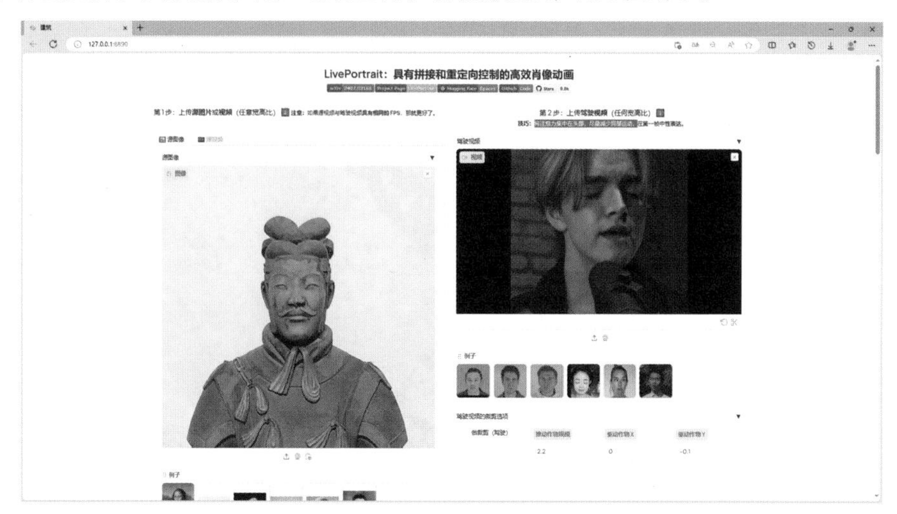

（4）在源图像和上传视频的下方都有一个裁剪选项框，这里默认是勾选源图像裁剪选项，这样就能保证上传视频的迁移完整效果了，否则可能会出现画面变形的效果。同时在下方还有动画选项，这里的设置保持默认即可，如下图所示。

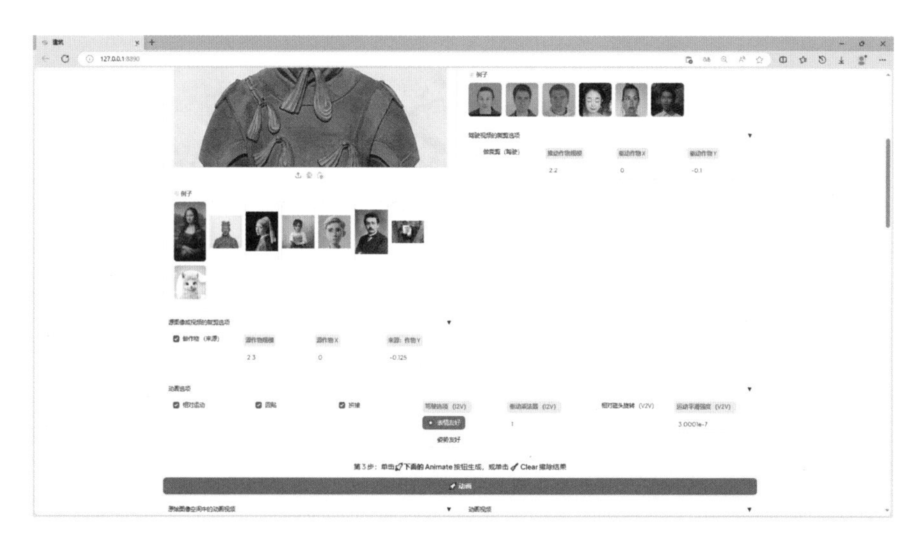

（5）设置完成后，点击“动画”按钮，软件开始进行表情迁移，等待一段时间后，迁移完成后生成的视频便会显示在页面左侧，对比视频便会显示在页面右侧，如下图所示，想要保存视频直接点击视频右上角的“下载”按钮，即可将视频保存到本地。

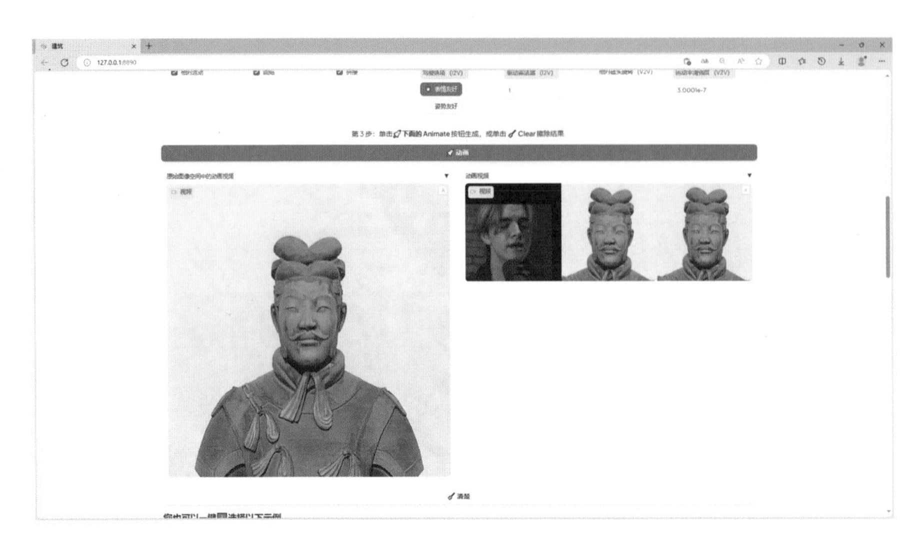

（6）迁移后的视频，在面部动作方面几乎做到了全部还原，效果非常好，对比图如下图所示。这里笔者用的是兵马俑，所以面部表情不明显，如果使用真人迁移真人的表情效果会更加惊艳。

制作表情迁移至动物趣味短视频

虽然 LivePortrait 软件分为人物模式和动物模式，但是操作方法没有太大区别，使用动物模式可以将录制的视频表情迁移到动物脸上，制作动物类型的搞怪视频，因为之前还少有人制作关于动物表情的视频，所以这个模式还是非常新颖的，这里笔者使用创作者提供的实例制作一个动物表情视频，具体操作如下。

（1）进入动物模式页面，在源图像区域的“例子”中选择一张小猫的图像，如下图所示。需要注意的是，动物模式中只有“源图像”，没有“源视频”，因此说明目前动物模式还不支持“源视频”输入。

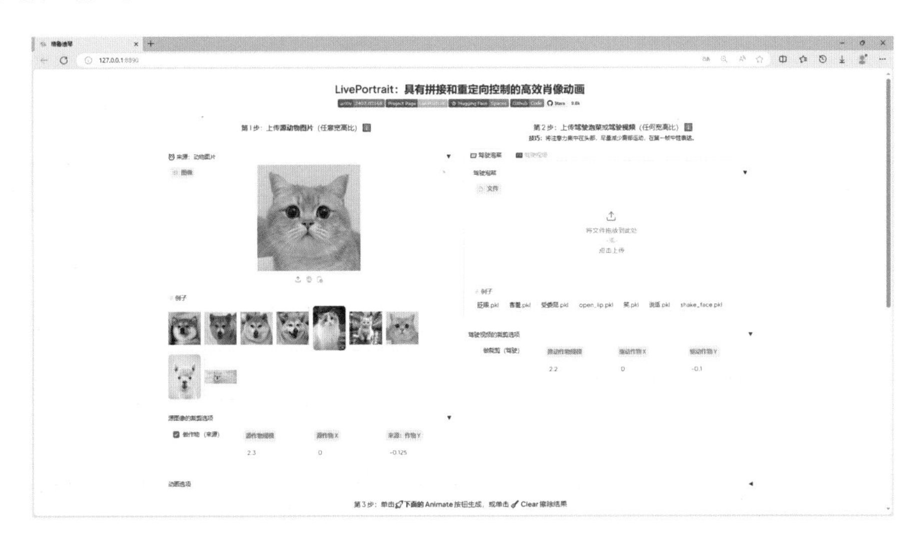

（2）在右侧上传迁移表情的视频素材的区域与人物模式不同的是，多出了一个动作上传选项，即可以不用上传视频，这里选择一个动作文件也可以迁移，为了更直观一些，这里笔者选择了“迁移视频”中“例子”中的一个女生搞怪视频，如下图所示。

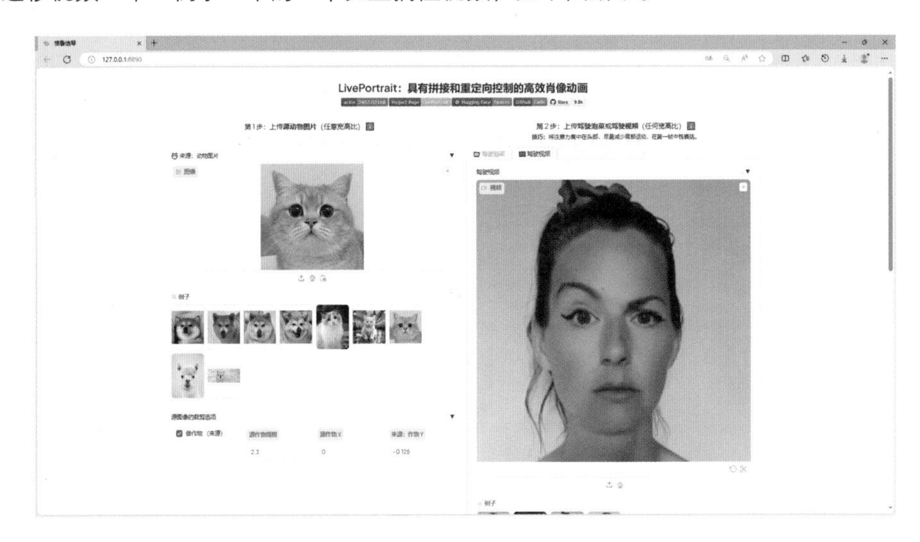

（3）同样的裁剪选项保持默认不变即可，这里的动画选项没有打开，所以直接忽略即可，如下图所示。

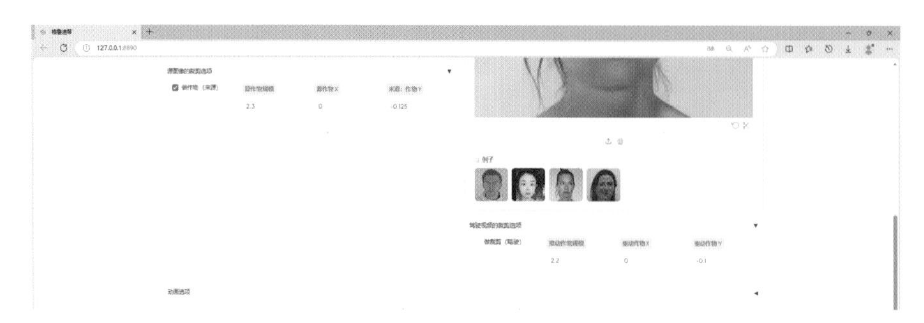

（4）点击“动画”按钮，等待迁移完成后，输出的方式与人物模式一样，生成后的视频表情迁移效果非常好，动物的表情惟妙惟肖，毫无违和感，仿佛就像原生的一样，对比图如下图所示。

用 AI 制作汽车广告样稿

相比传统视频制作方式，AI 制作广告宣传视频样稿可以显著降低成本，自动化流程减少了对专业人员和昂贵设备的依赖，同时提高了制作效率，降低了人力和时间成本。同时 AI 能够生成独特的视觉效果，为广告宣传视频样稿带来创新性的元素，这些元素有助于打破传统广告模式的束缚，为品牌带来全新的宣传方式和视觉体验。这里笔者通过制作汽车的广告视频样稿来介绍 AI 制作广告宣传视频样稿的操作过程，具体操作步骤如下。

（1）使用拍摄设备对汽车的各个角度以及外观进行拍摄，如下图所示，这里拍摄照片的目的是为后面在 AI 视频平台中生成视频提供素材。

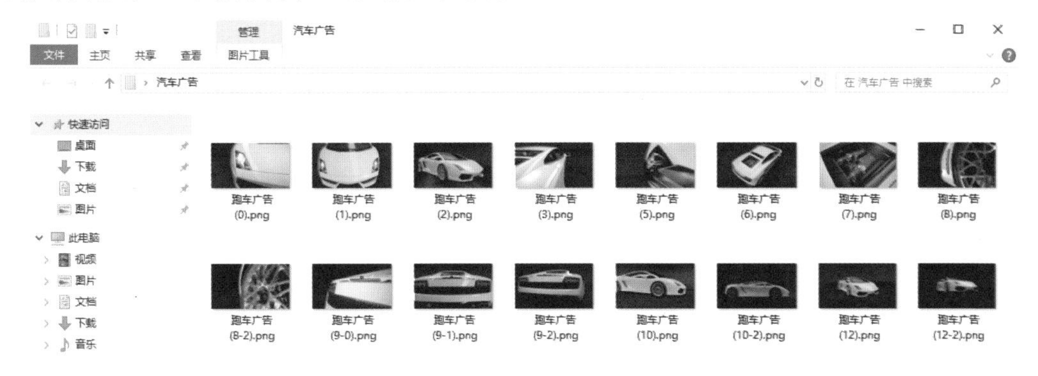

（2）进入可灵 AI 网站的“AI 视频”界面，选择“图生视频”选项，如下图所示。

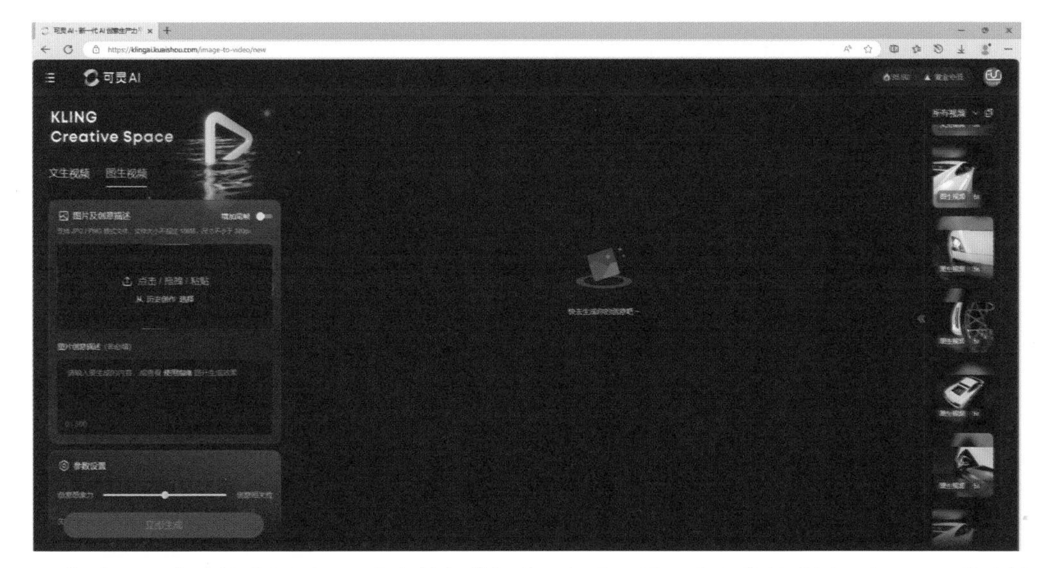

（3）因为有些镜头需要展示汽车的细节部分，但是只用一张照片很难展示全面，因此在拍摄时将需要展示细节的部分分成了多个镜头拍摄，但还需要将拍摄照片生成的视频拼接在一起，这就需要用到“首尾帧”功能，在“图片及创意描述”选项中打开“增加尾帧”功能，在“上传首帧图片”区域点击上传名称为“跑车广告 (9-0).png”的图片，在“上传尾帧图片”区域点击上传名称为“跑车广告 (9-1).png”的图片，如下图所示。

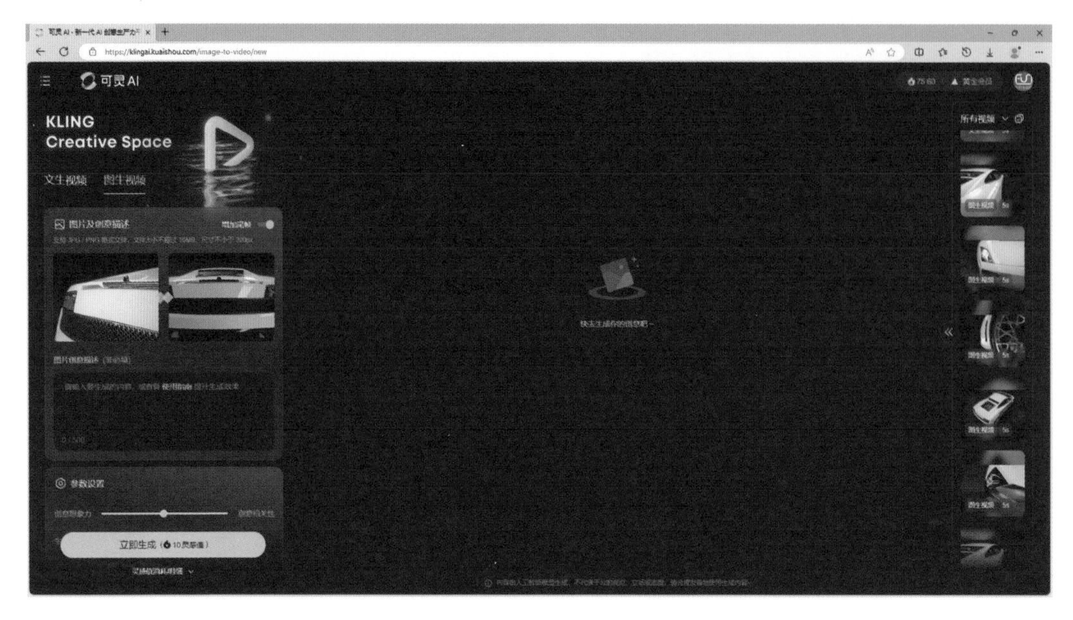

（4）在“图片创意描述”输入框中填入“汽车慢慢旋转，光线从汽车尾部闪过，”来引导图片生成视频的走向，使首尾帧的过渡更加丝滑；在“参数设置”选项中，为了保持汽车的形状不发生变化，所以将“创意相关性”拉满，“生成模式”选择“高性能”，“生成时长”选择5s，如下图所示。

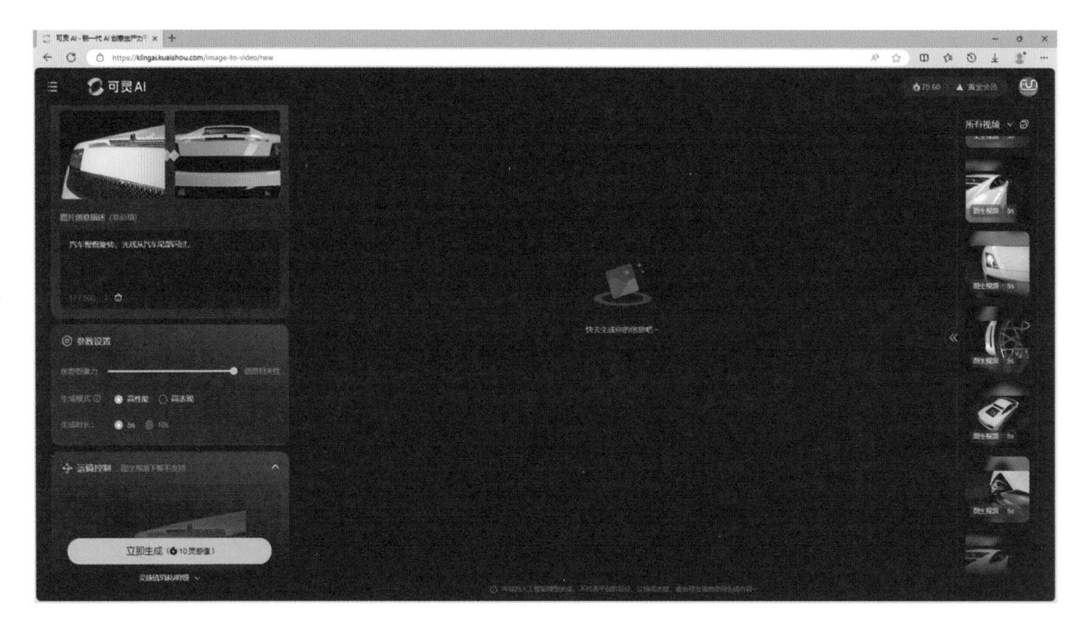

（5）点击“立即生成”按钮，就生成了一段从汽车尾部的左侧丝滑过渡到汽车尾部正后方的视频，如下页上图所示，通过生成的视频可以看到，在镜头移动的过程中，汽车并未发生变化，过渡也非常自然。

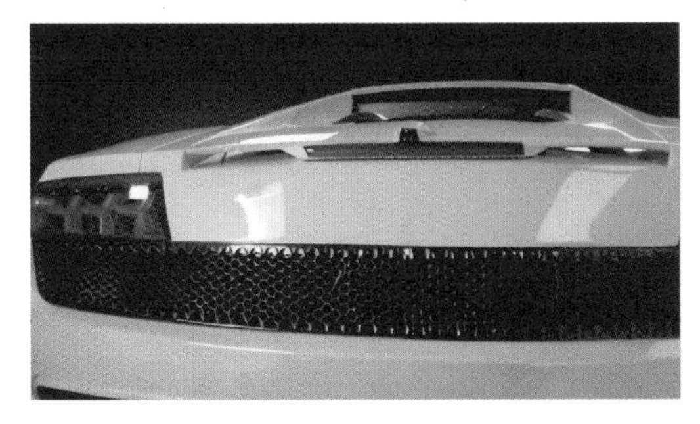

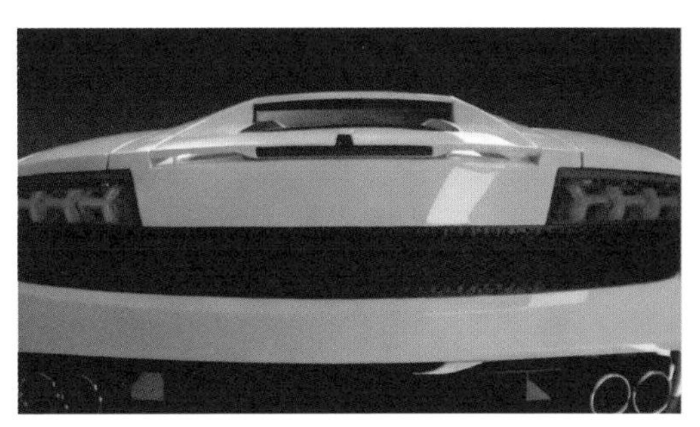

（6）使用上文同样的方法，将拍摄的汽车细节部分都通过可灵 AI 的“图生视频”生成一段展示的短视频；将拍摄的汽车整体部分生成视频时，就不需要用到“首尾帧”功能了，所以关闭“增加尾帧”功能，其他操作不变，生成展示的短视频，并将生成的视频保存到本地，如下图所示。

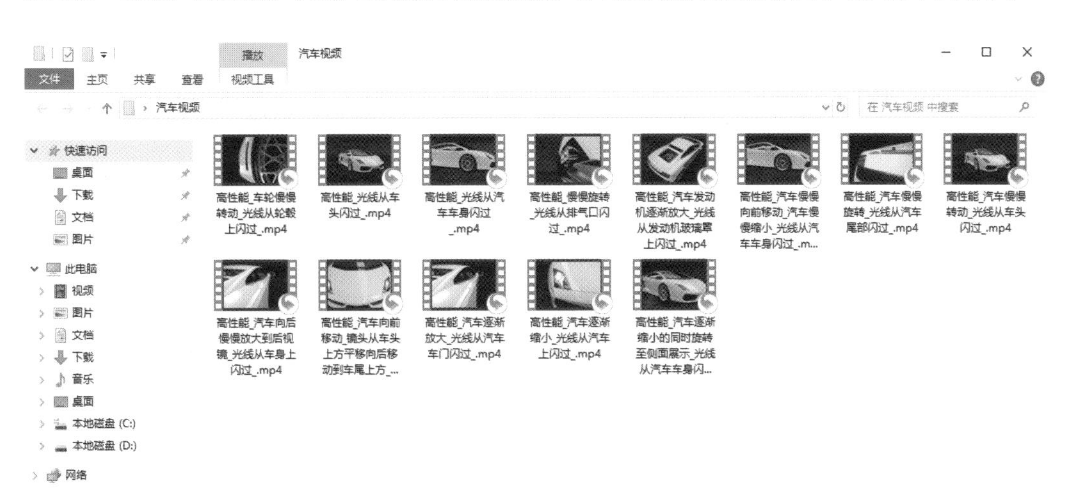

（7）打开“剪映”软件，在主界面点击“开始创作”按钮，进入剪映的剪辑界面，导入保存到本地的汽车视频，先将导入的汽车视频根据广告的思路进行大致的排序，再根据汽车细节展示的需要和视频动感体现的需要，调整每一段视频的速度，让整个视频充满节奏感，如下图所示。

（8）因为是广告视频，所以还需要增加一段有吸引力的背景音乐，这里笔者增加了一段比较激情、运动，且有速度感的背景音乐，并且在视频中展示汽车排气和汽车发动机的部分，增加了跑车发动机轰鸣的音效，直接将整个广告的代入感增强了，如下图所示。

（9）因为是使用照片生成的视频，部分车灯的效果实现得并不好，所以在有车灯的画面为车灯增加相同颜色的发光贴纸，使画面看起来更加炫酷，如下图所示。同时为视频的开头和结尾增加入场和出场的动画效果，从而增加了视频的高级感。

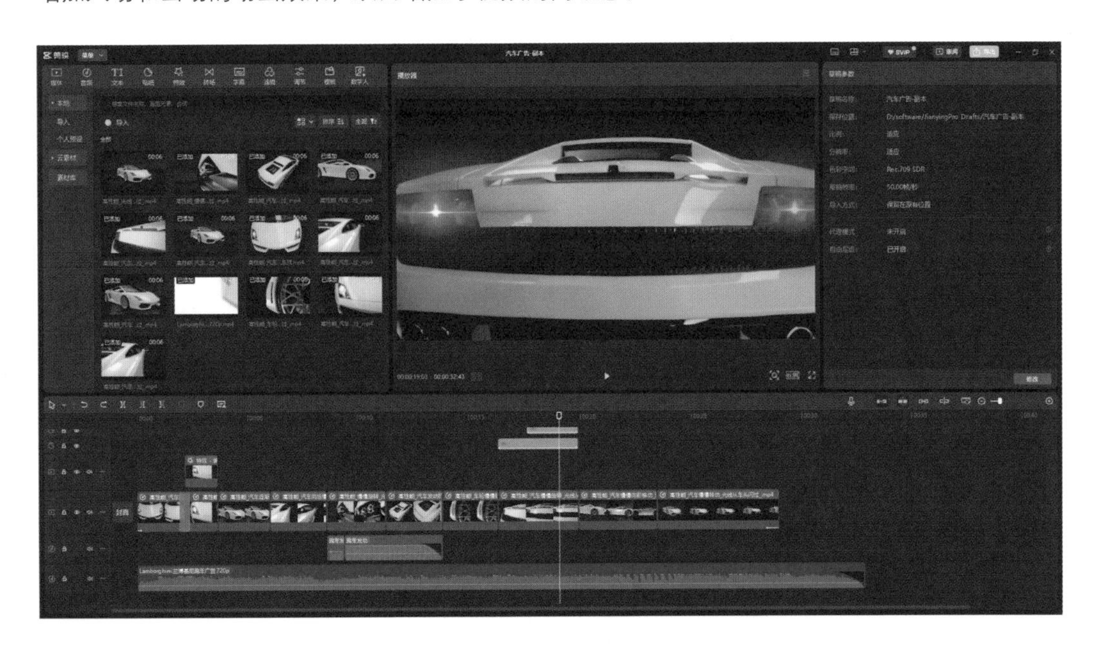

（10）在视频的结尾处，为了突出汽车的品牌，增加一段渐渐显示的品牌名称文本，并为品牌名称文本增加发光的效果，以凸显品牌的高贵，如下图所示。

（11）这样这个汽车广告的样稿整体效果就制作完成了，预览没有问题后，将视频导出并保存到本地。观看生成的汽车广告样稿视频，在细节上和真实拍摄的视频还是会有部一些差距，但在整体效果上，基本都能达到真实拍摄的效果，包括一些运镜、旋转和放大缩小等，如下图所示。虽然 AI 制作视频的技术还不太成熟，但是 AI 制作广告宣传视频样稿已经可行了，通过先生成样稿降低试错率，减少制作成本，这也充分发挥了 AI 制作视频的作用。

制作 AI 养恐龙创意视频

前一段时间各大短视频被几款使用 AI 制作养恐龙视频、各类影视剧形象吃东西等视频刷屏，一时间涌出来播放量达到数百万，甚至千万级别的爆款。今日头条上发布的 AI 养恐龙的账号，已经获得了 75 万的播放量，如下图所示。其实这样的视频制作起来并不复杂，通过学习下面的步骤，大家也能够制作出类似的视频，这其中真正有技术含量的反而是前所未见的视频创意，这也从一个侧面证明，AI 技术取代的只能是那些没有创意与思想的工具人。

制作使用 AI 养恐龙创意视频，大致可以分为 5 个步骤：一是用文心一言等 AI 工具生成视频的分镜头脚本；二是用牛片网等平台生成视频旁白配音；三是通过快影等 AI 工具生成视频画面；四是通过 FaceSwapAI 工具进行换脸统一视频人物面孔；五是通过剪映整合视频。

接下来具体讲解制作视频的操作步骤。

用文心一言 AI 生成视频分镜头脚本

（1）打开 https://yiyan.baidu.com/ 网址，进入文心一言首页页面，如下图所示。

（2）笔者想创作一个小镇女青年创业养恐龙的故事，在下方文本框内输入创作要求的相关指令，笔者输入的指令如下图所示。

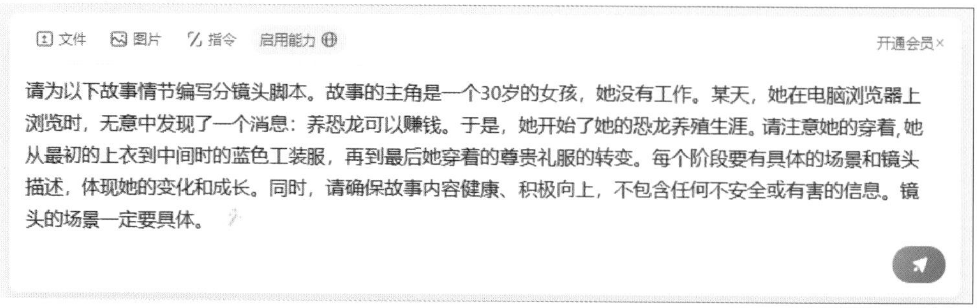

文件 图片 指令 启用能力 开通会员×

请为以下故事情节编写分镜头脚本。故事的主角是一个30岁的女孩，她没有工作。某天，她在电脑浏览器上浏览时，无意中发现了一个消息：养恐龙可以赚钱。于是，她开始了她的恐龙养殖生涯。请注意她的穿着，她从最初的上衣到中间时的蓝色工装服，再到最后她穿着的尊贵礼服的转变。每个阶段要有具体的场景和镜头描述，体现她的变化和成长。同时，请确保故事内容健康、积极向上，不包含任何不安全或有害的信息。镜头的场景一定要具体。

（3）点击右侧按钮，即可生成脚本镜头，生成的部分内容如下图所示。

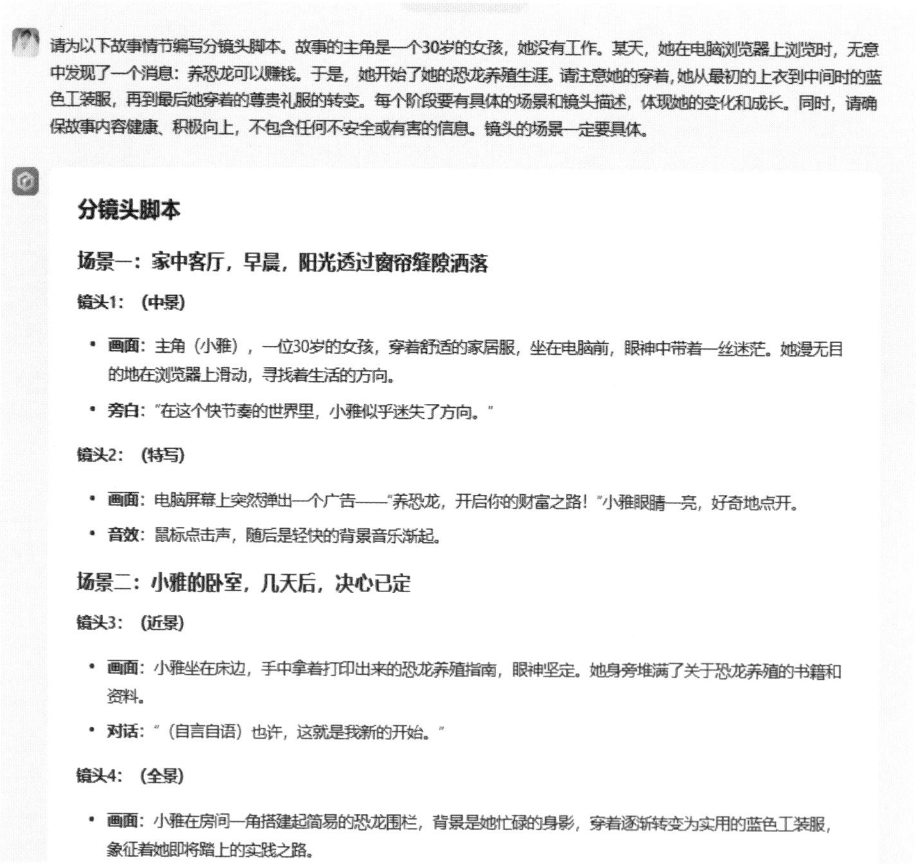

请为以下故事情节编写分镜头脚本。故事的主角是一个30岁的女孩，她没有工作。某天，她在电脑浏览器上浏览时，无意中发现了一个消息：养恐龙可以赚钱。于是，她开始了她的恐龙养殖生涯。请注意她的穿着，她从最初的上衣到中间时的蓝色工装服，再到最后她穿着的尊贵礼服的转变。每个阶段要有具体的场景和镜头描述，体现她的变化和成长。同时，请确保故事内容健康、积极向上，不包含任何不安全或有害的信息。镜头的场景一定要具体。

分镜头脚本

场景一：家中客厅，早晨，阳光透过窗帘缝隙洒落

镜头1：（中景）

- **画面**：主角（小雅），一位30岁的女孩，穿着舒适的家居服，坐在电脑前，眼神中带着一丝迷茫。她漫无目的地在浏览器上滑动，寻找着生活的方向。
- **旁白**："在这个快节奏的世界里，小雅似乎迷失了方向。"

镜头2：（特写）

- **画面**：电脑屏幕上突然弹出一个广告——"养恐龙，开启你的财富之路！"小雅眼睛一亮，好奇地点开。
- **音效**：鼠标点击声，随后是轻快的背景音乐渐起。

场景二：小雅的卧室，几天后，决心已定

镜头3：（近景）

- **画面**：小雅坐在床边，手中拿着打印出来的恐龙养殖指南，眼神坚定。她身旁堆满了关于恐龙养殖的书籍和资料。
- **对话**："（自言自语）也许，这就是我新的开始。"

镜头4：（全景）

- **画面**：小雅在房间一角搭建起简易的恐龙围栏，背景是她忙碌的身影，穿着逐渐转变为实用的蓝色工装服，象征着她即将踏上的实践之路。

（4）根据以上生成的内容分别再次修改整理镜头画面和旁白，对旁白进行润色，加入网络流行热梗，笔者修改后的旁白内容如下。

» 一则是“养恐龙，踏上财富之旅”的广告吸引了韩梅梅的注意力，没错，她就是那个躺平，又卷不起来，失业在家的小镇女青年。恐龙养殖看似很难，其实一点儿也不容易，但她有信心从自学开始，在未来做大、做强，再创辉煌。她相信每个人都值得一个更好的未来。万丈高楼平地起，恐龙养殖围栏起。请不起工人的韩梅梅，在恐龙抗粮村租下了厂房，并开始动手搭建简易的恐龙场围栏。第一批恐龙蛋顺利孵化出了小恐龙。这是恐龙最好玩的年龄，稍大一些，就会进入神经厌食的阶段，再大一些你怎么喊，它们都听不见，还会跟你唱反调。为了降低成本，韩梅梅饲养的是草食性的霸王龙。所以，她的阳台上结出的转基因黄瓜水果大豆，就基本上能满足恐龙们的胃口。踩水坑，玩泥巴，是小恐龙们的最爱。为了健康，韩梅梅只好每天为恐龙们清洗身体，恐龙们似乎也很享受这个过程，偶尔发出欢快的叫声。除了略显枯燥的工作，韩梅梅也有属于自己的小确幸，那就是骑着长大的恐龙炸街，看着旁人艳羡的目光，韩梅梅说：“我们只是侏罗纪的搬运工”就飘然而去。由于食品有一定量的激素，因此恐龙们繁殖速度很快。在一排排恐龙蛋前合影留念，也成为从恐龙大学毕业的工友们临行前的固定项目。为了让拉加盟、冲击IPO及偿还购买恐龙的等额本息贷款，韩梅梅参加了许多路演，她会深情讲述自己创业不是为了钱的宏伟愿景，以及打扫干净恐龙，厕所里面的水都可以喝的卫生细节。韩梅梅的演讲无疑是成功的，她的PPT在业内广为传播，因此获得了头顶一块布在内的诸多投资人的肯定。每当夕阳西下，韩梅梅就会告诉自己，今天很残酷，明天更残酷，后天很好，但是绝大多数人会死在明天晚上，看不到后天的太阳！勇敢追梦，不试一试，怎么知道自己不是雄鹰！

用牛片网生成视频旁白配音

（1）打开 https://peiyin.6pian.cn/ 网址，注册登录后进入下图所示界面。

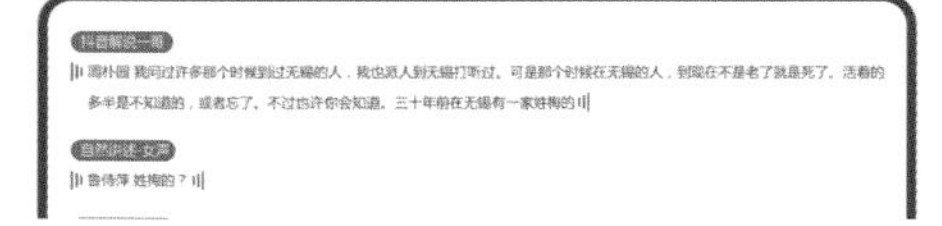

（2）点击上方菜单中的“AI 配音”按钮，进入下图所示界面。

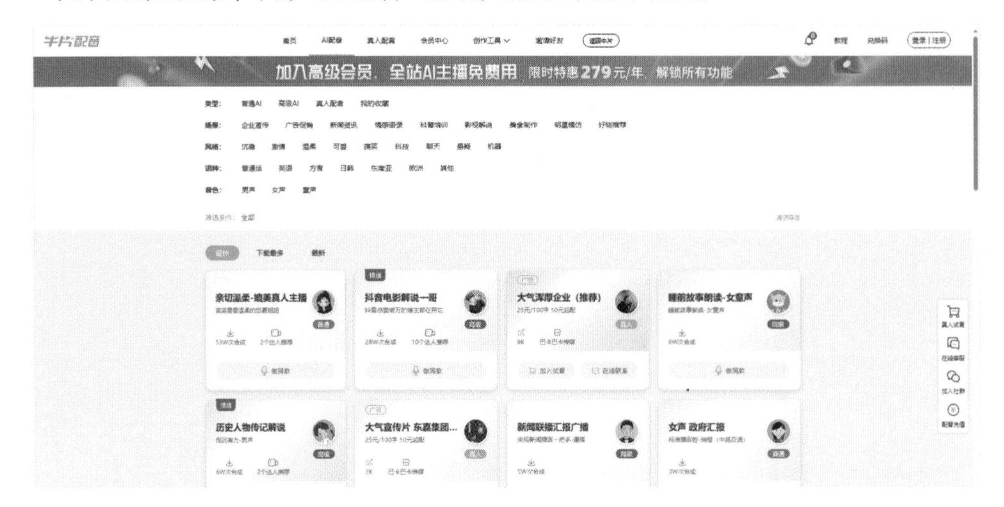

（3）选择合适的音色，笔者选择了“历史人物传记解说”的音色，如右图所示。

需要注意的是，音色分为“普通 AI”和“高级 AI”，“高级 AI”需要开通会员才可以使用。

（4）点击“做同款”按钮，进入音频编辑页面，如下图所示。

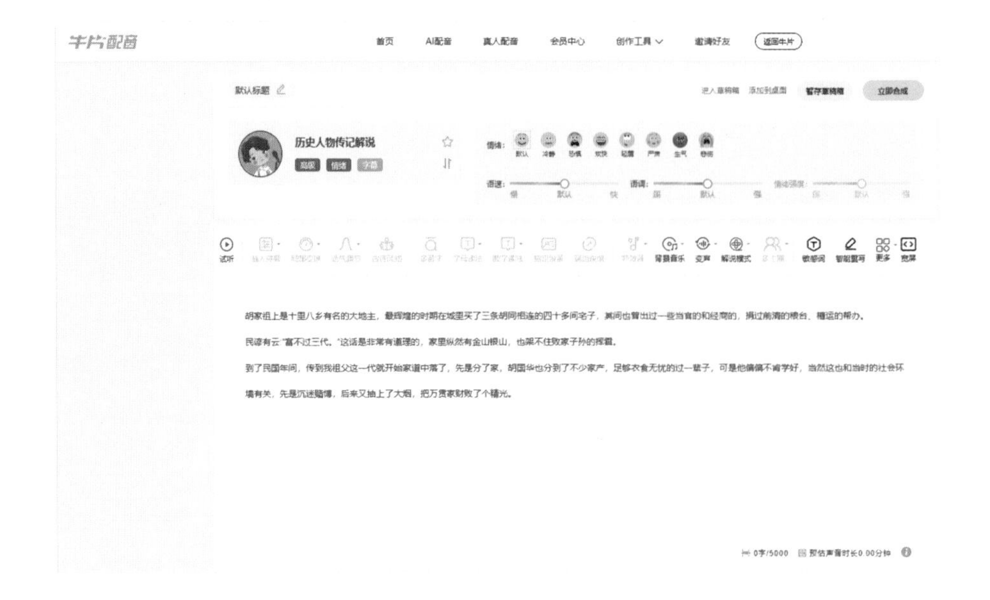

（5）将前面生成的旁白，复制粘贴到文本框中，如下图所示。

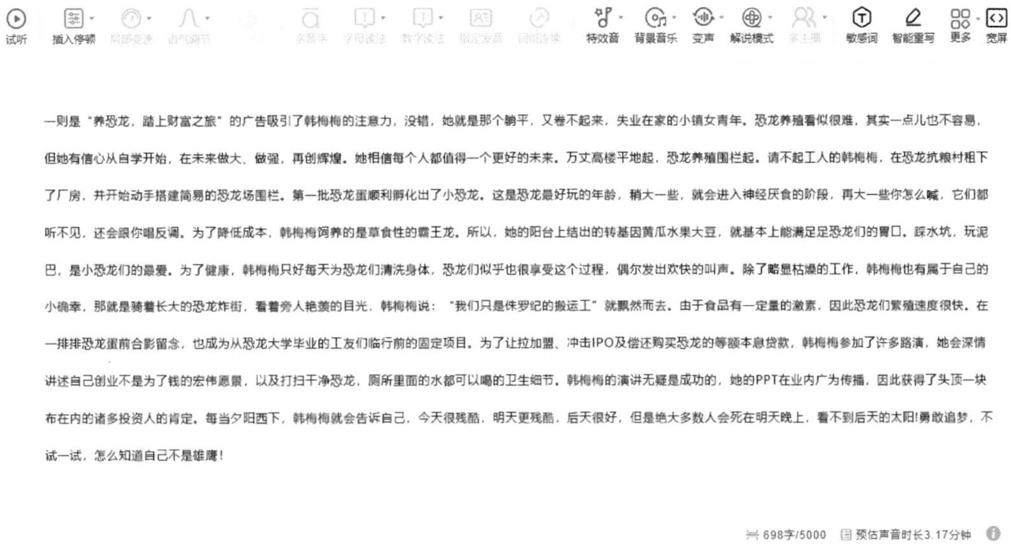

试听 插入停顿 特效音 背景音乐 变声 解说模式 敏感词 智能重写 更多 宽屏

一则是“养恐龙，踏上财富之旅”的广告吸引了韩梅梅的注意力，没错，她就是那个躺平，又卷不起来，失业在家的小镇女青年。恐龙养殖看似很难，其实一点儿也不容易，但她有信心从自学开始，在未来做大、做强，再创辉煌。她相信每个人都值得一个更好的未来。万丈高楼平地起，恐龙养殖围栏起。请不起工人的韩梅梅，在恐龙抗粮村租下了厂房，并开始动手搭建简易的恐龙场围栏。第一批恐龙蛋顺利孵化出了小恐龙。这是恐龙最好玩的年龄，稍大一些，就会进入神经厌食的阶段，再大一些你怎么喊，它们都听不见，还会跟你唱反调。为了降低成本，韩梅梅饲养的是草食性的霸王龙。所以，她的阳台上结出的转基因黄瓜水果大豆，就基本上能满足足恐龙们的胃口。踩水坑，玩泥巴，是小恐龙们的最爱。为了健康，韩梅梅只好每天为恐龙们清洗身体，恐龙们似乎也很享受这个过程，偶尔发出欢快的叫声。除了略显枯燥的工作，韩梅梅也有属于自己的小确幸，那就是骑着长大的恐龙炸街，看着旁人艳羡的目光，韩梅梅说：“我们只是侏罗纪的搬运工”就飘然而去。由于食品有一定量的激素，因此恐龙们繁殖速度很快。在一排排恐龙蛋前合影留念，也成为从恐龙大学毕业的工友们临行前的固定项目。为了让拉加盟、冲击IPO及偿还购买恐龙的等额本息贷款，韩梅梅参加了许多路演，她会深情讲述自己创业不是为了钱的宏伟愿景，以及打扫干净恐龙，厕所里面的水都可以喝的卫生细节。韩梅梅的演讲无疑是成功的，她的PPT在业内广为传播，因此获得了头顶一块布在内的诸多投资人的肯定。每当夕阳西下，韩梅梅就会告诉自己，今天很残酷，明天更残酷，后天很好，但是绝大多数人会死在明天晚上，看不到后天的太阳!勇敢追梦，不试一试，怎么知道自己不是雄鹰！

698字/5000 预估声音时长3.17分钟

（6）根据需求调节速度、语气等内容，设置完成后，点击右上方“立即合成”按钮，即可生成音频，如下图所示。点击“下载配音”按钮，即可下载到本地。

AI | 一则养恐龙踏上财 订单号：2024070516272985

声音介绍：高级AI | 模板：历史人物传记解说

提交时间：2024-07-05 16:27:29

下载配音

查看详情

用可灵 AI 生成镜头视频

（1）打开快影 APP，进入下左图所示界面。

（2）点击下方“剪同款”按钮，进入下中间图所示界面。

（3）点击“AI 创作”按钮，进入下右图所示界面。

（4）点击“生成视频”按钮，进入视频创作界面，如下左图所示。

（5）“创作类型”选择“文生视频”，在“文字描述”文本框中分别输入之前整理好的镜头描述。笔者输入的第一个镜头的文字描述如下右图所示。

在用快影生成视频的时候需要注意的有两点，一是描述主角一定要通过外在形象去刻画描述，不能只写主角的名字，比如笔者最终确定主角的名字为韩梅梅，但是在描述镜头画面时，要写成“一位 28 岁年轻女孩，穿着白色衣服……”人物形象描述要细致。二是为了避免镜头太多造成混淆，需要在镜头画面标注好镜头的序号。

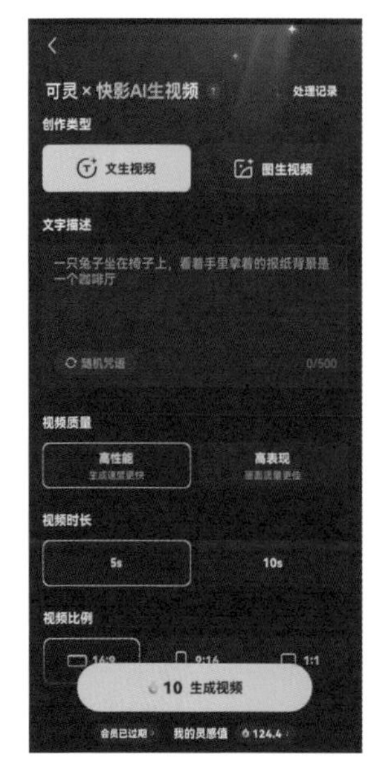

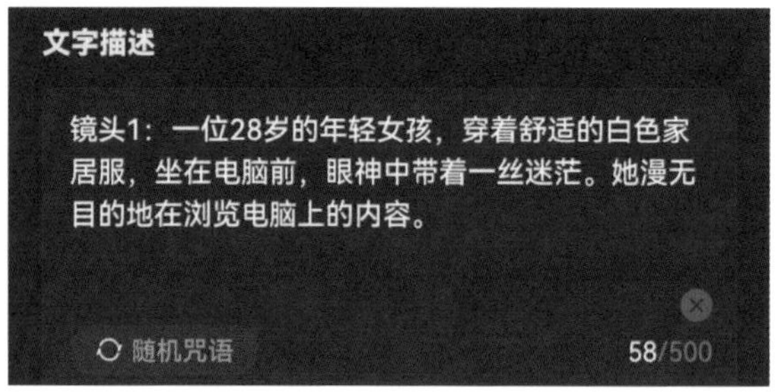

（6）将视频质量设置为“高性能”，视频时长设置为5s，视频比例设置为16:9，点击下方“生成视频”按钮，即可生成一段5s视频，如右图所示。如果想要生成更长一点的视频，可以点击“延长视频”按钮，即可生成一段10s左右的视频。

（7）点击下方⬇按钮，即可保存到本地。

（8）按照以上方法，生成其余镜头视频。并保存到本地。

用 FaceSwap 统一视频人物

用快影生成的分镜头视频无法做到每个视频的人物面孔保持一致，需要用FaceSwapAI软件统一进行换脸。

（1）进入https://faceswap.so/网址，注册登录后，进入下图所示界面。

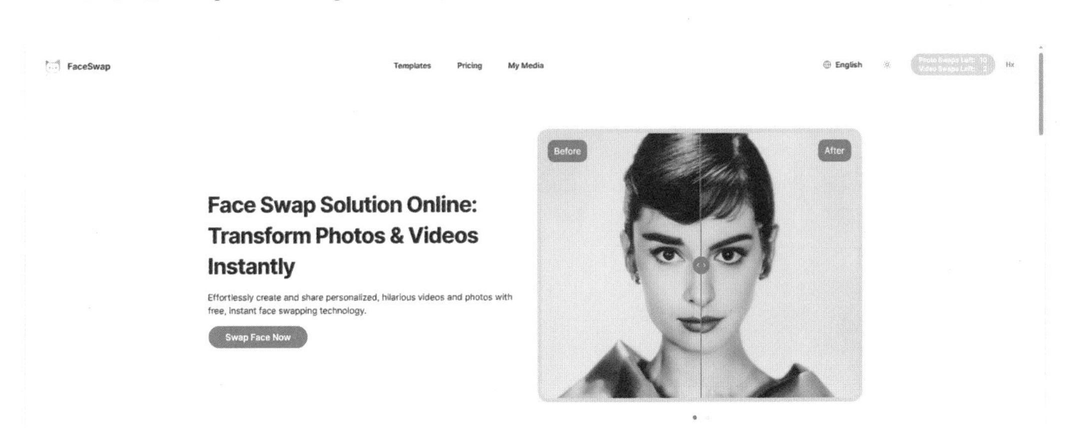

（2）点击 Swap Face Now 按钮，进入换脸编辑界面，如下图所示。

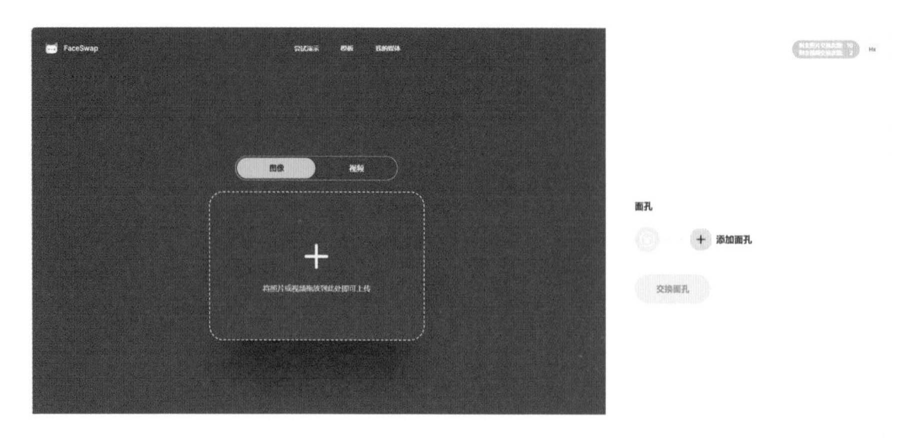

（3）点击“视频”按钮，上传需要换脸的视频，上传后界面如下图所示。

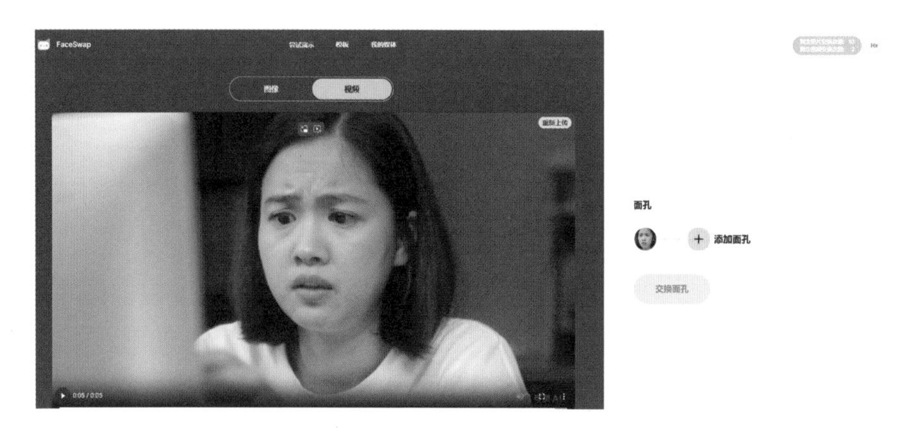

（4）点击 + 按钮，上传想要的面孔图片，笔者上传的照片如下左图所示。
（5）点击下方“交换面孔”按钮，即可生成换脸视频，生成的效果如下右图所示。

（6）按照以上方法替换其余视频的面孔，并将视频保存到本地。
需要注意的是，该换脸模式只针对于特写或者清楚的脸，面部太远换脸效果不佳。

用剪映整合成完整视频

（1）打开剪映，将生成的音频导入剪映中，如下图所示。

（2）根据音频内容将对应的视频逐个导入剪映中，再根据音频将视频拉至轨道，最好是一句话一句话地进行镜头剪辑，如下图所示。

（3）将音频和画面进行匹配，如果镜头不够可以通过增加镜头或者剪辑音频的方法平衡音频和画面，使音画同步。剪辑好的音频和画面如下图所示。

（4）用AI生成的视频下面会有平台的水印，可以点击上方“文本”按钮，选择标题样式模版快速覆盖水印，如右图所示。

（5）最后为视频添加合适的背景音乐、标题等，润色好视频后，点击右上方的“导出”按钮即可，笔者最后整合的视频如下图所示。将制作完成的视频发布到各媒体平台即可。